国家职业资格培训教材
技能型人才培训用书

起重工（初级）

第2版

国家职业资格培训教材编审委员会　组编
马　记　吴祥生　主编

机 械 工 业 出 版 社

本书是依据《国家职业标准　起重工》（初级）的知识要求和技能要求，按岗位培训和鉴定需要的原则编写的。本书主要内容包括：初级起重工应掌握的基本知识（识图、数学、力学知识等），现场安全知识，常用索具、工具、机具的使用和保养，使用起重机具、配合起重机吊装运输物件或设备以及起重吊装技能训练实例等内容。书中详细介绍了初级起重作业的工艺原理、施工方法、作业程序、机具选择、常用计算、操作技能、吊装指挥以及安全注意事项等。书末附有与之配套的试题库、模拟试卷样例和答案，以便于企业培训、考核鉴定和读者自查自测。

本书主要用作企业培训部门、职业技能鉴定培训机构的培训教材，也可作为技校、中职、各种短训班的教学用书，还可供工程技术人员、起重工人和相关专业人员自学和参考使用。

图书在版编目（CIP）数据

起重工：初级/马记，吴祥生主编；国家职业资格培训教材编审委员会组编．—2版．—北京：机械工业出版社，2013.3（2026.1重印）
国家职业资格培训教材．技能型人才培训用书
ISBN 978-7-111-41545-9

Ⅰ.①起…　Ⅱ.①马…②吴…③国…　Ⅲ.①起重机械—操作—技术培训—教材　Ⅳ.①TH21

中国版本图书馆CIP数据核字（2013）第033106号

机械工业出版社（北京市百万庄大街22号　邮政编码100037）
策划编辑：侯宪国　责任编辑：侯宪国
版式设计：霍永明　责任校对：杜雨霏　张晓蓉
封面设计：饶　薇　责任印制：郜　敏
河北虎彩印刷有限公司印刷
2026年1月第2版第11次印刷
169mm×239mm · 18.75印张 · 363千字
标准书号：ISBN 978-7-111-41545-9
定价：49.80元

电话服务
客服电话：010-88361066
010-88379833
010-68326294

网络服务
机　工　官　网：www.cmpbook.com
机　工　官　博：weibo.com/cmp1952
金　　书　　网：www.golden-book.com
机工教育服务网：www.cmpedu.com

国家职业资格培训教材（第2版）
编审委员会

第2版 序

在“十五”末期，为贯彻落实“全国职业教育工作会议”和“全国再就业会议”精神，加快培养一大批高素质的技能型人才，机械工业出版社精心策划了与原劳动和社会保障部《国家职业标准》配套的《国家职业资格培训教材》。这套教材涵盖41个职业工种，共172种，有十几个省、自治区、直辖市相关行业200多名工程技术人员、教师、技师和高级技师等从事技能培训和鉴定的专家参加编写。教材出版后，以其兼顾岗位培训和鉴定培训需要，理论、技能、题库合一，便于自检自测，受到全国各级培训、鉴定部门和广大技术工人的欢迎，基本满足了培训、鉴定和读者自学的需要，在“十一五”期间为培养技能人才发挥了重要作用，本套教材也因此成为国家职业资格鉴定考证培训及企业员工培训的品牌教材。

2010年，《国家中长期人才发展规划纲要（2010—2020年）》、《国家中长期教育改革和发展规划纲要（2010—2020年）》、《关于加强职业培训促就业的意见》相继颁布和出台，2012年1月，国务院批转了“七部委”联合制定的《促进就业规划（2011—2015年）》，在这些规划和意见中，都重点阐述了加大职业技能培训力度、加快技能人才培养的重要意义，以及相应的配套政策和措施。为适应这一新形势，同时也鉴于第1版教材所涉及的许多知识、技术、工艺、标准等已发生了变化的实际情况，我们经过深入调研，并在充分听取了广大读者和业界专家意见的基础上，决定对已经出版的《国家职业资格培训教材》进行修订。本次修订，仍以原有的大部分作者为班底，并保持原有的“以技能为主线，理论、技能、题库合一”的编写模式，重点在以下几个方面进行了改进：

1. 新增紧缺职业工种——为满足社会需求，又开发了一批近几年比较紧缺的以及新增的职业工种教材，使本套教材覆盖的职业工种更加广泛。

2. 紧跟国家职业标准——按照最新颁布的《国家职业技能标准》（或《国家职业标准》）规定的工作内容和技能要求重新整合、补充和完善内容，涵盖职业标准中所要求的知识点和技能点。

3. 提炼重点知识技能——在内容的选择上，以“够用”为原则，提炼出应重点掌握的必需专业知识和技能，删减了不必要的理论知识，使内容更加精练。

4. 补充更新技术内容——紧密结合最新技术发展，删除了陈旧过时的内容，补充了新的技术内容。

5. 同步最新技术标准——对原教材中按旧的技术标准编写的内容进行更新，所有内容均与最新的技术标准同步。

6. 精选技能鉴定题库——按鉴定要求精选了职业技能鉴定试题，试题贴近教材、贴近国家试题库的考点，更具典型性、代表性、通用性和实用性。

7. 配备免费电子教案——为方便培训教学，我们为本套教材开发配备了配套的电子教案，免费赠送给选用本套教材的机构和教师。

8. 配备操作实景光盘——根据读者需要，部分教材配备了操作实景光盘。

一言概之，经过精心修订，第2版教材在保留了第1版教材精华的同时，内容更加精练、可靠、实用，针对性更强，更能满足社会需求和读者需要。全套教材既可作为各级职业技能鉴定培训机构、企业培训部门的考前培训教材，又可作为读者考前复习和自测使用的复习用书，也可供职业技能鉴定部门在鉴定命题时参考，还可作为职业技术院校、技工院校、各种短训班的专业课教材。

在本套教材的调研、策划、编写过程中，得到了许多企业、鉴定培训机构有关领导、专家的大力支持和帮助，在此表示衷心的感谢！

虽然我们已经尽了最大努力，但是教材中仍难免存在不足之处，恳请专家和广大读者批评指正。

国家职业资格培训教材第2版编审委员会

第1版 序一

当前和今后一个时期，是我国全面建设小康社会、开创中国特色社会主义事业新局面的重要战略机遇期。建设小康社会需要科技创新，离不开技能人才。“全国人才工作会议”、“全国职教工作会议”都强调要把“提高技术工人素质、培养高技能人才”作为重要任务来抓。当今世界，谁掌握了先进的科学技术并拥有大量技术娴熟、手艺高超的技能人才，谁就能生产出高质量的产品，创出自己的名牌；谁就能在激烈的市场竞争中立于不败之地。我国有近一亿技术工人，他们是社会物质财富的直接创造者。技术工人的劳动，是科技成果转化为生产力的关键环节，是经济发展的重要基础。

科学技术是财富，操作技能也是财富，而且是重要的财富。中华全国总工会始终把提高劳动者素质作为一项重要任务，在职工中开展的“当好主力军，建功‘十一五’，和谐奔小康”竞赛中，全国各级工会特别是各级工会职工技协组织注重加强职工技能开发，实施群众性经济技术创新工程，坚持从行业和企业实际出发，广泛开展岗位练兵、技术比赛、技术革新、技术协作等活动，不断提高职工的技术技能和操作水平，涌现出一大批掌握高超技能的能工巧匠。他们以自己的勤劳和智慧，在推动企业技术进步，促进产品更新换代和升级中发挥了积极的作用。

欣闻机械工业出版社配合新的《国家职业标准》为技术工人编写了这套涵盖41个职业的172种“国家职业资格培训教材”。这套教材由全国各地技能培训和考评专家编写，具有权威性和代表性；将理论与技能有机结合，并紧紧围绕《国家职业标准》的知识点和技能鉴定点编写，实用性、针对性强，既有必备的理论和技能知识，又有考核鉴定的理论和技能题库及答案，编排科学，便于培训和检测。

这套教材的出版非常及时，为培养技能型人才做了一件大好事，我相信这套教材一定会为我们培养更多更好的高技能人才做出贡献！

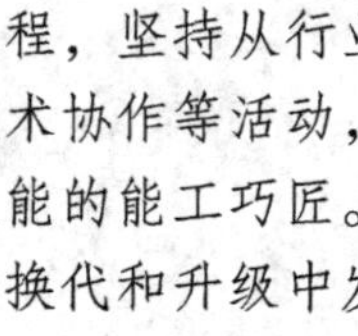

（李永安　中国职工技术协会常务副会长）

第1版 序二

为贯彻“全国职业教育工作会议”和“全国再就业会议”精神，全面推进技能振兴计划和高技能人才培养工程，加快培养一大批高素质的技能型人才，我们精心策划了这套与劳动和社会保障部最新颁布的《国家职业标准》配套的《国家职业资格培训教材》。

进入21世纪，我国制造业在世界上所占的比重越来越大，随着我国逐渐成为“世界制造业中心”进程的加快，制造业的主力军——技能人才，尤其是高级技能人才的严重缺乏已成为制约我国制造业快速发展的瓶颈，高级蓝领出现断层的消息屡屡见诸报端。据统计，我国技术工人中高级以上技工只占3.5%，与发达国家40%的比例相去甚远。为此，国务院先后召开了“全国职业教育工作会议”和“全国再就业会议”，提出了“三年50万新技师的培养计划”，强调各地、各行业、各企业、各职业院校等要大力开展职业技术培训，以培训促就业，全面提高技术工人的素质。

技术工人密集的机械行业历来高度重视技术工人的职业技能培训工作，尤其是技术工人培训教材的基础建设工作，并在几十年的实践中积累了丰富的教材建设经验。作为机械行业的专业出版社，机械工业出版社在“七五”、“八五”、“九五”期间，先后组织编写出版了“机械工人技术理论培训教材”149种，“机械工人操作技能培训教材”85种，“机械工人职业技能培训教材”66种，“机械工业技师考评培训教材”22种，以及配套的习题集、试题库和各种辅导性教材约800种，基本满足了机械行业技术工人培训的需要。这些教材以其针对性、实用性强，覆盖面广，层次齐备，成龙配套等特点，受到全国各级培训、鉴定和考工部门及技术工人的欢迎。

2000年以来，我国相继颁布了《中华人民共和国职业分类大典》和新的《国家职业标准》，其中对我国职业技术工人的工种、等级、职业的活动范围、工作内容、技能要求和知识水平等根据实际需要进行了重新界定，将国家职业资格分为5个等级：初级（5级）、中级（4级）、高级（3级）、技师（2级）、高级技师（1级）。为与新的《国家职业标准》配套，更好地满足当前各级职业培训和技术工人考工取证的需要，我们精心策划编写了这套《国家职业资格培训教材》。

这套教材是依据劳动和社会保障部最新颁布的《国家职业标准》编写的，

为满足各级培训考工部门和广大读者的需要，这次共编写了41个职业的172种教材。在职业选择上，除机电行业通用职业外，还选择了建筑、汽车、家电等其他相近行业的热门职业。每个职业按《国家职业标准》规定的工作内容和技能要求编写初级、中级、高级、技师（含高级技师）四本教材，各等级合理衔接、步步提升，为高技能人才培养搭建了科学的阶梯型培训架构。为满足实际培训的需要，对多工种共同需求的基础知识我们还分别编写了《机械制图》、《机械基础》、《电工常识》、《电工基础》、《建筑装饰识图》等近20种公共基础教材。

在编写原则上，依据《国家职业标准》又不拘泥于《国家职业标准》是我们这套教材的创新。为满足沿海制造业发达地区对技能人才细分市场的需要，我们对模具、制冷、电梯等社会需求量大又已单独培训和考核的职业，从相应的职业标准中剥离出来单独编写了针对性较强的培训教材。

为满足培训、鉴定、考工和读者自学的需要，在编写时我们考虑了教材的配套性。教材的章首有培训要点、章末配复习思考题，书末有与之配套的试题库和答案，以及便于自检自测的理论和技能模拟试卷，同时还根据需求为20多种教材配制了VCD光盘。

为扩大教材的覆盖面和体现教材的权威性，我们组织了上海、江苏、广东、广西、北京、山东、吉林、河北、四川、内蒙古等地相关行业从事技能培训和考工的200多名专家、工程技术人员、教师、技师和高级技师参加编写。

这套教材在编写过程中力求突出"新"字，做到"知识新、工艺新、技术新、设备新、标准新"；增强实用性，重在教会读者掌握必需的专业知识和技能，是企业培训部门、各级职业技能鉴定培训机构、再就业和农民工培训机构的理想教材，也可作为技工学校、职业高中、各种短训班的专业课教材。

在这套教材的调研、策划、编写过程中，曾经得到广东省职业技能鉴定中心、上海市职业技能鉴定中心、江苏省机械工业联合会、中国第一汽车集团公司以及北京、上海、广东、广西、江苏、山东、河北、内蒙古等地许多企业和技工学校的有关领导、专家、工程技术人员、教师、技师和高级技师的大力支持和帮助，在此谨向为本套教材的策划、编写和出版付出艰辛劳动的全体人员表示衷心的感谢！

教材中难免存在不足之处，诚恳希望从事职业教育的专家和广大读者不吝赐教，批评指正。我们真诚希望与您携手，共同打造职业培训教材的精品。

国家职业资格培训教材编审委员会

前言

本书是根据中华人民共和国劳动和社会保障部制定的《国家职业标准》以及现行国家技术标准，在《起重工（初级）》（第1版）基础上修订而成的，为初级起重工职业资格培训教材。教材包括专业知识和技能训练两方面内容。

起重工是一个理论知识、施工经验要求较高的工种。在编写过程中我们坚持满足岗位培训需要为原则，基础知识以实用够用为宗旨，突出操作技能，以操作技能为主线，理论为技能服务，将操作技能与理论知识有机地结合。本书力求将最新型的起重设备、吊装工艺融入教材中，在满足《国家职业标准》要求的基础上，进一步拓宽读者的知识面。本书内容精练、通俗实用、覆盖面广、层次合理，便于读者学习、掌握。

本系列培训教材采用了国家最新标准、法定计量单位和规范的名词术语，书后附有试题库、模拟试卷样例及相应答案，还附有部分常用图表，内容丰富，实用性强。

《起重工（初级）》（第2版）按照现行国家技术标准对相关内容进行了修订，补充了新设备、新工艺。本书修订了安全用电知识、起重工常用的工机具、脚手架等内容；增加了钢绞线、合成纤维吊带、单跑头花穿法、新型液压千斤顶、液压提升装置、塔架、液压顶推滑移装置等内容。

《起重工（初级）》（第2版）由江苏省工业设备安装集团有限公司马记、南京市特种设备安全监督检验研究院吴祥生任主编，并与南通纺织职业技术学院成军、中国石化集团南京工程有限公司罗顶瑞、南京扬子物流有限责任公司张锦明共同完成新增内容的编写工作。

本书在编写过程中得到了江苏省工业设备安装集团有限公司陈超总经理的大力支持，在此谨表感谢。

由于时间仓促，经验不足，书中难免存在缺点和错误，欢迎广大读者批评指正。

编　者

目录

第一章

职业道德与安全文明生产

培训学习目标 通过本章学习，要求掌握起重工的职业道德和安全文明生产；熟悉施工现场自然状况和各项管理制度；熟悉职业守则；掌握起重作业的安全知识、安全用电知识、登高作业知识、消防基本知识和现场急救知识，并能利用这些知识指导工作，完成起重作业任务。

第一节 职业道德与文明生产

起重作业是人类认识世界、改造世界的一项重要劳动，从古埃及的金字塔、中国的万里长城，到现在的三峡水库、宇航火箭上天，无不凝聚着人类在起重作业上的智慧和勇气。法国埃菲尔铁塔、美国自由女神像、中国东方明珠电视塔这些近代的大型建筑都是人类战胜自然，克服难以想像困难创立的一个又一个丰碑。人类在生产活动中必然要进行物料的搬运，一个现代化的大型钢厂或一个现代化的港口，每年需搬运的物料有几千万吨乃至上亿吨。现代化的货场、码头、物料流水线、建设工地等都离不开起重作业。起重作业是一项高风险、高责任心的工作，它需要从业人员为之精心竭力、一丝不苟，不得有半点马虎和侥幸心理，要求所有从业人员具有良好的职业道德和文明生产意识以及相关安全生产知识。

一、职业道德

谈职业道德首先就应该搞清楚道德是什么？道德是为保证社会的安定和秩序的正常，除依靠法律手段以外还需要一定的规范和规则来约束人们的行为，调整人们的关系，这种规范和约束就是道德。道德是调整人与人、个人与集体、社会各组成之间相互关系行为规范的总和。道德的这一定义包含了以下三层意思：

第一，一个社会的道德的性质、内容，是由社会的生产方式、经济关系、利益关系决定的，有什么样的生产方式、经济关系，就有什么样的道德标准。

第二，道德是以善与恶、好与坏、自私与公正、礼貌与粗鲁等作为标准来调整人们之间行为的。

第三，道德不是由专门的机构来制定和强制执行的，而是依靠社会舆论的力量，依靠人们的信念、传统、习惯和教育的力量来调节的。道德在人类社会生活的各个领域和各种关系中发挥着重要的作用，道德巨大的作用是通过道德特殊的社会功能来实现的。因此必须正确把握和运用道德的几个社会功能，首先是道德的社会调节功能，其次是道德的社会认识功能，最后是道德的社会教育功能。

职业道德是人们在从事正当职业，并履行职责过程中应遵循的行为规范和道德准则，即所有从业人员在职业活动中除遵守法律、法规以外，应该遵守的职业规范和规则，并以此来调整人们之间的关系。它涵盖了从业人员与服务对象、职业与职工、职业与职业之间的关系。它是职业或行业范围的特殊的道德要求，是社会道德在职业生活中的具体体现。

职业道德是随着社会职业的出现而产生的。在社会生活中，长期从事某种职业的人们，由于有着共同的劳动方式，并经过共同的职业训练，因而往往具有共同的职业兴趣、爱好、习惯，形成特殊的职业责任和职业纪律，从而产生特殊的职业规范和道德要求，对社会承担着共同的义务，因而具有共同的道德理想、道德信念及用以评价行为的道德标准，于是便形成了各种不同的职业道德，就是要承担职业责任，履行职业义务，严肃职业纪律，体现职业风范。

任何个人在职业活动中都要遵守一定的行为规范，这是职业道德的具体表现。比如：热爱本职、忠于职守、为民众服务、对民众负责，是各行各业职业道德的基本规范。但是，每种具体的职业，又都有独特的不同于其他职业的道德要求。如医生必须救死扶伤，努力解除病人的痛苦；教师必须为人师表，教书育人；建筑工人必须遵守文明施工规则；商业人员必须热情服务等等。总之，各行各业由于特点不同，都有自己的职业道德。

职业道德的主要内容包括：爱岗敬业、诚实守信、办事公道、服务民众、奉献社会。其核心内容是“以人为本，服务民众”。在具体的职业活动中，就是为用户服务，即为顾客服务，为乘客服务，为病人服务，为学生服务等等。如果离开了具体的服务对象，“以人为本，服务民众”就成了一句空话。

职业道德的特点主要表现在职业性、稳定性、多样性、具体化。

（1）职业性　每一种职业道德与该职业活动的各种具体业务密切相连，是人们职业行为的要求，具有明显的职业特点。所以每种职业道德只能约束从事该行业的人员自身，在特定的职业范围内发挥作用，不可能也不应该成为其他行业或一般社会行为的规范。例如：商人应该遵守公平交易的原则，但国家公务员也用手中的权力去做“公平交易”，就是失德甚至是犯罪了；营业员应该有问必答，百问不厌，但是负有保密责任和义务的公安人员却不能这样做。

（2）稳定性　一般来说，社会职业活动是具有历史连续性和相对稳定性的。某种职业的社会责任和义务，它为社会服务的内容以及服务的方式、手段等，在不同时代大体是相同的。所以在不同时代、不同社会制度中的同一种职业又具有大致相同的职业职责、职业习惯、职业情感、职业心理以及职业行为准则等。因此职业道德具有较强的相对稳定性和历史继承性的特点。比如教师“学而不厌，诲人不倦”、医生“治病救人，救死扶伤”等道德要求，在这些行业中世代相传，并且得到不断的丰富。

（3）多样性　社会分工的多样性决定了社会职业的多样性，每一种职业都有特定的职业活动，承担着特定的职业责任和义务。与此相适应，职业道德也是多种多样的，每一种职业都会形成特定的道德准则和行为规范，以调节职业内部及职业与社会的关系。同时由于职业道德与职业特征紧密相连，职业道德总是包含着自己特有的内容，这些内容鲜明地表现了自身的职业义务、职业责任和职业行为的道德准则，于是形成了不同职业道德间的明显差异。所以教师有师德，演员有艺德，行医有医德，建筑工人有建筑职业道德准则。随着生产力的发展，新兴行业不断产生，与之相适应的职业道德也就层出不穷，职业道德会越来越多样，越来越丰富。

（4）具体化　职业道德是一般社会的道德原则和规范的“职业化”。所以各部门对从业人员的道德要求，总是带有本职业活动的特点，是与本职业活动的客观环境和具体条件相适应的，既有个人的职业道德要求，又有团体的职业道德内容。所以职业道德不是一般道德那样的原则性规定，而是对从业人员的行为准则的具体的可操作的规定。同时在表达方式上是灵活多样的，往往采取诸如制度、章程、守则、公约、须知、条例、保证等简洁明快的形式。

社会职业道德的基本原则是集体主义，是从事各种职业的劳动者都应遵守的职业行为规范。社会职业道德的形成，需要职业劳动者经过掌握职业道德知识，产生职业道德情感，逐步养成职业道德的行为习惯。

社会职业道德对国家经济建设起推动作用，对形成良好的社会风尚起保证作用，对提高职业人员的道德素质起促进作用。

一个合格的起重工人，应有良好的职业道德。

二、文明生产

现代化的生产是一个高度机械化、电气化、自动化、程序化的过程，人员、机械、材料、方法、环境组成一个有机的整体。以人为本、保护环境、文明生产已代表着企业的素养和形象。它要求劳动者在作业中严格遵循作业程序，坚守各项规程，有效监督检查，主动爱护环境，使生产始终处于有序、合理、高效的状态。

文明生产是指生产过程的发展更加合理、更加有序，进入到一个较高层次、较高文化和较高的人文水平。

文明生产就是要坚持合理的生产程序，按规定的生产组织设计、筹划好的作业方案，科学地组织生产，严格地执行各项管理制度，做到经常性地监督检查、保证生产场地整洁卫生、工完料清、路平道顺、原料与产品堆放整齐、生产程序良好、安全保障有效、环境保护到位。以起重吊装工地为例，对现场的各项基本要求都有许多明文规定，有政府性法规，如国务院颁布的《特种设备安全监察条例》，建设部颁发的《建设工程施工现场管理规定》、《建筑施工现场环境与卫生标准》。此外各个地方根据本地区施工特点也相应做出了许多地方性的规定，施工企业根据本单位的生产实际，也相应制定了一些规章制度，来强化生产管理。一般情况下施工现场在开工前要做到"三通一平"，即：运输道路通、临时用电线路通、上下水管道通、施工场地平整。施工现场应符合安全、卫生和防火要求，并做到安全生产、文明施工。主要有以下要求：

（1）施工现场与外界隔离的设施　施工现场周围应设置围栏、砖墙、密目式安全网等围护设施与外界隔离，做到严密、牢固、整齐美观。市区主要路段的工地围挡设置不低于2.5m，一般路段工地围挡设置不低于1.8m，围挡外侧颜色搭配要美观大方。

（2）标牌　施工现场大门内侧应设：安全警示标志牌、施工平面布置图、管理机构人员名单及监督电话牌、安全方针及目标标志牌、质量目标管理标志牌。标牌书写字迹要工整规范，内容要简明实用。施工现场的施工区和生活区的划分、责任区的划分，都要设置标牌，并注明责任人的姓名，实行分片包干到人。施工现场主要区域和地段都必须设置安全标志，并根据区域、地段的性质可设提示、指示、警告、禁止等标志牌。

（3）输送道路要畅通　施工现场要有道路指示标志，人行道、车行道应坚实平坦，保持畅通。应尽量采用单行线和减少不必要的交叉点，场内道路的宽度、转弯半径应能满足施工车辆通行的需要。在场地狭小、行人来往和运输频繁的地方，应该设有明显的警告标志或设置临时交通指挥。必要时安排临时交通指挥人员。

（4）材料堆放整齐　施工现场中的各种施工材料、构件、设备等，都应该按照施工平面布置图已设计好的位置，分类堆放，不能超过规定的高度，更不能靠近围护栅栏或建筑物的墙壁位置。料场、料库的选择不能影响施工时的流水作业，以靠近使用地点为原则，尽量减少二次倒运和搬动。

（5）施工现场应有卫生设施　每个施工现场都必须为职工准备足够的清洁饮用水，吃饭和休息的场所，以及洗浴场所和男、女厕所。工地内的沟、坑应该填平，或者设置围栏、盖板。施工现场要定期进行卫生打扫，为了防止蚊蝇孳生，生活垃圾要集中存放并定期打药，及时清理。

（6）施工现场有监护措施　特殊工程施工现场周围要设置围护，要有出入制度并设门卫（值班人员）。对特殊工程作业场所要有安全监护。

（7）施工现场有环保措施　施工作业应不破坏周边自然环境，不污染水源，噪声不超标，不破坏周边人文环境。一旦有环保指标超标时，应停止施工并采取防护措施。

第二节　职业守则

起重作业是一项危险性较大的工作，起重工不同于其他一般工种，它在生产过程中担负着特殊的任务，具有一定的风险性和不可预见性，容易发生重大事故。而且一旦发生事故对整个企业的生产影响较大，造成国家、集体、个人重大损失。所以，对起重工这一工种有其特有的职业守则。

一、遵纪守法，忠于职守

遵纪守法指的是每个职业劳动者都要遵守劳动纪律和与职业活动相关的法律、法规。职业纪律是在特定的职业活动范围内从事某种职业的人们要共同遵守的行为准则，它包括劳动纪律、财经纪律、群众纪律等基本纪律要求以及各行业的特殊纪律要求。作为一个合格的从业人员，应熟悉和了解与本人职业有关的法规，诸如《中华人民共和国劳动法》、《中华人民共和国安全生产法》、《企业法》等，做到自觉遵纪守法，同时也使个人的权益得到保护。遵纪守法，是一种最基本的道德行为，也是一种高尚的职业情操。

1. 诚实负责，敬岗爱业

任何一种职业都承担着一定的职业责任，社会把各种职业的社会责任和义务赋予每个职业劳动者，只有每一个职业劳动者履行了职业责任，整个社会生活才能有条不紊地进行。因此，社会的职业道德必然要求人们忠实地履行自己的职业责任，把忠于职守作为一条主要的规范，坚决谴责任何不负责任、玩忽职守的态度和行为。如果一个从业人员不能尽职尽责，忠于职守，就会影响整个企业或单位的工作进程。严重的还会给企业和国家带来损失，甚至还会在国际上造成不良影响。因此，我们应当培养高度的职业责任感，以主人翁的态度对待自己的工作，从认识上、情感上、信念上、意志乃至习惯上养成“忠于职守”的自觉性。

2. 科学管理，安全生产

起重作业每时每刻都在跟千变万化的“力”打交道。每进行一项，哪怕是很小的一项起重作业，都得考虑物体的受力情况，如重物在力作用下的平衡，受力的工具、索具及起重机械的技术能力和稳定性等问题。此外，其他工种基本上是先有图样，然后依图作业，而起重作业除了编制施工方案、安全措施等项目外，大多数是没有施工图样的，这一点正是和其他工种作业相比最大的区别。同一种重物的起重施工，也会因人、场地、工具设备等施工条件变化，使得施工方法随之变化。由此可见起重作业需要可靠的科学管理和扎实的数理计算。安全生产是起重作业的重中之重。因为在具体作业时，人、机、物在一个大范围立体空间中运动，工种之间的配合、动作协调要求严格，特别是指挥工、司索工、起重机械操作人员必须熟悉工具设备的性能、工作环境、工作物体，尤其要注意安全装置的状况，并要求作业时注意力高度集中，且有应对突发事件的能力。安全生产就是要贯彻在起重作业的全过程。每一个环节，每一个方面都要注意安全，把安全摆在头等重要的位置，认真贯彻“安全第一、预防为主”的方针，加强安全管理、做到安全生产。以施工现场为例，主要应注意以下几个方面：

（1）严禁赤脚或穿拖鞋进入现场，严禁酒后作业，严禁穿带钉易滑的鞋进行高处作业。

（2）在防护措施不完善或无防护设施的高处作业，必须戴好安全帽、系好安全带。

（3）严禁在施工现场吸烟。

（4）新工人进场必须经过三级安全教育，考核合格后，方可上岗作业，特种作业人员如电工、焊工、起重工、架子工、信号工、起重机械操作人员、司炉工、爆破工等，必须经过专门的培训，考核合格取得操作证后方可上岗。

（5）工作时要思想集中，坚守岗位，遵守劳动纪律。严禁在现场随意乱窜，严禁随地大小便。在施工现场行走或上下时要坚持做到“十不准”：

1）不准从正在起吊、运吊中的物件下方通过，以防物体突然脱钩，砸伤下方人员。

2）不准从高处往下跳。

3）不准在没有防护的外墙和外壁板等建筑物上行走。

4）不准站在小推车等不稳定的物体上操作。

5）不准攀登起重臂、绳索、脚手架、井字架、龙门架和随同运料的吊盘或吊篮及吊装物上下。

6）不准进入挂有“禁止出入”或设有危险警示标志的区域。

7）不准在重要的运输通道或上下行走通道上逗留。

8）不准未经允许私自进入非本单位作业区域或管理区域，尤其是存有易燃易爆物品的场所。

9）不准夜间在无任何照明设施的施工区域内行走。

10）不准无关人员进入施工现场。

二、安全第一，责任到人

“安全第一”是安全生产方针的基础。最先提出该口号的是美国 US 钢铁公司，1906 年该公司董事长埃尔·凯利提出“安全第一、质量第二、生产第三”的经营方针，同时制定了一整套的管理方法，并认真贯彻实施，结果不但事故减少了，质量和产量提高了，公司也繁荣了起来。于是“安全第一”的口号就流行起来了。我国将“安全第一”列为生产企业的头等大事，在经济建设、科技研究、社会生活、财贸经营过程中，要求组织者、指挥者、管理者和直接参与生产劳动、社会实践的劳动者都必须牢固树立安全第一的思想，始终把安全放在首位，自觉地把贯彻安全生产方针当作应尽的职责和神圣的义务。当安全与生产发生矛盾时，必须首先解决安全问题，保证劳动者在安全的条件下进行生产劳动。以起重吊装工程为例大致做到以下几点：

1）某一分项工程或某一工序开工之前，首先要明确安全生产总责任人，以及各个工种、作业队安全负责人，责任到人。要由工长或施工员对该项工程以及工序进行详细、有针对性的安全技术交底，操作人员明确交底内容并在交底书上签字后，方可开始施工。脚手架、安全网、机械设备以及临时用电设施在接到验收合格的通知后才能使用。

2）认真了解工程概况及施工现场各种设备、设施的分布、料具码放等基本情况，以便熟知施工现场的危险区域和各项安全规定，增强自身安全防护意识。

3）制定各项安全操作规程，危险品使用贮藏规程，消防安全操作规程。

4）掌握“三宝”的正确使用方法，达到辅助预防的效果。“三宝”是指现场施工作业中必备的安全帽、安全带、安全网。

5）注意施工现场“五临边”等重点防护部位的安全性及正确维护。施工现场的“五临边”是指沟、坑、槽、基础边、楼层边。施工现场的“五临边”是容易发生事故的部位，也是现场防护的重点，必须有可靠的安全防护设施。

第三节　现场安全知识

起重作业是由起重机械、起重工具和起重工手工劳动相互配合的工作。它需要一定的起重技术、起重工艺和一定的场地和空间，起重现场应有一定的安全条件和安全操作规程。作业者必须熟悉安全生产法则、熟练掌握起重作业的安全知识、安全用电知识、登高作业知识等等。

一、安全生产术语

(1) 安全生产　消除或控制生产过程中的危险因素，保证生产顺利进行。

(2) 本质安全　通过设计等手段使生产设备或生产系统本身具有安全性，即使在误操作或发生故障的情况下也不会造成事故。

(3) 职业安全　以防止职工在职业活动过程中发生各种伤亡事故为目的的工作领域及在法律、技术、设备、组织制度和教育等方面所采取的相应措施。

(4) 安全管理　是为了在生产过程中保护劳动者的安全和健康，改善劳动条件，预防工伤事故和职业危害，实现劳逸结合，加强安全生产，使劳动者安全顺利地进行生产所采取的一系列法制措施、组织措施和技术措施。

(5) 事故　职业活动过程中发生的意外突发性事件的总称，它通常会使正常活动中断，造成人员伤亡或财产损失。

(6) 特种设备　由国家认定的，涉及生命安全、危险性较大的锅炉、压力容器（含气瓶，下同）、压力管道、电梯、起重机械、客运索道、大型游乐设施、场（厂）内机动车辆。

(7) “三同时”原则　是指凡是我国境内新建、改建、扩建的基本建设项目(工程)、技术改造项目（工程）和引进的建设项目，其劳动安全卫生设施必须符合国家规定的标准，必须与主体工程同时设计、同时施工、同时投入生产和使用。

(8) “五同时”原则　是指企业的生产组织及领导者在计划、布置、检查、总结、评比生产的时候，同时计划、布置、检查、总结、评比安全工作。

(9) “四不放过”原则　是指在调查处理工伤事故时，必须坚持事故原因分析不清不放过，事故责任者和群众没有受到教育不放过，没有采取切实可行的防范措施不放过和事故责任者没有被处理不放过的原则。

(10) “三个同步”原则　是指安全生产与经济建设、企业深化改革、技术改造同步规划、同步发展、同步实施的原则。

二、起重作业中安全操作知识

起重作业在吊装和运输过程中，会涉及机具、人员、设备、环境等方面的安全问题。作业者必须具备一定的安全操作知识，才能在施工中不发生人身事故和工程事故，多快好省地完成施工任务。所以要求作业者必须具备下列本领和知识：

1) 起重作业人员，必须身体健康，凡患有高血压、心脏病、癫痫病、手脚残疾、高度近视等病症者，不得从事起重工作。

2）起重作业的指挥人员，要由技术熟练、施工经验丰富、懂起重工艺和起重机械性能、头脑清楚、有一定应变和判断能力的人担任。

3）起重作业人员要服从统一指挥和调配，要分工明确，坚守岗位，尽职尽责，明确自已的任务，掌握现场可靠的安全技术措施。

4）起重作业前，对各种起吊工具（钢丝绳、起重机械、千斤顶、滑轮、卸扣等）认真检查，发现裂纹、破损、失灵等不符合安全使用要求的，一律不得使用，并在作业前穿戴个人防护用品。

5）起重作业用的钢丝绳、链条、起重机械、吊钩、吊环等应符合标准的要求，不得超负荷使用。使用的三脚架应绑扎牢固，杆距相等，杆脚固定可靠。

6）根据物件重量、体积、形状、种类，采用适当的吊装或搬运方法。对大中型设备的吊装要制定切实可行的施工组织方案，经批准后方可施工。

7）设备在起吊前，要检查各捆绑点是否可靠，重心是否找准、找平稳，滑轮组的穿法是否符合要求，并在正式起吊前要进行试吊。

8）机具受力后，要仔细检查桅杆、地锚、缆风绳、滑轮组、卷扬机等变化情况，发现异常，应立即停止起重作业。

9）起重作业中要设置工作警戒标志，非作业人员不得进入作业区，防止发生伤亡事故。吊装、搬运大型物件或重要的缆风绳必须有明显的标志（白天挂红旗，夜间悬红灯）。

10）作业场地必须有充足的照明。缆风绳跨越公路或其他障碍物时，距地面的高度要大于6m。缆风绳、吊臂、起吊设备与高压线的安全距离应符合规范要求。

11）起重作业应考虑对环境的保护，不破坏植被、不破坏水源、不破坏人文自然景观，不影响周边生物栖息环境。做到排污、噪音不超标。

12）起重作业中使用起重机应和操作人员密切配合，严格执行起重机械“十不吊”之规定：

① 信号不清或乱指挥不吊。

② 物体重量不清或超负荷不吊。

③ 斜拉物体不吊。

④ 重物上站人或有浮置物不吊。

⑤ 工作场地昏暗，无法看清场地、被吊物体及指挥信号不吊。

⑥ 工件埋在地下不吊。

⑦ 重物棱角处与吊绳之间未加垫衬不吊。

⑧ 工件捆绑吊挂不牢不吊。

⑨ 吊索具达到报废标准或安全装置不灵不吊。

⑩ 钢水包过满不吊（六级以上大风不吊）。

三、安全用电知识

1. 临时用电的管理规定

施工现场临时用电设备在5台及以上或设备总容量在50kW及以上者，应编制用电组织设计。临时用电组织设计及变更用电时，必须履行“编制、审核、批准”程序，由电气工程技术人员组织编制，经相关部门审核及具有法人资格企业的技术负责人批准后实施。

临时用电工程必须经编制、审核、批准部门和使用单位共同验收，合格后方可投入使用。

施工现场临时用电设备在5台以下和设备总容量在50kW以下者，应编制安全用电和电气防火措施。

临时用电工程应定期按分部、分项工程进行检查，对安全隐患必须及时处理，并应履行复查验收手续。

2. 供电线路的要求与防护要求

施工现场临时用电工程采用中性点直接接地的220V/380V三相四线低压电力系统，必须符合下列规定：

1）采用三级配电系统：总配电、分配电和开关箱。

2）采用TN-S接零保护系统：机械设备的中心线和其金属外壳保护线分别接地。

3）采用二级漏电保护系统：总配电和开关箱内装漏电保护器。

3. 施工现场电工及用电人员要求

电工必须经过按国家现行标准考核合格后，持证上岗工作；其他用电人员必须通过相关安全教育培训和技术交底，考核合格后方可上岗工作。

安装、巡检、维修或拆除临时用电设备和线路，必须由电工完成，并应有人监护。电工等级应同工程的难易程度和技术复杂性相适应。

各类用电人员应掌握安全用电基本知识和所用设备的性能，并应符合下列规定：

1）使用电气设备前必须按规定穿戴和配备好相应的劳动防护用品，并应检查电气装置和保护设施，严禁设备带“缺陷”运转。

2）保管和维护所用设备，发现问题及时报告解决。

3）暂时停用设备的开关箱必须分断电源隔离开关，并应关门上锁。

4）移动电气设备时，必须经电工切断电源并做妥善处理后进行。

4. 配电箱、开关箱及其电器保护装置的设置要求

（1）配电箱、开关箱的设置要求　配电系统应设置配电柜或总配电箱、分配电箱、开关箱，实行三级配电。

总配电箱以下可设若干分配电箱，分配电箱以下可设若干开关箱。分配电箱与开关箱的距离不得超过30m，开关箱与控制的固定用电设备的水平距离不宜超过3m。

每台用电设备必须有各自专用的开关箱，严禁用同一个开关箱直接控制2台及2台以上用电设备（含插座）。

动力配电箱与照明配电箱宜分别设置。当合并设置为同一配电箱时，动力与照明应分路配电；动力开关箱与照明开关箱必须分设。

配电箱、开关箱应装设端正、牢固。固定式配电箱、开关箱的中心点与地面的垂直距离应为1.4～1.6m。移动式配电箱、开关箱其中心点与地面的垂直距离宜为0.8～1.6m。

配电箱的安装板上必须分设N线端子和PE线端子板。N线端子板必须与金属电器安装板绝缘；PE线端子板必须与金属电器安装板做成电器连接。

（2）配电箱的电器保护装置设置要求　配电柜（总配电箱）应装设电源隔离开关及短路、过载、漏电保护电器装置，电源隔离开关分断时应有明显可见分断点。

开关箱必须装设隔离开关、断路器或熔断器，以及漏电保护器。当漏电保护器是具有短路、过载、漏电保护功能时，可不装设断路器或熔断器。

开关箱中的隔离开关只可直接控制照明电路和容量小于3.0kW的动力电路。容量大于3.0kW的动力电路应采用断路器控制，操作频繁时还应附设接触器或其他启动控制装置。

总配电箱中漏电保护器的额定漏电动作电流不应大于30mA，额定漏电动作时间不应大于0.1s，但其额定漏电动作电流与额定漏电动作时间的乘积不应大于30mAs。

开关箱中漏电保护器的额定漏电动作电流不应大于30mA，地下室、潮湿或有腐蚀介质的场所，其漏电保护器的额定漏电动作电流不应大于15mA，其额定漏电动作时间均不应大于0.1s。

配电箱与开关箱内的漏电保护器极数和线数必须与其负荷侧负荷的相数和线数一致。

配电箱与开关箱内电源进线端严禁采用插头和插座做活动连接。

漏电保护器每天使用前应启动漏电试验按钮试跳一次，试跳不正常时严禁继续使用。

5. 照明线路

照明线路需要单独配电时，配电线路形式和低压电器的配备可以参照前面讲到的一般低压配电的线路的相应内容。必要时设置事故照明线和应急照明装置。

应根据不同的环境选用不同的照明器。正常湿度时选用开启式照明器；比较潮湿时选用密封型、防水、防尘照明器，或配有防水灯头的开启式照明器；有大量灰尘但无爆炸和火灾危险的场所，选用防尘照明器；有爆炸和火灾危险的场所，选用防爆型照明器；振动较大的场所，选用防振型照明器；有酸碱强腐蚀性的场所，选用耐酸碱型照明器。还应根据不同的环境选用不同的照明电源电压。一般场所选用220V电源供电。隧道、人防工程，有高温、导电灰尘或灯具离地面高度低于2.5m等场所的照明，电源电压应不大于36V；潮湿和易触及带电体场所的照明，电源电压应不大于24V；特别潮湿的场所、导电良好的地面、锅炉或金属容器内的照明电源电压应不大于12V。行灯的电源电压应不超过36V。照明变压器必须是双绕组型，严禁使用自耦变压器。

四、登高作业知识

通常情况下，起重作业实现的是物体的上下垂直位移，许多吊装工程都需要作业人员登高作业，要能够在高空解决挂缆绳、接钩头、安装零配件工作。登高作业的性质要求作业者必须具有登高的身体素质、心理承受能力和工作技能，要能遵守高空作业的有关特别规定和特别措施，以及相应的劳动保护和生产区域的安全警戒。

1. 登高作业等级

通常情况下将登高工作叫做高处作业。它根据坠落的高度，将登高作业分为四个等级：

（1）一级高处作业　工作高度在2～5m。

（2）二级高处作业　工作高度在5～15m。

（3）三级高处作业　工作高度在15～30m。

（4）特级高处作业　工作高度在30m以上。

2. 登高作业类别

根据高处作业的客观条件，将高处作业又分为八个类别：

（1）强风高处作业　风速10.8m/s以上的情况下进行的高处作业。

（2）异温高处作业　在高温或低温环境下进行的高处作业。

（3）雪天高处作业　降雪时进行的高处作业。

（4）雨天高处作业　降雨时进行的高处作业。

（5）夜间高处作业　室外夜间完全采用人工照明时进行的高处作业。

（6）带电高处作业　在接近或接触带电条件下进行的高处作业。

（7）悬空高处作业　在无立足点或无牢靠立足点的条件下进行的高处作业。

（8）抢救高处作业　凡突然发生灾害事故，进行抢救的高处作业。

3. 登高作业应具备的知识

高处作业存在着许多客观不利因素，给起重作业带来诸多困难，所以在从事高处作业时，还必须具备下列知识：

1）登高作业前，所有登高工具和安全用具，如安全帽、安全带、梯子、跳板、爬杆脚板、脚手架、安全网等都应仔细检查，若有不符合要求的应更换。

2）登高作业，不论什么工种、什么地点、什么时间，不论是专业的、还是临时的，均应执行有关登高作业规程。

3）登高作业操作，应使用安全带，戴安全帽，并遵守施工现场特定的安全操作规程。

4）登高作业地点，应划出安全禁区，并设置明显标志，禁止无关人员进入。

5）必须正确使用安全带，钩子应勾在牢固的物体上，无固定物体供挂钩时，应设临时装置。

6）使用梯子登高，中间不得缺层，并应牢固地支靠在固定体上。梯脚要有防滑措施，登到工作高度后，应用一腿勾入横档站稳后才能操作，梯子靠放斜度不应小于30°，使用人字梯，必须挂牢挂钩。

7）必须清理高空作业下方的场地，禁止堆放杂物。

8）施工现场监护人员不得随便离开工作岗位，坚决制止违章、冒险作业。

9）上下作业时，手中不应拿物件，工具应放在工具袋里，传递物件应用吊绳，严禁上下抛掷工具或器材。

10）执行高空焊接或气割时，必须先移开下方的易燃易爆物品。

11）高空作业时，不应把工具，器材等放在脚手架或建筑物边缘，防止坠落伤人。

12）高空作业站立在脚手板上工作时，不应站在脚手板两端，避免脚手板翘起，人从高空坠落。

13）工作结束后，必须清点所带工具和安全用具，不得遗留在作业点上。

14）遇有六级以上强风和大雨时，禁止露天登高作业，若因抢险抢修等需要，必须采取有效的安全措施。

15）患有高血压、心脏病、癫痫病、手脚残疾、深度近视等病症者，禁止登高作业。登高作业前不准饮酒。

五、消防基本知识

起重作业在施工中需要用电，需要用乙炔割枪切割金属材料，大型设备吊装又均是露天作业，容易遭受雷击，由此有产生火灾的隐患和可能。所以，在起重作业中要做好消防灭火工作。施工现场应有消防制度和措施，火灾发生后要做好灭火、报警、逃生三步工作。平时作业人员应具备下列知识：

1）电工、焊工从事电气设备安装和电、气焊切割作业，要有操作证和用火证。动火前要清除附近易燃物，配备看火人员和灭火用具。用火证当日有效。动火地点变更，要重新办理用火证。

2）施工现场严禁吸烟。必要时，应设有防火措施。

3）施工现场和生活区，未经相关职能部门批准不得使用电热器具。

4）氧气瓶与乙炔瓶安全工作间距不小于5m，两瓶同明火作业距离不小于10m。禁止在工作时使用液化石油气钢瓶和乙炔发生器作业。

5）施工现场应建立防火检查制度，强化电气防火领导体制，建立应急防火队伍。

6）一旦发生电气火灾。应迅速切断电源，以免事态扩大。切断电源时应戴绝缘手套，使用有绝缘柄的工具。应急剪断电线时，火线和零线应分开错位剪断，以免在钳口处造成短路，并防止电源线掉在地上造成短路使人员触电。

7）当电源一时无法切断时，一方面派人去供电端拉闸，另一方面灭火时，人体的各部位与带电体应保持一定的距离，并穿戴绝缘用品。

8）扑灭电气火灾时要用绝缘性能好的灭火剂，如干粉灭火机、二氧化碳灭火器、1211灭火器或干燥砂子。严禁使用导电灭火剂进行扑救。

9）为防止雷击火灾，起重机最上端必须设避雷针，并应将起重机钢架连接在接地装置上，接地装置应尽可能利用永久性接地系统。

10）施工现场用桅杆和门式起重机顶端，应在其最高点处安装一个接闪器，并在它们的最下端设置接地线，同时应将卷扬机的金属外壳可靠接地。

11）对施工现场无法自我扑救的火灾，应及时报警，以免措施不力，造成更大的损失。

12）当现场作业人员被围困在高处或浓烟笼罩处时，应采取正确防护方法等待救援，不得乱跑或跳楼逃生。

六、紧急救护知识

起重作业是危险性较大的工作，如果因为工作中的疏忽或不可抗拒的因素，造成设备损坏或人身伤亡事故，应立即向值班领导、安全部门及上级有关部门报告，并立即组织抢救受伤人员，采取措施防止事故进一步扩大，设警戒线保护好事故现场，维护好出事现场周围的正常秩序。果断抢救伤员，应采取的紧急救护措施有：

（1）止血　可采用压迫止血法、止血带止血法、加压包扎止血法、加垫屈肢止血法。

（2）包扎　有外伤的伤员经过止血后，就要立即用急救包、纱布、绷带或毛巾等包扎起来，如图1-1所示；如果是头部或四肢外伤，一般用三角巾或绷带包扎，如果现场没有三角巾或绷带，可以用干净的衣服或毛巾代替。包扎后送往医院进一步治疗。

（3）固定　骨折是一种比较多见的现场创伤。如果伤员的受伤部位出现剧烈疼痛、肿胀、变形以及不能活动等现象时，就有可能是发生了骨折。这时必须利用一切可以利用的条件，迅速、及时、准确地给伤员进行临时固定。常见的骨折是四肢骨折和脊柱骨折，根据骨折的不同部位采用相应的方法固定，如图 1-2 所示。

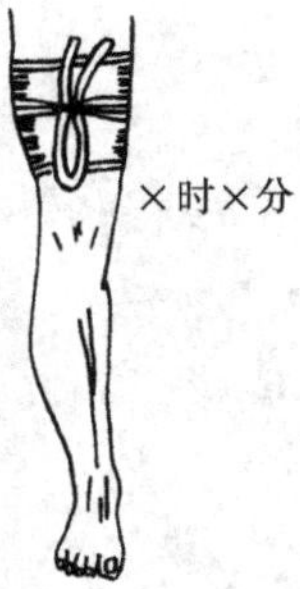

图 1-1　止血带包扎止血方法

图 1-2　腰椎骨折固定方法

（4）救运　伤员经过急救以后，要迅速向地面专业医院转移。搬运伤员是一个非常重要的环节，如果搬运不当，会使伤情加重，严重时还能造成神经、血管损伤、甚至瘫痪，给伤者带来终身痛苦，所以，对伤员的搬运应十分注意。轻伤员可采用掮、背、抱、扶的方法将伤员运走。大腿骨折、大出血或休克的伤员用担架抬送。脊柱骨折的伤员要用木板做的硬担架抬送，如图 1-3 所示。

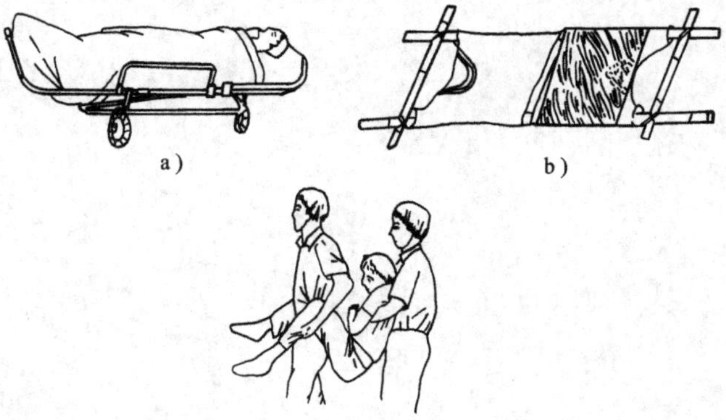

a）　b）

c）

图 1-3　搬运伤员方法

a）正常担架　b）临时担架及木板

c）错误搬运

复习思考题

1. 社会道德的基本要求是什么?
2. 社会道德的基本原则是什么?
3. 社会职业道德是什么?
4. 社会职业道德的特点主要表现在哪四个方面?
5. 文明生产的主要内容是什么?
6. 简述起重作业中的“十不吊”。
7. 简述临时用电管理规定。
8. 简述配电箱、开关箱的设置要求。
9. 登高作业分为几级?

第二章

起重工基础知识

培训学习目标 通过本章学习，能掌握起重识图的基本知识，能够看懂一般的施工平面图、设备安装图、建筑结构图，能用这些图来安排、指导起重作业；能掌握起重作业中的数学知识和起重作业中的物理知识，熟练地计算物体的面积、体积和重量，能正确找出重心，能利用几何知识和三角知识进行简单的受力计算和分析，掌握力的基本概念和摩擦与惯性的知识，会进行简单的摩擦力计算。

第一节 起重识图

起重工要完成好起重作业，首先要学会看懂施工图。施工图一般有施工现场平面布置图、设备安装图、建筑结构图。

施工现场平面布置图：主要表示场地大小、道路状况、设备吊装位置、起重机械如何摆放、水电气管道如何布置。

设备安装图：主要表示设备的安装位置，设备的数量、大小以及与厂房等的相互关联。

建筑结构图：主要是说明建筑物的构造、类型、结构、材料和施工要求等内容。

一、施工现场平面布置图的基本要求

施工现场的正门入口处，必须悬挂“施工现场平面布置图”，使进入现场人员一目了然，对施工现场有一个大概的了解，并警示自己应该注意的地方。“施工现场平面布置图”要求布置合理，醒目清楚，与现场的实际情况相符合，具

体要求如下：

（1）工程项目名称

（2）工程批准文号

（3）工程环保批准文号

（4）工程造价、工程占地面积

（5）工程建设单位、工程施工单位、工程监理单位

（6）项目负责人名

（7）现场道路、建筑物、设备、起重机械、工棚布置图

（8）安全操作规程、警示标志等

二、设备安装图基本知识

一般情况下，起重作业都与设备的安装有关。大到几百吨乃至上千吨的钢结构设备，小到几公斤的装配件，都需要通过起重作业和机电安装，将它们联接成一个整体，实现其生产工艺要求，达到生产目的。这就要求起重作业者具备一定的设备安装图的基本理论，要掌握以下基本知识：

1. 识别安装图的基本方法

1）熟悉图样目录、了解设计说明，在此基础上将设备安装平面图与安装系统图联系对照识读。

2）应按设备安装的系统分别识读，在同类系统中又可按编号进行识读。

3）有的设备安装图对某些常见部位的设备、管道器材等细部的位置、尺寸和构造要求，往往是不加说明的，读图时若要了解其详细做法，还需要参照有关图集和安装详图。

4）设备安装平面图是工程图样中最基本和最重要图样，它主要表明安装器材、安装设备的平面布置、相互位置、坡度与走向、连接方式。如图 2-1 所示，它表示楼层锅炉安装平面图。

5）设备安装轴测图是安装图中按斜轴测图方式来表示管道或设备的走向、顺序、标高、管径等，从轴测图上可以基本了解安装长度、各段标高、设备位置。如图 2-2 所示，它表示某单元住宅的通风系统轴测图。

6）设备安装系统图主要表明在一个单一的系统中，安装设备的名称及型号规格（相应编号应与平面图一致）管道、风道在空间的曲折和交叉及其管件的相对位置和走向、标高。图 2-3 所示为集中式空调系统，它表示整个系统由空调房间、空气处理设备、空气输送设备、空气分配设备四个部分组成。

2. 辨识设备安装图应注意的几个要点

1）首先弄清图样中的方向和设备、安装器材在总平面图上的位置。

2）看图时先看设计说明，明确设计要求。

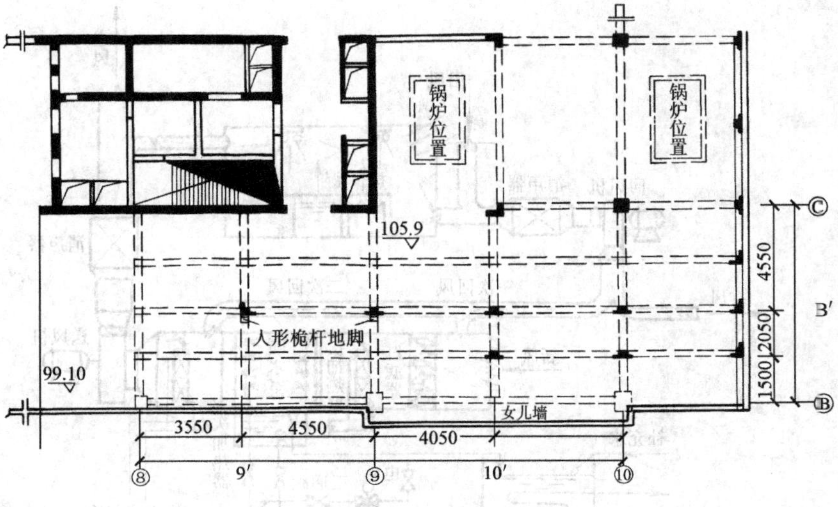

图 2-1　锅炉安装平面图

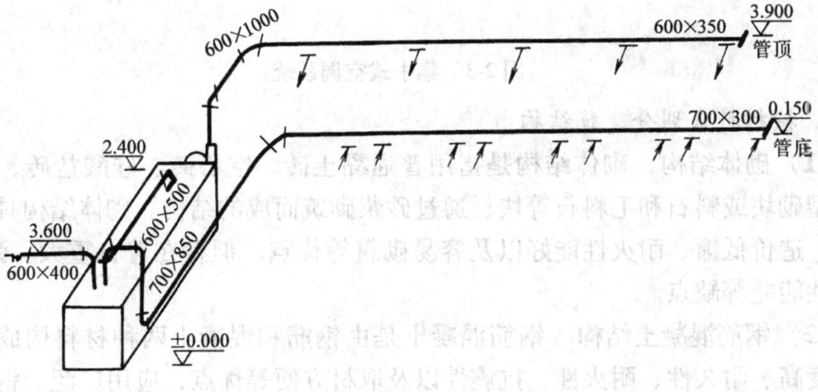

图 2-2　通风系统轴测图

3）阅读前应查阅和掌握有关的图例，了解图例代表的内容。

4）识图时应将系统图和平面图对照识读，以便于了解系统全貌。

三、建筑结构图基本知识

起重作业施工场地有时在建筑物内，或者依附着建筑物展开工作。有时甚至要借助建筑物设置吊点、锚点。特别是有些修理工程不得不借助建筑物的柱头、大梁完成某些吊装作业。所以，起重工必须对建筑物的结构有所了解和掌握，能够熟练地看懂建筑结构图，了解建筑的结构设计、基础状况、楼板结构、屋面结构、现浇框架等等。

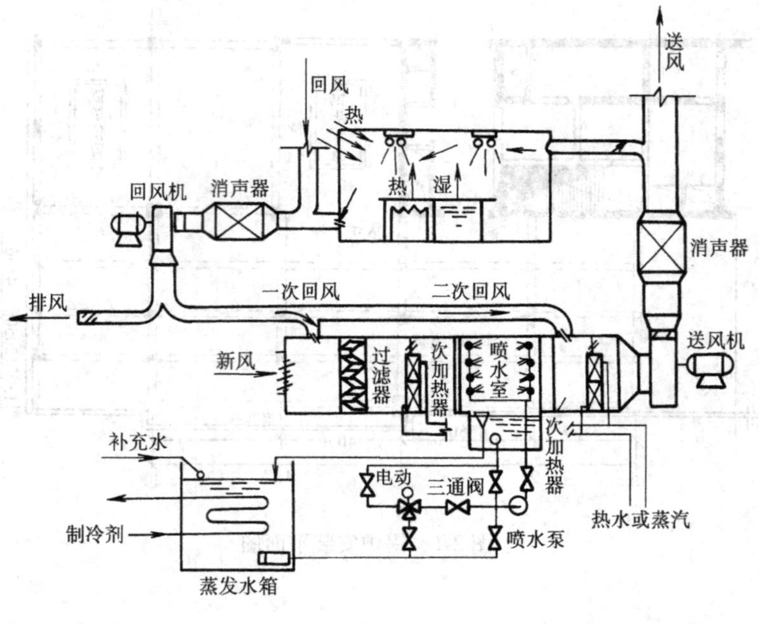

图2-3 集中式空调系统

1. 按材料来划分建筑结构

（1）砌体结构　砌体结构是指用普通黏土砖、空心砖、硅酸盐砖、混凝土中小型砌块或料石和毛料石等块材通过砂浆砌筑而成的结构。砌体结构具有就地取材、造价低廉、耐火性能好以及容易砌筑等优点。但存在着自重大、强度低、抗震性能差等缺点。

（2）钢筋混凝土结构　钢筋混凝土是由钢筋和混凝土两种材料构成的，具有强度高、耐久性、耐火性、抗震性以及取材方便等优点，应用广泛。钢筋混凝土也存在自重大、抗裂能力差、现浇时耗费模板多、工期长等缺点。

（3）钢结构　钢结构是由钢材制成的结构。它的优点是强度高、重量轻、材质均匀以及制作简单快速、运输方便等。钢结构主要缺点是容易生锈、维护费用高、耐火性能差。

（4）木结构　木结构是指全部或大部分用木材制成的结构。它的优点是就地取材、制作简单、便于施工。它的最大缺点是易燃、易腐和结构易变形。

2. 建筑结构图的识读

（1）结构柱网平面布置图　图2-4是一单层厂房的柱网和吊车梁布置图。该厂房的主要承重构件是柱（Z1，Z2），用黑色方块表示，吊车梁（DL－5B）用粗实线表示，跨度18000mm。图中还表示出了连续梁（LL－1，LL－1A），每段6000mm。在吊车梁端部设有阻挡吊车前进的车挡（CD－1），5轴线后的虚线表示柱间设有上、下两层柱间支撑（ZC1，ZC2），起到侧向加固作用。

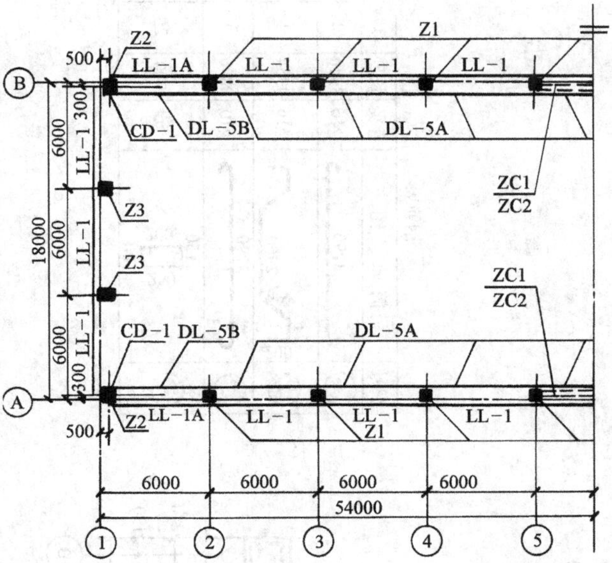

图2-4　柱网、吊车梁布置图

（2）钢筋混凝土梁结构图　梁是一种横向受力构件，它们一般架设在柱子或墙体圈梁等竖向受力构件上，把其上所受载荷通过柱子和承重墙向基础和地基传递。

最常见的梁为钢筋混凝土梁，如图2-5所示，该梁两端支撑在柱子上，是一条简支梁。该图画出了梁的立面图和断面图，表明了梁的基本尺寸和梁内钢筋的基本配置情况。在遇到某些内部钢筋配置复杂的梁时，可根据需要作出梁的钢筋分布图或列出如图2-5所示的钢筋表，以便于配筋。简支梁一般仅能承受均布载荷、集中力和弯矩，不允许在其上面开洞打孔。

在上面所讲述的内容中，作为起重工对建筑结构图主要应掌握以下几点：

1）建筑结构图是描述建筑物受力的技术依据。

2）通过建筑结构图能明确判建筑物的受力柱、受力梁以及非受力结构。

3）明确钢筋混凝土构件的配筋情况，明确建筑物中哪些是现浇板、哪些是预制板。

4）施工中严禁损伤建筑物的承重结构。

5）不得在建筑物楼板、挑沿、隔间墙等处设置吊点。

6）在用建筑物的结构做受力点时，必须采取必要的保护措施。

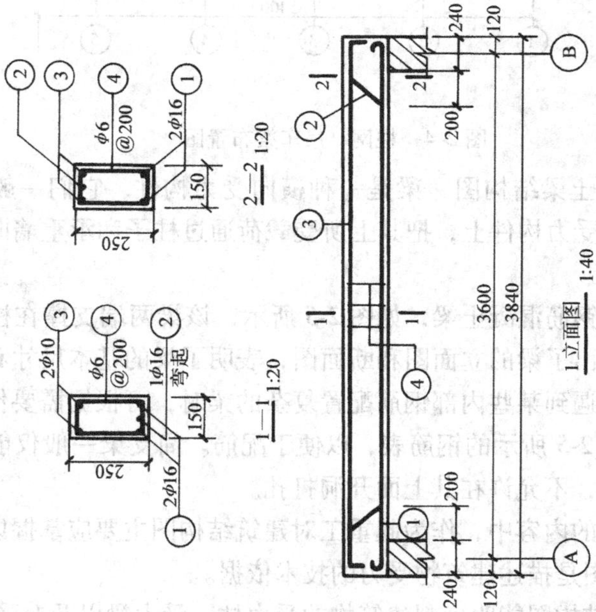

钢筋表

编号	简图	直径	长度	根数
①	75　3790	φ16	3940	2
②	200　215　28　2960	φ16	4354	1
③	3790　63	φ10	3896	2
④	150　200　250　100	φ6	700	20

图2-5　钢筋混凝土梁结构图

第二节　数学基础知识

起重作业时，起重工将起吊、搬运各种各样的设备和重物，需要对作业场地大小作出勘察，需要知道起吊或搬运设备的大小、形状、重量，还需要知道施工现场的空间大小，根据设备的重量和外形尺寸以及现场情况合理地选择起重机械，制定施工组织方案。在制订方案时，需要对被吊物体的面积、体积、重量以及受力情况进行计算分析，这就要求起重作业人员必须具备一定的数学知识。

一、面积和体积的计算

在起重作业中，对起吊、运输的设备和重物需要进行面积和体积计算。经常碰到的物体有正方形、矩形、平行四边形、梯形、三角形和圆。它们的面积计算公式见表 2-1。

表 2-1　几何面积计算公式

名　称	图　形	计 算 公 式
正方形	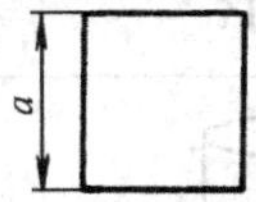	$S=a^2$
长方形（矩形）	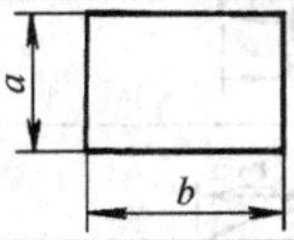	$S=ab$
平行四边形	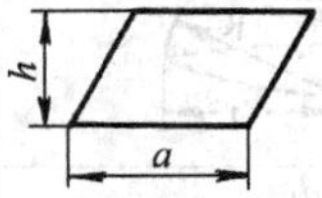	$S=ah$
梯形	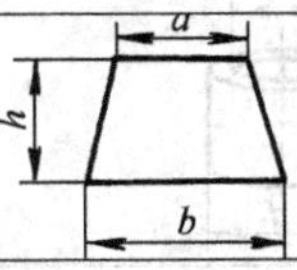	$S=\frac{1}{2}(a+b)h$
三角形	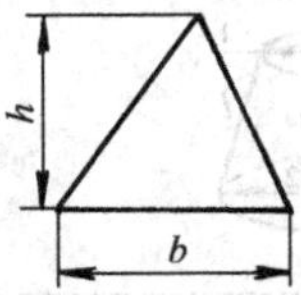	$S=\frac{1}{2}bh$
圆	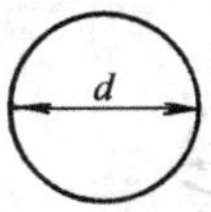	$S=\frac{\pi}{4}d^2=0.785d^2$

在起重作业的实际工作中，往往碰到的设备和重物不一定是上面所列的规则图形，通常是一些规则图形的叠加或者是一些不规则图形的组合。如图 2-6 所示，可将其分为基本图形分别计算，即

$$S_{总} = ab + de + \pi d^2/8 + af/2 - ec - \pi c^2/4$$

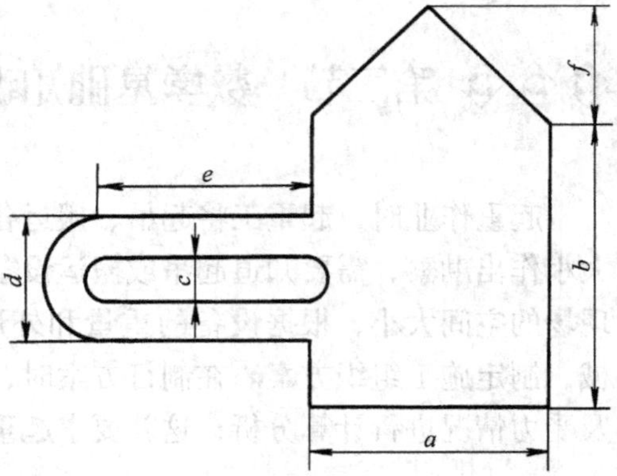

图 2-6　不规则图形的组合

在起重作业中，还需要知道物体或设备的重量，要计算重量就必须知道物体的密度和体积。尤其是体积必须自己能够计算。常见的体积计算，见表 2-2。

表 2-2　常见体积计算

名　称	图　形	计算公式
立方体	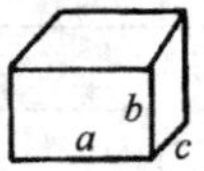	$V = abc$
圆柱体	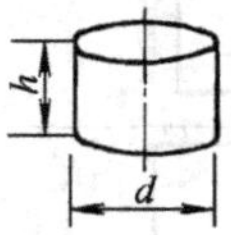	$V = \frac{1}{4}\pi d^2 h = 0.785 d^2 h$
球台	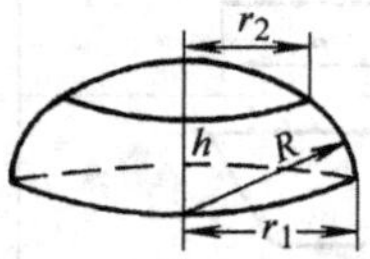	$V = \frac{1}{6}\pi h[3(r_1^2 + r_2^2) + h^2]$
空心圆柱体	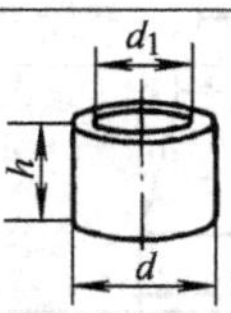	$V = \frac{1}{4}\pi h(d^2 - d_1^2)$
圆台	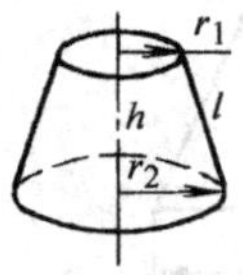	$V = \frac{1}{3}\pi h(r_1^2 + r_2^2 + r_1 r_2)$
正圆锥体	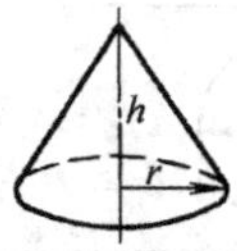	$V = \frac{1}{3}\pi r^2 h$

二、应用几何知识

1. 斜面和螺旋

斜面是指与水平面形成一定角度的面。在起重作业中往往将重物放在一个支撑的斜面上，使重物缓缓上升或缓缓下降，到达指定位置，可以省力。用三角形来表示斜面，如图 2-7 所示。

根据功能原理，把重物沿着斜面推上去而做的功相当于直接把重物举到坡顶所做的功，即

$$NL = QB \text{ 或 } N/Q = B/L$$

从上面的公式可以看出，斜面的高度是长度的几分之几，所使用的力即是物体重量的几分之几。一般斜面的长度总是大于它的高度。因此，把重物推上斜面坡顶比直接垂直地提拉省力。

螺旋是起重作业的一种省力的机具，螺旋实际上是斜面的一种变形，可用一张直角三角形的纸片卷在圆筒体上来形象地表示，如图 2-8 所示。它的斜边在圆柱体上就能绕成了螺旋线，因而用螺旋升起重物可省力。

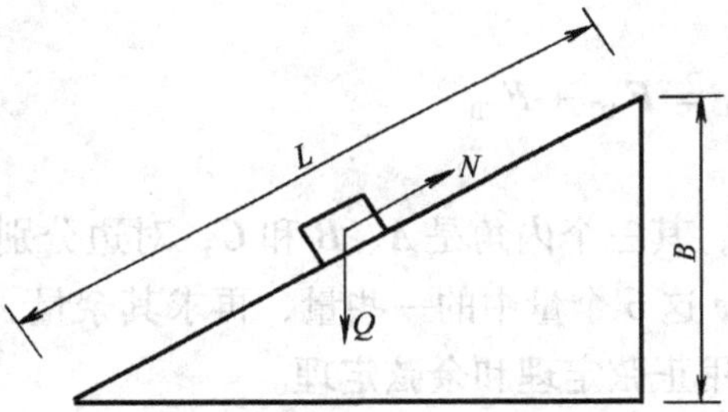

图 2-7　三角形斜面图

L—斜面的长度　B—斜面的高

Q—重物的重量　N—推动重物所需的力

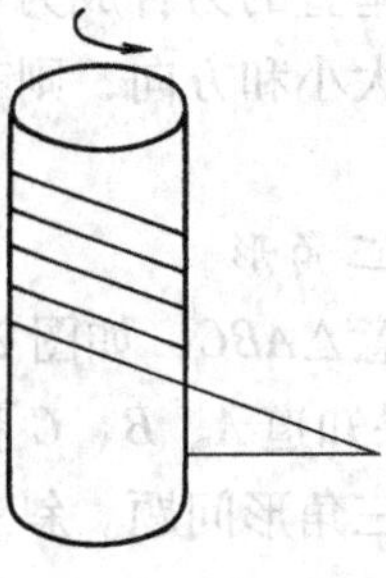

图 2-8　螺旋示意图

勾股关系：勾3股4弦5，你知道了吗？

2. 勾股定理

在直角△ABC 中（见图 2-9），存在着如下的关系，即 $c^2 = a^2 + b^2$，在起重作业中往往用它来校正桅杆的垂直度和正交受力的分解和合成。

3. 平行四边形

平行四边形是矩形的特殊情况，平行四边形的面积等于其底边乘以高，其重心在其二对角线的交点上，如果用平行四边形两条相邻的边$\overrightarrow{AD}$和$\overrightarrow{AB}$表示两个力的大小和方向，那么这两个力的合力的大小和方向可用$\overrightarrow{AC}$表示，如图 2-10 所示。

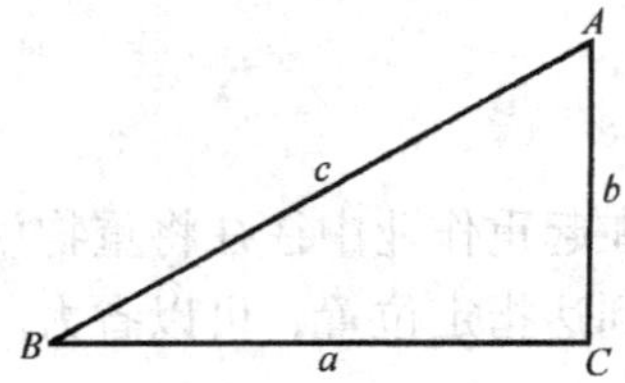

图 2-9　勾股定理图

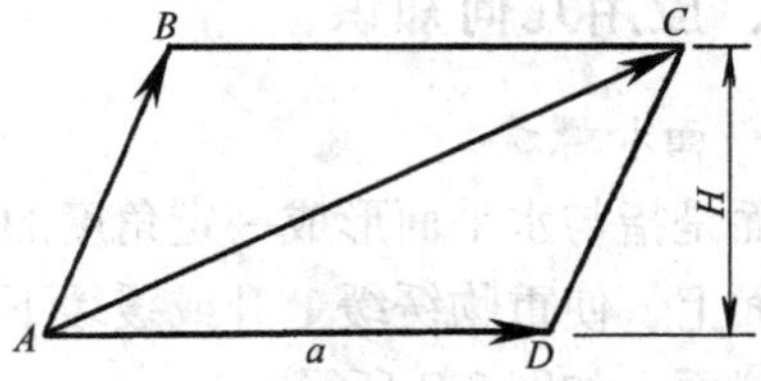

图 2-10　平行四边形的力分解和合成的数学模型

三、应用三角知识

1. 直角三角形

如图 2-11 所示的三角形，有

$$\sin A = a/c$$
$$\sin B = b/c$$

可以用直角三角形的解法，将一个力分解为二个互相垂直的分力，也可以将两个互相垂直的力合成为一个力。如果用直角三角形的三条边$\overrightarrow{AC}$、$\overrightarrow{CB}$和$\overrightarrow{AB}$表示三个力的大小和方向，则有

$$\boldsymbol{F}_{AB} = \boldsymbol{F}_{AC} + \boldsymbol{F}_{CB}$$

2. 斜三角形

对任意△ABC，如图 2-12 所示，其三个内角是 A、B 和 C，对边分别是 a、b 和 c。如果知道 A、B、C 和 a、b、c 这 6 个量中的一些量，再求其余量，这种问题称为斜三角形问题。斜三角形可用正弦定理和余弦定理。

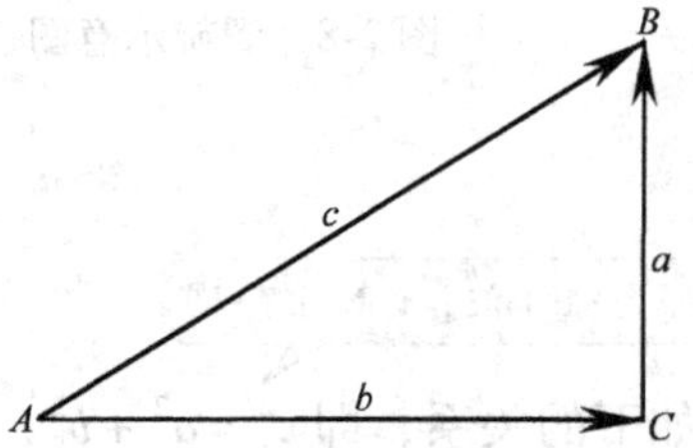

图 2-11　直角三角形

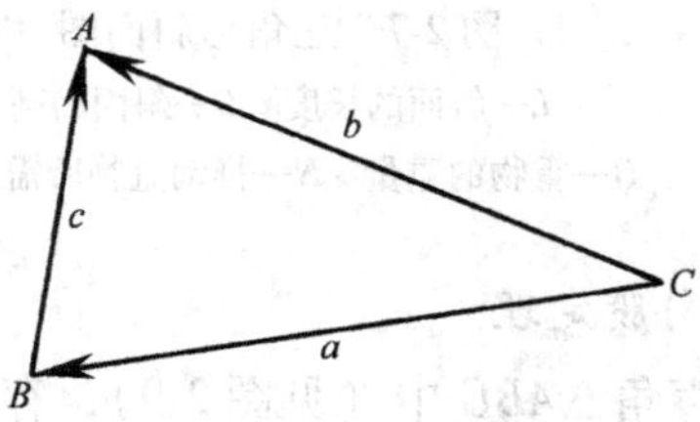

图 2-12　斜三角形

（1）正弦定理　在任意三角形的边角关系中，如知道其中任意的三个已知量，求解另一个未知量，可用正弦定理

$$a/\sin A = b/\sin B = c/\sin C$$

（2）余弦定理　也可以从任意三角形的边角关系中，由二边夹一角，或二角夹一边和三边来求解第四个未知量。或者转化为物体之间力学上的关系，解决

起重作业中的受力计算和受力分析。可用余弦定理

$$\cos A = \frac{b^2 + c^2 - a^2}{2cb}$$

$$\cos B = \frac{a^2 + c^2 - b^2}{2ac}$$

$$\cos C = \frac{b^2 + a^2 - c^2}{2ab}$$

（3）任意三角形的面积公式

$$S_{\triangle ABC} = \frac{1}{2}bc\sin A = \frac{1}{2}ca\sin B = \frac{1}{2}ab\sin C$$

在任意$\triangle ABC$中，如果用三条边$\overrightarrow{CB}$、$\overrightarrow{BA}$、$\overrightarrow{CA}$分别表示三个力的大小和方向，也有

$$\boldsymbol{F}_{\mathrm{CA}} = \boldsymbol{F}_{\mathrm{CB}} + \boldsymbol{F}_{\mathrm{BA}}$$

3. 相似三角形与应用

如图2-13a所示，大三角$A_1B_1C_1$与小角形ABC之间三个角相等，三个边不等，但它们对应边的比相等。即

$$A_1B_1/AB = A_1C_1/AC = B_1C_1/BC = 常数$$

把这样的两个三角形叫做相似三角形。

利用相似三角形原理，在施工现场可以通过采用经纬仪与标杆相配合，测得相应数据后，计算设备、桅杆、厂房的垂直高度，如图2-13b所示，即

$$a/c = (a + b)/d$$

$$d = (a + b)c/a$$

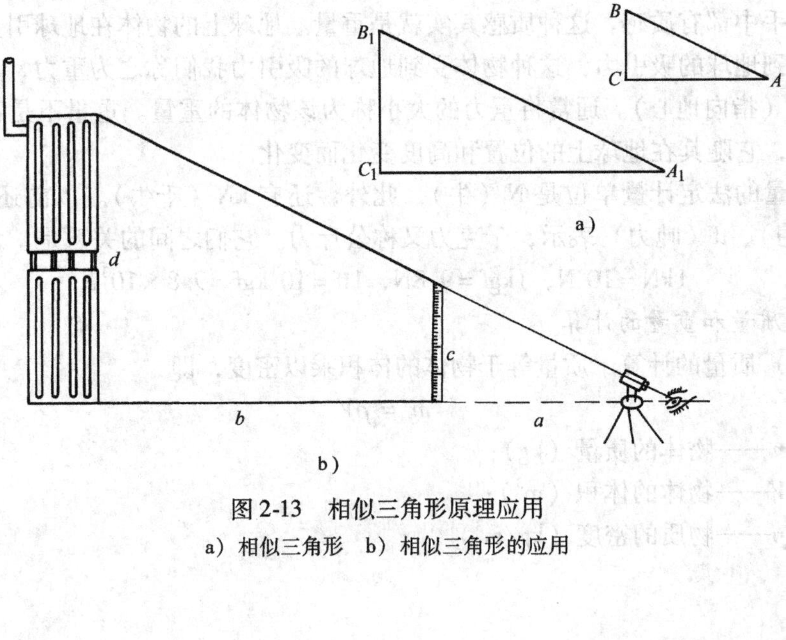

图2-13 相似三角形原理应用

a）相似三角形 b）相似三角形的应用

若 $a=10\text{m}$，$b=80\text{m}$，$c=6\text{m}$，则：

$$d = (10+80)6\text{m}/10 = 54\text{m}$$

第三节　力学基本知识

起重作业无论是设备的水平运输还是上下位移，从现象上看是人员、机械、设备三者之间的相互作用关系，动力设备将电能或化学能转变为机械能，机械能通过专用的起重设备转变为物体的势能。从本质上讲是人与力打交道，机械设备与力打交道，换句话说也就是如何从根本上解决谁对谁施力和谁对谁受力。解决物体与物体之间的相互作用，这就抓住了起重作业的关键，抓住了起重作业的本质问题。这需要我们起重作业者应该具有一定的力学基本知识。

一、质量、重量和重心

1. 质量

质量就是物体中含有物质的多少。质量是物体的固有属性，它不随其形状、位置和状态的变化而变化。

质量的法定计量单位是 kg（千克），此外，还有 t（吨）、g（克）等。它们之间的关系是

$$1\text{kg}=10^{-3}\text{t}=10^{3}\text{g}$$

2. 重量

人们在日常生活和工作中都有一个最直观的感觉，就是不论是铁球还是乒乓球拿在手中都有质感，这种质感其实就是重量。地球上的物体在地球引力场作用下，受到地球的吸引力，这种物体受到地球的吸引力我们称之为重力，其方向垂直向下（指向地心）。通常将重力的大小称为该物体的重量。重量不是物体的固有属性，它随其在地球上的位置和高度变化而变化。

重量的法定计量单位是 N（牛），此外，还有 kN（千牛）。以前还有用 kgf（千克力）、tf（吨力）表示，千克力又称公斤力。它们之间的关系是

$$1\text{kN}=10^{3}\text{N}，1\text{kgf}=9.8\text{N}，1\text{tf}=10^{3}\text{kgf}=9.8\times10^{3}\text{N}$$

3. 质量和重量的计算

（1）质量的计算　质量等于物体的体积乘以密度，即

$$m=\rho V$$

式中　m——物体的质量（kg）；

V——物体的体积（m^3）；

ρ——物质的密度（kg/m^3）。

一般材料的密度见表2-3。

表2-3　一般材料的密度

物体的材质	密度/（$\times10^3$kg/m^3）
钢、铸钢	7.85
铸铁	7.2～7.5
铸铜	8.6～8.9
木料	0.5～0.7
铅	1.13
黏土	2.7
混凝土	1.9
碎石	2.4
松土	1.6
砖	1.4～2.0
煤油	0.8

（2）重量的计算　重量等于物体的质量乘以重力加速度，即

$$G = mg$$

式中　G——物体的重量（N）；

m——物体的质量（kg）；

g——重力加速度（m/s^2）；一般，$g=9.8\text{m/s}^2$。

如质量为1kg的物体，它的重量为

$$G = mg = 1\text{kg}\times9.8\text{m/s}^2 = 9.8\text{N}$$

按照以前的习惯，也可以把质量为1kg物体的质量写成

$$G=mg=1\text{kg}\times9.8\text{m/s}^2=9.8\text{N}=1\text{kgf（千克力）}$$

即质量为1kg的物体的重量为1kgf，起重行业有时习惯上简称该物体的重量为1kg。所以，现在起重行业上有时习惯上称一个物体的重量为5t或5000kg，实际是指这个物体的重量为5tf或5000kgf。

4. 重心和重心计算

物体的重心就是物体上各个部分重力的合力作用点。不论物体怎样放置，物体重心的位置是固定不变的。

在起重作业中，了解和掌握设备的重心是很重要的。重心的位置不仅关系到设备的平衡，而且关系到物体的稳定性。要使起重机械和物体处于平衡位置，必须使其重心处在适当位置。在起重作业中只有保持物体的稳定性，使物体在起吊、运输过程中不倾斜、不运动、不翻转，才能保证安全作业。如吊点未通过物体重心，起吊中或起吊后将发生翻转，发生翻转是很危险的，会酿成事故。

质量均匀，形状有规则的吊件的重心与它的几何中心重合。例如：

1）粗细均匀的棒重心在其全长的二分之一处。

2）薄圆板和圆环的重心在圆心处。

3）正多边形薄板的重心在它的内切圆或外接圆的圆心处。

4）正方形、长方形、平行四边形薄板的重心在它们的对角线交点处。

5）球的重心在它的球心处。

6）三角形薄板的重心在其各边三条中线的交点上。

对形状复杂、材质均匀分布的物体，可以把它分解为若干个简单几何体，确定各个部分重量及其重心位置坐标，然后用下式计算整个物体的重心坐标值

$$X_c = \sum G_i X_i / G$$

$$Y_c = \sum G_i Y_i / G$$

式中 X_c——整个物体重心在坐标系中的横坐标；

Y_c——整个物体重心在坐标系中的纵坐标；

G——整个物体的总重量；

G_i——某单元物体的重量；

X_i——某单元物体在坐标系中的横坐标；

Y_i——某单元物体在坐标系中的纵坐标。

二、力的基本概念

什么是力？力的物理定义是：力是一个物体对另一个物体的作用。比如起重机起吊重物时，由于力对重物产生了作用，使重物由静止到运动，由低位移至高位，发生了位置变化。

又比如用手拉弹簧时，可使其伸长，当手放松时，弹簧又恢复原状。所以，要改变一个物体的运动状态或形状，就必须有另外一个物体对它产生一种作用，这种作用就是力。

力的三要素：力的大小、方向、力的作用点。它们被称为力的三要素。三要素中任何一个的改变都将会改变力对物体的作用效果。

力的单位：力的国际单位为 N（牛）。

力不能脱离物体而存在，当某一物体受到力的作用时，一定有另一物体对它施加这种作用。物体所受合力为零时，物体相对地球保持静止或作匀速直线运动的状态，称为物体的平衡。

三、滑动摩擦与滚动摩擦的基本知识

1. 滑动摩擦的基本知识

两个相互接触的物体，当发生沿接触面的相对滑动或有相对滑动趋势时，彼

此间作用着阻碍滑动的力，称为滑动摩擦力。在尚未发生相对滑动时出现的摩擦力叫静摩擦力，在发生相对滑动后出现的摩擦力叫动摩擦力。最大静摩擦力 F_{max} 与亘物对支承面的正压力 N 成正比，即

$$F_{max}=\mu_0 N$$

式中　μ_0——静摩擦系数，μ_0 的大小与相互接触物体的材料以及它们的表面的情况（光滑、温度、湿度等）有关，与接触面积的大小无关。

两个相互接触的物体在开始滑动后的摩擦力 F，其规律与静摩擦力相似，它的方向与物体滑动的方向相反（见图2-14），其大小 $F=\mu N$，μ 为动摩擦系数，其值略小于静摩擦系数。

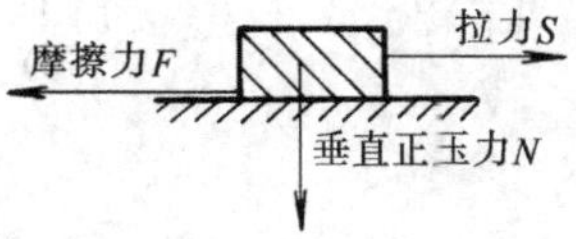

图2-14　滑动摩擦示意图

各种材料在不同表面接触情况下的静摩擦系数是由实验测得的，常用的有关摩擦系数见表2-4。

表2-4　常用滑动摩擦系数

材料名称	摩擦系数			
	静摩擦系数（μ_0）		动摩擦系数（μ）	
	有润滑	无润滑	有润滑	无润滑
钢－钢	0.1～0.12	0.15	0.05	0.15
钢－软钢	/	/	0.1～0.2	0.2
钢－铸铁	/	0.3	0.05～0.15	0.18
钢－青铜	0.1～0.15	0.15	0.1～0.15	0.15
铸铁－铸铁	0.8	/	0.07～0.12	0.15
铸铁－青铜	/	/	0.07～0.15	0.15～0.2
铸铁－木材	/	0.65	0.2	0.3～0.5
青铜－青铜	0.1	/	0.07～0.1	0.2
木材－木材	0.1	0.4～0.6	0.07～0.15	0.2～0.5
木材－麻绳	/	0.8	/	0.5

2. 滚动摩擦的基本知识

如图2-15所示，设有一个半径为 R 的滚子，其重量为 Q，放在水平面上，由于滚子和支承面都不是绝对的刚体，在受力后都会产生变形，所以在滚子与平面接触的地方不是一条直线而是一部分面积 ab，法向反力也不是一个集中的力，而是沿面积分布的，并且不是均匀分布的，而是越靠近中间点越大。

当滚子不转动时，分布力的合力——法向反力 N 是通过中点并且与重力 Q 作用在一条直线上，重力 Q 与法向反力 N 平衡，如图2-15a所示。

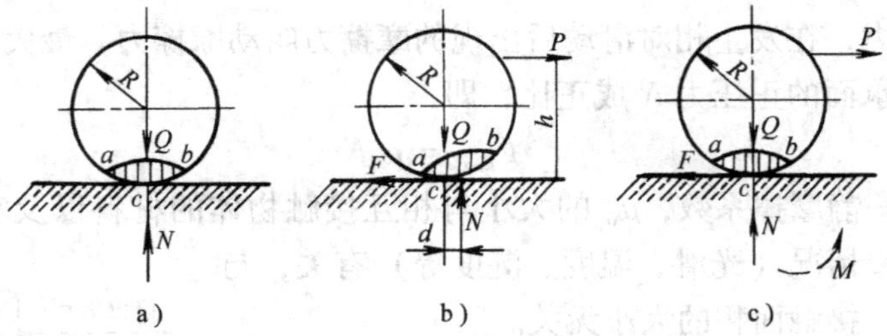

图 2-15 滚动摩擦系数分析示意图

若在滚子上作用一个水平力 P，则滚子将有向前滚动的趋势或向前滚动，这时支承面将给滚子一个静摩擦力 F 和法向反力 N，由于变形区域 ac 部分的减小，bc 部分的增大，所以法向反力 N 沿滚子的滚动方向移动了一小段距离 d，如图 2-15b 所示，由平衡方程式可以得到

$$\sum X = 0 \qquad P - F = 0 \qquad 得 F = P$$

$$\sum Y = 0 \qquad N - Q = 0 \qquad 得 N = Q$$

$$\sum M_C = 0 \qquad Nd - Ph = 0$$

$$d = \frac{Ph}{N}$$

从式中可以看出，d 随着 P 值的增大而增大，当 P 值增大到使平衡将要破坏而还未破坏的临界状态时，d 达到最大值。

根据力的平移定理，在临界状态时把法向反力 N 移到 c 点，这时则应附加一个力偶，如图 2-15c 所示，其力偶矩 $M = Nd$，因为力偶是阻碍滚子滚动的，所以叫它滚动摩擦力偶，d 叫滚动摩擦系数。这个系数一般用 δ 来表示，它具有力臂的意义，单位为长度单位，一般用 cm。

滚动摩擦系数 δ 在一定条件下与材料的硬度有关，材料硬一些，受载荷作用后变形就小一些，滚动摩擦系数 δ 也就小；反之，材料软，变形就大，滚动摩擦系数 δ 也就大。

常用的滚动摩擦系数见表 2-5。

表 2-5 常用滚动摩擦系数 （单位：cm）

接触材料	铸铁与铸铁	钢与钢	钢与木材	钢与水泥地	钢与土地
摩擦系数 δ	0.05	0.05	0.1	0.08	0.15

四、惯性

静止着的物体仍将保持静止，运动着的物体仍将保持运动。比如，我们在坐公共汽车时，汽车刚刚起动，人都会向后仰去；当汽车突然制动时，人都又会向前冲去。物体运动状态刚刚改变时，这种保持原有运动状态的特性就是惯性。

起重作业一般都是在改变物体的运动状态，作业时总伴有物体的惯性。惯性有时是有害的，需要人们主动地想办法解决或抵消惯性，保证作业的正常进行。而有时我们又需要正确地依靠惯性，做好起重作业。

五、杠杆原理与应用

杠杆在我国古代就有了许多巧妙的应用，在三千多年以前就有用来捣谷子的舂，用来在井上汲水的桔槔，还有能够做精确称量的天平和杠秤等。在起重作业中杠杆原理得到最广泛、最普遍的运用，可以说一个起重工掌握和运用好杠杆原理是最基本的要求。图 2-16 表示的就是《天工开物》中的杠杆原理应用。

图 2-16　杠杆原理在古代的应用

杠杆是什么？其实就是一根硬棒，在力的作用下如果能绕着固定点转动，这根硬棒就叫杠杆。为了了解杠杆的作用，我们首先必须熟悉以下几个有关的名词：

支点：杠杆绕着转动的点（图 2-17 中的 O 点）。

动力：使杠杆转动的力（图 2-17 中的 F_1）。

阻力：阻碍杠杆转动的力（图 2-17

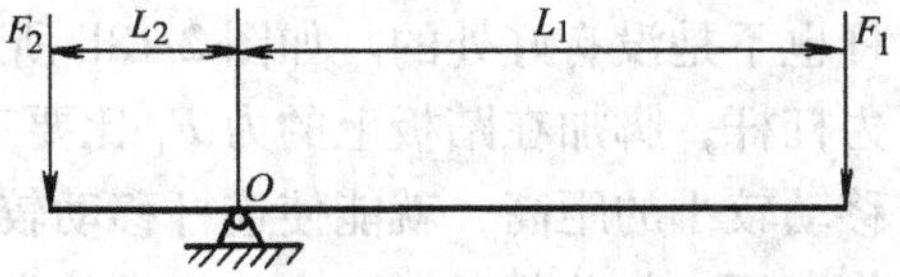

图 2-17　杠杆原理

中的 F_2)。

动力臂：从支点到动力作用线的垂直距离（图 2-17 中的 L_1）。

阻力臂：从支点到阻力作用线的垂直距离（图 2-17 中的 L_2）。

$$动力 \times 动力臂 = 阻力 \times 阻力臂$$

即

$$F_1L_1 = F_2L_2$$

这个平衡条件也就是阿基米德发现的杠杆原理。在生产实践中杠杆原理得到广泛的运用，图 2-18 所示是杠杆原理运用举例。

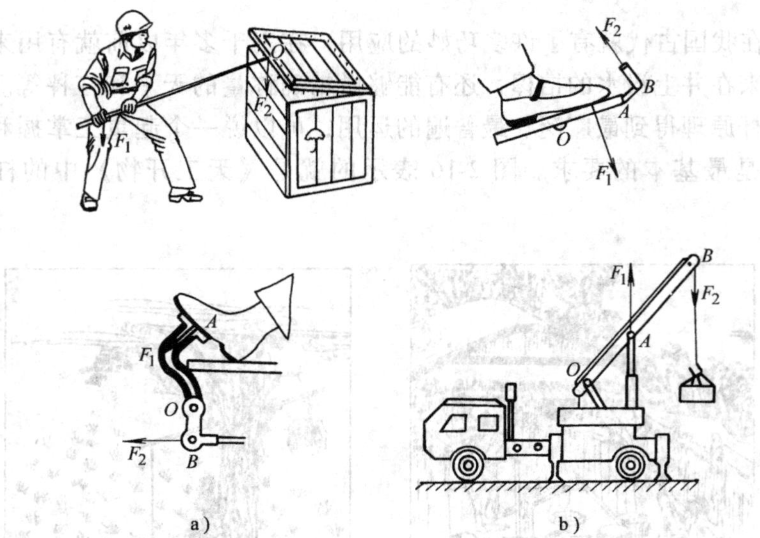

图 2-18　杠杆原理运用举例图

1）动力臂大于阻力臂，即 $L_1 > L_2$，平衡时 $F_1 < F_2$，动力小于阻力，用较小的动力就可以克服较大的阻力，这是省力杠杆，如图 2-18a 所示。

2）动力臂小于阻力臂，即 $L_1 < L_2$，平衡时 $F_1 < F_2$，动力大于阻力，需用较大的动力来克服阻力，一般用于动作需缓慢的机构，这是费力杠杆，如图 2-18b 所示。

3）动力臂等于阻力臂，平衡时阻力等于动力，这样的杠杆既不省力也不费力。

省力杠杆的优点是明显的，它既简单又方便，一力撬千斤。但是使用费力杠杆也不是没有好处的。如图 2-18b 所示的缝纫机踏板，我们已经分析出这是个费力杠杆，脚加在踏板上的力 F_1 比要克服的连杆的阻力 F_2 大，但是脚掌只要向下移动较小的距离，就能使连杆移动较大的距离，虽然费了力，却省了距离，使工作方便。与此相反，省力杠杆虽然省力，但是动力移动的距离却比阻力移动的距离大，虽然省了力，却费了距离。

复习思考题

1. 施工图有哪几类？
2. 设备安装图的辨识要点是什么？
3. 建筑结构图的基本类型有几种？
4. 掌握各种规则图形的面积计算方法。
5. 掌握各种规则图形的体积计算方法。
6. 如何在斜面上进行受力分析？
7. 掌握三角知识的应用。
8. 重量和质量的定义以及它们之间的关系是什么？
9. 如何进行重量和重心的计算？
10. 什么是力？
11. 什么是最大静摩擦力？什么是滚动摩擦系数？
12. 什么是惯性？
13. 什么是杠杆原理？它有哪些应用？

第三章

起重工常用的工机具

培训学习目标 通过本章学习要掌握白棕绳、钢丝绳、钢绞线的构造、种类、规格性能；了解钢丝绳辅助零件的形式和性能，能正确使用和保养起重索具；了解吊索、合成纤维吊带、卸扣、吊钩、吊环、起重吊梁、滑轮和滑轮组的构造，并掌握其操作方法和保养注意事项；熟悉常用起重机具，掌握白棕绳、钢丝绳的绳扣制作方法。

这些是最基本的，一定要掌握！

第一节 起重索具

起重索具是在起重作业中用来捆绑、牵引、搬运和提升物件的工具。常用的有白棕绳、钢丝绳、尼龙绳、链条等。

一、白棕绳

1. 白棕绳的用途、分类、结构、规格代号和标记

剑麻白棕绳简称为白棕绳，是以剑麻为原料制成的绳索。它具有滤水、耐磨蚀、耐摩擦和富有弹性的特点，抗拉力和抗扭力较强，在突然受到冲击载荷时也不断裂。白棕绳主要用于受力不大的缆风绳、溜绳等，也有的用作起吊轻小物件。

剑麻白棕绳按其自身的组织结构可分为捻绞绳和编绞绳两类。

捻绞绳分为代号 A 型的无绳芯结构三股绳和代号 B 型的有绳芯结构四股绳两种产品。

编绞绳分为代号 L 型的有绳芯结构八股绳产品（若是 12 股和 16 股的编绞绳，可在代号 L 后加入该产品的股数作为产品代号，如 L12 或 L16）。

剑麻白棕绳以其品名、本标准代号和顺序号、结构、规格等产品特性代号进行产品标记。其意义和表示方法如下：

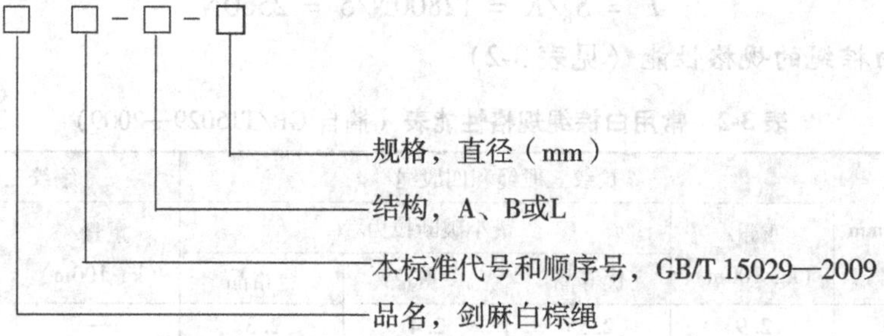

例如，公称直径为10mm的三股剑麻白棕绳标记为：

剑麻白棕绳 GB/T15029-A-10。

白棕绳又分浸油和不浸油两种。浸油白棕绳有耐磨蚀和防潮性能，但由于受油中所含酸的影响，强度比未浸油的白棕绳大约下降10%，同时挠性下降，自重增加，成本上升，故不常被采用。

2. 白棕绳的许用拉力

白棕绳在起重吊装工作中主要受拉伸作用，因此选用白棕绳时要进行抗拉能力计算。由于白棕绳可能存在制造缺陷，容易磨损并考虑动力冲击因素的影响，白棕绳许用拉力（最大工作拉力）比其试验时的破断拉力小。其计算公式如下

$$F = S_b/K$$

式中 F——白棕绳许用拉力（N）；

S_b——白棕绳的破断拉力（N）；

K——白棕绳的安全系数，见表3-1。

表3-1　白棕绳的安全系数 *K*

使用情况	安全系数 K
地面水平运输设备	3
高空系挂式吊装设备	5
慢速机械操作，环境温度在40～50℃和载人情况下	10

为施工方便，白棕绳的许用拉力也可以估算，其近似的破断拉力为

$$S_b = 50d^2$$

式中 d——白棕绳直径（mm）。

估算的许用拉力为

$$F = 50d^2/K$$

例1　假设用 ϕ16mm白棕绳吊装设备，试用近似值计算其破断拉力和许用拉力。

解　已知 $d=16\text{mm}$，查表3-1，$K=5$，所以

$$S_b = 50d^2 = 50 \times 16^2\text{N} = 12800\text{N}$$

$$F = S_b/K = 12800\text{N}/5 = 2560\text{N}$$

3. 白棕绳的规格性能（见表3-2）

表3-2　常用白棕绳规格性能表（摘自GB/T15029—2009）

公称直径/mm	捻绞三股绳和四股绳				编绞三股绳	
	重量/(kg/100m)	最小破断拉力/N			重量/(kg/100m)	最小破断拉力/N
		优等品	一等品	合格品		
6	2.9	2.55	2.4	2.3	—	—
8	5.4	4.73	4.5	4.25	—	—
10	6.8	6.22	5.9	5.6	—	—
12	10.5	9.36	8.9	8.4	—	—
14	14	12.6	12.0	11.30	—	—
16	19	17.7	16.8	15.90	17.7	17.2
18	22	21	19.9	18.90	22.5	21.6
20	27.5	27.9	26.5	25.10	27.7	26.5
22	33	33.4	31.7	30.10	33.5	31.9
24	40	39.9	37.9	35.90	39.9	37.8
26	47	46.4	44.1	41.8	46.8	44.2
28	53	52.2	49.6	47.0	54.3	51
30	62.5	59.8	56.8	53.8	62.4	58.3
32	70	67.3	63.9	60.6	71	66
36	89	85.3	81.1	76.8	89.8	82.9
40	110	103	97.9	95.9	111	102
44	134	125	118.8	112.5	134	122
48	158	145	137.8	130.5	160	145
52	187	170	161.5	153	187	169
56	215	195	185.3	175.5	217	195
60	248	222	210.9	199.8	249	223
64	—	—	—	—	284	253
68	—	—	—	—	320	284
72	—	—	—	—	359	317
76	—	—	—	—	400	352
80	—	—	—	—	444	389
88	—	—	—	—	537	468
96	—	—	—	—	639	553

注：为便于记忆，本表格采用了起重行业常用的力学名称、计量单位代替原规范中的专有名称、计量单位，并进行了换算。重量代替线密度，1kg/100m = 10ktex；最小破断拉力代替最低断裂强力，1kN = 100daN。

4. 常用绳扣

常用绳扣有平结、活结、死结、水手结、双环扣、单帆索结、双帆索结、8字结、双8字结、木结、杠棒结、抬缸结等，如图3-1所示。

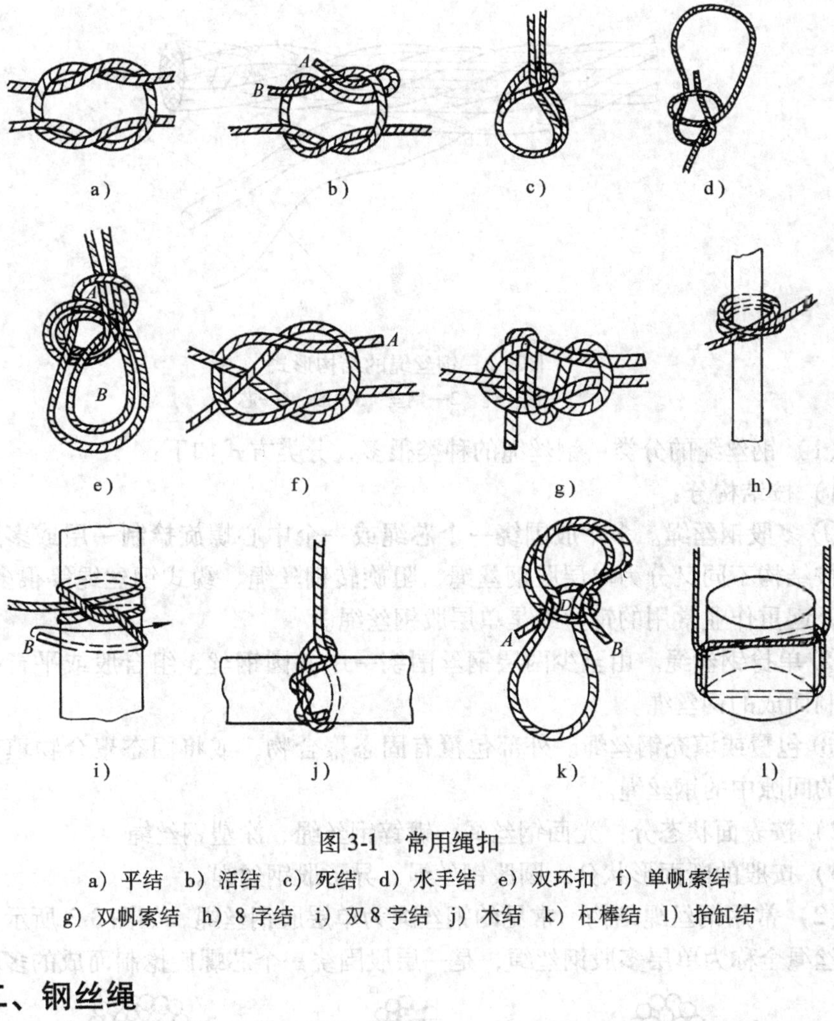

图3-1　常用绳扣

a）平结　b）活结　c）死结　d）水手结　e）双环扣　f）单帆索结

g）双帆索结　h）8字结　i）双8字结　j）木结　k）杠棒结　l）抬缸结

二、钢丝绳

钢丝绳又称钢索或钢绳，其强度高、重量轻、弹性好、能承受冲击载荷；高速运行时，运行稳定，噪声小，挠性好，使用灵活；磨损后，外表会产生许多毛刺，易于检查；破断前有断丝的预兆，且整根钢丝绳一般不会同时断裂。钢丝绳是起重机的重要零部件之一，也是起重作业中最常用的绳索，用来捆绑、起吊、拖拉重物。

1. 钢丝绳的构造和种类

钢丝绳是用多根或多股细钢丝拧成的挠性绳索或由多层钢丝捻成股．再以绳芯为中心，由一定数量股捻绕成螺旋状的绳。钢丝绳按照“钢丝绳—绳股—钢丝—绳芯”分解来看，如图3-2所示。

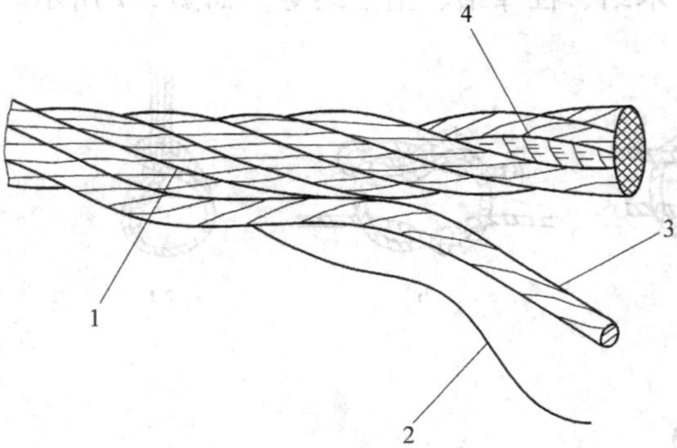

图3-2 钢丝绳的结构形式

1—钢丝绳 2—钢丝 3—股 4—芯

（1）钢丝绳的分类 钢丝绳的种类很多，分类方式如下：

1）按结构分：

① 多股钢丝绳。多个股围绕一个芯绳或一个中心螺旋捻制一层或多层钢丝绳。按结构不同又分为单层股钢丝绳、阻旋转钢丝绳、缆式钢丝绳等很多品种。其中，起重作业常用的钢丝绳是单层股钢丝绳。

② 单捻钢丝绳。由至少两层钢丝围绕一中心圆钢丝、组合股或平行捻股螺旋捻制而成的钢丝绳。

③ 包覆或填充钢丝绳。外部包覆有固态聚合物，或将固态聚合物填充到钢丝绳的间隙中的钢丝绳。

2）按表面状态分：光面钢丝绳、镀锌钢丝绳、涂塑钢丝绳。

3）按股的断面形状分：圆股钢丝绳、异形股钢丝绳。

（2）常用钢丝绳结构 常见的钢丝绳为单层股钢丝绳，如图3-3所示。单层股钢丝绳全称为单层多股钢丝绳，是一层股围绕一个芯螺旋捻制而成的多股钢丝

图3-3 单层股钢丝绳示例图

绳。通常，起重作业常用的钢丝绳为6股组成的单层圆股钢丝绳，由6股钢丝股围绕一根绳芯捻制而成，它具有较高的挠性和弹性，并能储存一定的润滑油，当钢丝绳被拉伸时，油挤到钢丝之间起润滑作用，钢丝芯适用于高温或多层缠绕的场合；石棉芯适用于高温场合；有机芯适用于非高温场合。常用的结构型式有6×19、6×37、6×61三种单层股钢丝绳，其技术规格见附录B。

（3）常见钢丝绳介绍　国产钢丝绳已标准化生产。常见钢丝绳分为一般用途钢丝绳（GB/T 20118—2006）、重要用途钢丝绳（GB8918—2006）、粗直径钢丝绳（GB/T 20067—2006）。

一般用途钢丝绳：由一般用途钢丝组成的各种圆股钢丝绳，适用于机械、建筑、船舶、渔业、林业、矿业等行业。常用规格为ϕ8～ϕ64mm，所用钢丝为ϕ0.6～ϕ4.4mm，钢丝的强度分为1470MPa、1570MPa、1670MPa、1770MPa、1870MPa、1960MPa、2160MPa等级别。

重要用途钢丝绳：由重要用途钢丝组成的各种圆股及异型股钢丝绳，适用于矿井提升、高炉卷扬、大型吊装、繁忙起重、索道、地面缆车等用途。常用规格为ϕ6～ϕ60mm，所用钢丝为ϕ0.5～ϕ4.4mm，钢丝的强度分为1570MPa、1670MPa、1770MPa、1870MPa、1960MPa等级别。

粗直径钢丝绳：直径为60～190mm的圆股钢丝绳，适用于大型吊装起重、挖掘机、船舶和打捞等行业。所用钢丝为ϕ1.5～ϕ6.0mm，钢丝的强度分为1570MPa、1670MPa、1770MPa、1870MPa、1960MPa等级别。

同样强度等级、公称直径的一般用途钢丝绳与重要用途钢丝绳的力学性能是相同的，在一般吊装作业中，选择哪一种均可。两者的区别在于同直径的重要用途钢丝在扭转次数、反复弯曲次数、表面锌层重量等性能上高于一般用途钢丝，因此，重要用途钢丝绳更适用于起重性能要求稳定、使用频次高、循环次数多的重要场合。

在购买钢丝绳时，除按标记写明钢丝绳的技术规格外，应注明执行的标准号。

（4）钢丝绳标记　如图3-4所示。钢丝绳标记系列由钢丝绳尺寸（公称直

22　6×36WS-IWRC　1770　B　S2
32　18×19S-WSC　1960　U　SZ
95　1×127　1570　B　Z

1）尺寸
2）钢丝绳结构
3）芯结构
4）钢丝绳级别，适用时
5）钢丝表面状态
6）捻制类型及方向

径)、钢丝绳结构、芯结构、钢丝绳级别（公称抗拉强度)、钢丝表面状态、捻制类型及方向等内容组成。

1）尺寸。钢丝绳公称直径，单位为mm。

2）钢丝绳结构。常用的单层多股钢丝绳标记为6×36WS。含义为：外层股数为6股；每股由36根钢丝捻制而成；股的捻制方式为组合平行捻。

3）芯结构。圆钢丝绳的中心组件，多股钢丝绳的股围绕中心组件螺旋捻制。按芯的材质分为：

① 纤维芯（FC)。分为天然纤维（如剑麻、棉纱）（NFC)、合成纤维(SFC)。

② 钢芯（WC)。分为钢丝股芯（WSC)、独立钢丝绳芯（IWRC)。

③ 固态聚合物芯（SPC)。

4）钢丝绳级别。公称抗拉强度，单位为MPa。

5）钢丝表面状态。钢丝绳外层钢丝的表面状态。

光面或无镀锌（U)、B级镀锌（B)、A级镀锌（A)。

6）捻制类型及方向如图3-4所示。

右捻（Z)、左捻（S)、右交互捻（ZS)、左交互捻（SZ)、右同向捻(ZZ)、左同向捻（SS)。

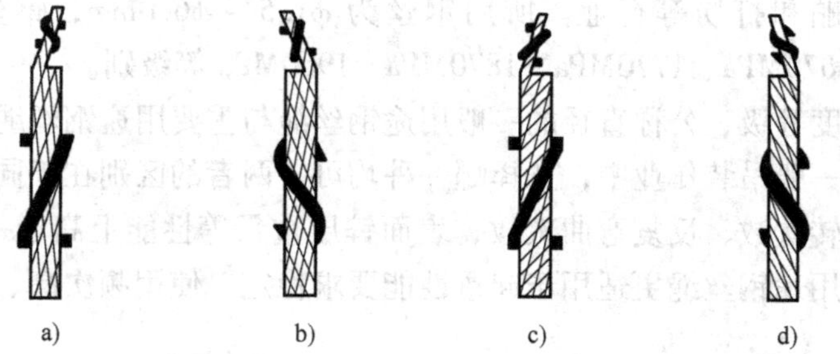

图3-4　单层股钢丝绳示例图

a）右交互捻ZS　b）左交互捻SZ　c）右同向捻ZZ　d）左同向捻SS

2. 钢丝绳的选择常识

在起重作业中钢丝绳广泛用于吊运重物、穿绕滑轮、捆绑物件、拖拉重物等。由于使用场合不同，实际受力情况比较复杂，钢丝绳不仅受到拉力，而且还有弯曲力、钢丝与钢丝之间的摩擦力、钢丝表面与滑轮和卷筒等之间的摩擦力和挤压力等。因此要根据钢丝绳的使用场合及工作条件合理地选择钢丝绳，做到既要满足使用要求，又要经济合理、安全。选择钢丝绳，应注意以下几点：

1）根据不同用途选择不同规格的钢丝绳，如作为起吊重物或穿滑轮使用，则应选择比较柔软、易弯曲的6×37或6×61钢丝绳。如作为缆风绳或拖拉绳使用时，可选用 6×19 钢丝绳。

2）根据钢丝绳所承受力的大小，按照钢丝绳许用拉力，选择合适直径的钢丝绳。选择后的钢丝绳按下式验算

$$S \leqslant \frac{F_0}{n}$$

式中　S——钢丝绳最大工作静拉力（N）；

F_0——所选钢丝绳的破断拉力（N）；

n——钢丝绳的安全系数，一般对缆风绳 $n=3.5$，吊挂捆绑用 $n=6$，支承动臂用 $n=4$；对起升机构，机构工作级别小于 M3 时，$n=4$，为 M4 时，$n=4.5$，为 M5 时，$n=5$，为 M6 时，$n=6$，为 M7 时，$n=7$，为 M8 时，$n=9$。

3）选用的钢丝绳必须具有足够抗弯强度和抗冲击强度。

在起重作业中，钢丝可能受到冲击力，有时冲击力比起吊重物的重量大好几倍。而钢丝绳弯曲时所受到的弯曲应力则与弯曲半径有关，如与卷扬机构卷筒直径的大小及钢丝绳所穿绕的滑轮直径大小等有关。为确保起重工作的安全可靠，卷筒和滑轮直径与钢丝绳直径之比应符合 GB/T 3811—2008《起重机设计规范》的规定，具体见表 3-3。

表 3-3　卷筒和滑轮直径与钢丝绳直径之比

机构工作级别	卷筒直径与钢丝绳直径之比 h_1	滑轮直径与钢丝绳直径之比 h_2	平衡滑轮直径与钢丝绳直径之比 h_3
M1	11.2	12.5	11.2
M2	12.5	14	12.5
M3	14	16	12.5
M4	16	18	14
M5	18	20	14
M6	20	22.4	16
M7	22.4	25	16
M8	25	28	18

注：1. 采用抗扭转钢丝绳时，h 值应按比机构工作级别高一级的值选取。

2. 对于流动式起重机及某些水工工地用的臂架起重机，建议取 $h_1=16$，$h_2=18$，与工作级别无关。

3. 臂架伸缩机构滑轮的 h_2 值，可选为卷筒的 h_1 值。

4. 桥式和门式起重机，取 h_3 等于 h_2。

5. 本表的 h 值不能限制或代替钢丝绳制造厂和起重机制造厂之间的协议，当考虑采用不同柔性的新型钢丝绳时尤其如此。

3. 钢丝绳的安全检查

钢丝绳在使用过程中，钢丝绳的钢丝之间，或钢丝绳与其他物体之间经常产生摩擦，同时，还受到自然的与化学的腐蚀，为确保起重作业的安全，要定期对钢丝绳进行安全检查。当钢丝绳的磨损严重，断丝较多，强度减弱到一定程度时，就不能再使用，应予报废。钢丝绳的安全检查方法和报废标准有以下几个方面：

（1）直径减小　若钢丝绳的表面钢丝磨损不超过40%，允许降低拉力继续使用，但要折减；若表面钢丝磨损超过40%时，钢丝绳应报废。另外，如果钢丝绳发生外部磨损，使钢丝绳直径减小量达到原直径的7%时，钢丝绳也应报废。钢丝绳直径测量方法如图3-5所示。

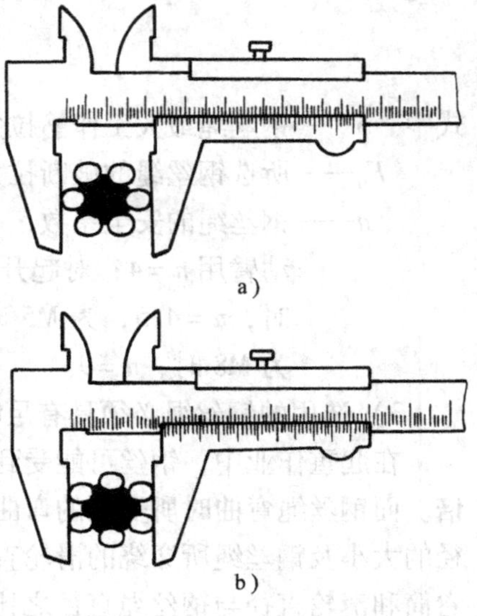

图3-5　钢丝绳直径测量法

（2）结构破坏　钢丝绳在使用过程中，有时会出现钢丝绳的整股断裂或钢丝绳的绳芯被挤出，这样的钢丝绳应报废。但有时整股没有完全断裂，而是断了其中一部分钢丝，在钢丝绳一个捻距（见图3-6）中钢丝绳断裂的根数超过规定时，钢丝绳也应予报废。断丝报废标准见表3-4。

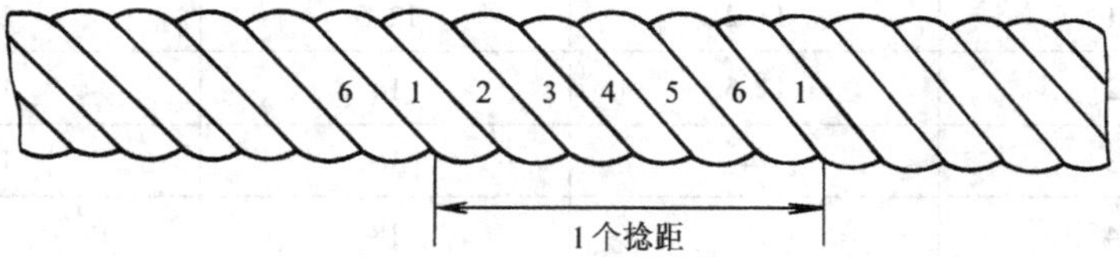

图3-6　钢丝绳的捻距

表3-4　钢丝绳断丝报废标准

安全系数	钢丝绳结构					
	6×19		6×37		6×61	
	在一个捻距全长中破断钢丝根数					
	交互捻	同向捻	交互捻	同向捻	交互捻	同向捻
6以下	12	6	22	11	36	18
6~7	14	7	26	13	38	19
7以上	16	8	30	15	40	20

运输或吊装金属熔液、灼热金属、含酸、易燃和有毒物品的钢丝绳，在一个捻距内钢丝破断根数达到表 3-4 中所列数值的 1/2 时，钢丝绳就应报废。

（3）表面腐蚀　钢丝绳经过长期使用后，受自然和化学腐蚀是不可避免的。当整根钢丝绳的外表面受腐蚀而形成的麻面达到肉眼很容易看出时，钢丝绳就不能继续使用，应予报废。同时钢丝绳在使用过程中还产生磨损，降低了钢丝绳的破断拉力，钢丝绳表面钢丝磨损和腐蚀时，应将表 3-4 中的报废断丝数按表 3-5 折减，并按折减后的断丝数确定报废。

表 3-5　折减 δ 数表

钢丝绳表面钢丝磨损或腐蚀量（%）	10	15	20	25	30～40	≥40
折减 δ 数（%）	85	75	70	60	50	0

例 2　有一 6×19 的交互捻千斤绳，发现在一个节距内断丝 12 根，同时表面钢丝磨损达 20%，此千斤绳应否报废？

解　千斤绳的使用安全系数为 6，查表 3-4，报废标准为 14 根断丝，因为同时有磨损，所以应按表 3-5 折减，磨损 20% 时，报废标准应降低至 70%，降低后的报废标准为 9.8（14×70%）根断丝，而现已断丝 12 根，所以此千斤绳应予以报废。

4. 常用钢丝绳绳扣

在起重作业中，打结绳扣是经常遇到的一项工作。对于绳扣本身要求要牢固，即当绳扣受力后不出现松动和脱扣，同时，结绳扣时要快，解开绳扣时也要快，以提高作业效率。在打结时，方法要简便，缠绕圈数要少，弯转要缓和，有时在绳扣中间插一短木棒，尽量减少绳的损伤。常用绳扣有：

（1）平结　这是最普通的一种绳扣，它的优点是使用方便，不会弯曲变形和发生滑脱现象。平结多用在绳的连接，但不宜用在一头捆紧物体，另一头受力的场所，这样会发生变形和松动。它的缺点是：当两端用力过大时，解扣比较困难。为此，可在绳扣中插一合适的短木棒，如图 3-7 所示。

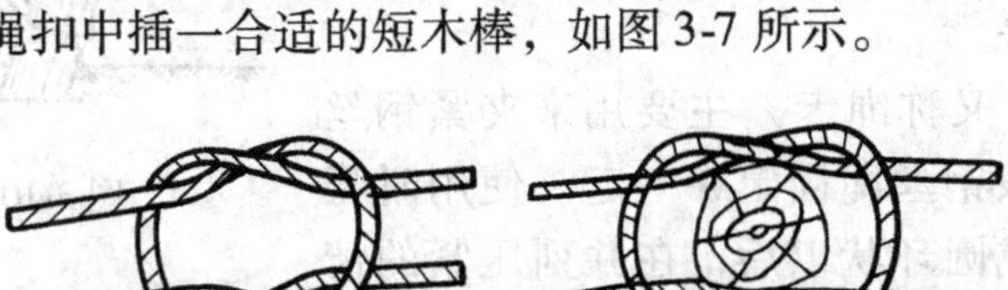

图 3-7　平结

（2）单帆索结　单帆索结有两种用途：一种是与平结相同，但容易打结和解扣，如在中间插一短木棒时，解扣更方便，一般钢丝绳多用这种方法连接，如图 3-8 所示。

图 3-8　单帆索结

单帆索结的另一种用途是在一端拴紧设备，另一端拴在用力处。

（3）环扣　环扣又叫猪蹄扣，主要用于抬吊设备。其优点是：扣得紧又易解扣。绳子较长时，用这种方法比较便利。一般吊表面圆滑物体时，多采用此种方法，如图 3-9 所示。

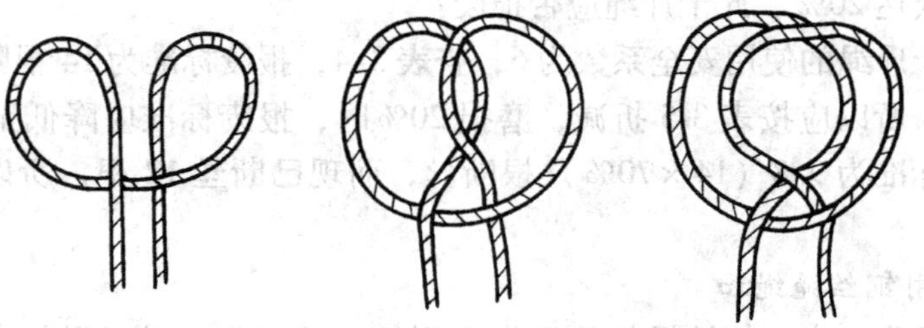

图 3-9　环扣

（4）缆风扣　各种桅杆的缆风绳用这种绳扣绑扎。绑好后在绳尾用小白棕绳再捆扎或用绳卡固定好，如图 3-10 所示。

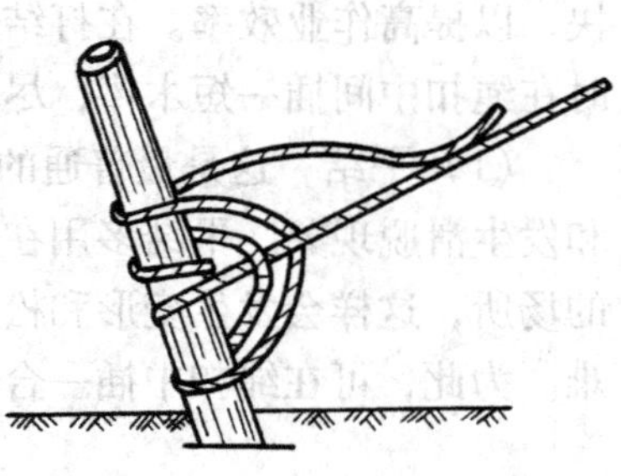

图 3-10　缆风扣

三、钢丝绳的辅助零件

1. 钢丝绳夹

钢丝绳夹（又称绳卡）主要用来夹紧钢丝绳末端或将两根钢丝绳固定在一起。使用时将钢丝绳绳端弯成圆环状以后，在并列压紧的情况下，以箍卡的方式连接起来，承受拉力。常用的有标准绳夹（骑马式绳夹）、U 形绳夹、L 形绳夹等，其中标准绳夹（GB 5976—2006）是一种连接力强的绳夹，应用相当广泛。

（1）绳夹的种类

1）标准绳夹（GB/T5976—2006）。其外形如图 3-11 所示，其尺寸见表 3-6。

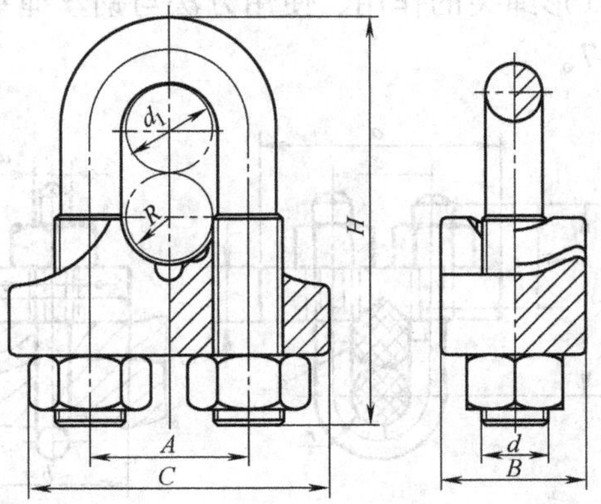

图 3-11　标准绳夹

标记示例：

钢丝绳为右捻6股，规格为20（钢丝绳公称直径18～20mm），夹座材料为KTH350－10的钢丝绳夹，标记为：绳夹 GB/T 5976—20KTH；钢丝绳为左捻6股时为绳夹 GB/T 5976—20 左 KTH。

表 3-6　标准绳夹尺寸表（GB/T 5976—2006）　　（单位：mm）

绳夹规格（钢丝绳公称直径）	适用钢丝绳公称直径 d_1	A	B	C	R	H	螺母 d
6	6	13.0	14	27	3.5	31	M6
8	>6～8	17.0	19	36	4.5	41	M8
10	>8～10	21.0	23	44	5.5	51	M10
12	>10～12	25.0	28	53	6.5	62	M12
14	>12～14	29.0	32	61	7.5	72	M14
16	>14～16	31.0	32	63	8.5	77	M14
18	>16～18	35.0	37	72	9.5	87	M16
20	>18～20	37.0	37	74	10.5	92	M16
22	>20～22	43.0	46	89	12.0	108	M20
24	>22～24	45.5	46	91	13.0	113	M20
26	>24～26	47.5	46	93	14.0	117	M20
28	>26～28	51.5	51	102	15.0	127	M22
32	>28～32	55.5	51	106	17.0	136	M22
36	>32～36	61.5	55	116	19.5	151	M24
40	>36～40	69.0	62	131	21.5	168	M27
44	>40～44	73.0	62	135	23.5	178	M27
48	>44～48	80.0	69	149	25.5	196	M30
52	>48～52	84.5	69	153	28.0	205	M30
56	>52～56	88.5	69	157	30.0	214	M30
60	>56～60	98.5	83	181	32.0	237	M36

2）U形绳夹。U形绳夹的作用、使用方法与钢丝绳夹相似。它的外形见图3-12，其规格见表3-7。

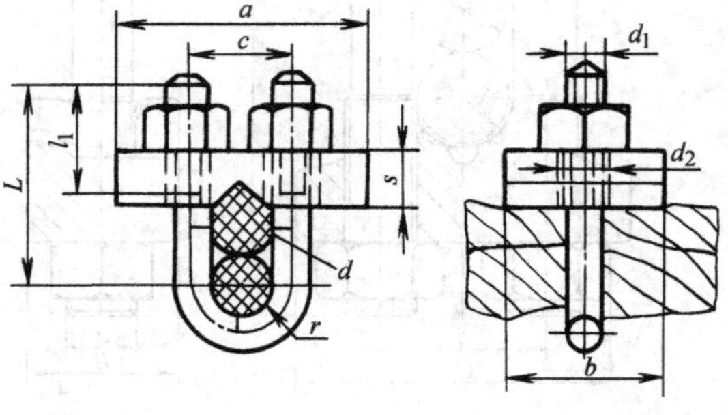

图3-12　U形绳夹

表3-7　U形绳夹规格　　（单位：mm）

钢丝绳直径 d	a	b	c	s	d_1	d_2	L	l_1	r
8.8	45	30	21	12	10	14	45	25	10.5
11.0	55	30	26	12	12	14	45	28	13.0
13.0	70	40	33	14	16	18	55	32	16.5
17.5	90	50	40	16	20	22	75	40	20.0
19.5	95	50	44	16	20	22	75	40	22.0
24.0	110	60	50	18	22	24	90	45	25.0
28.0	120	60	58	18	24	26	90	45	29.0
32.5	135	80	65	20	28	30	110	55	32.5

3）L形绳夹。L形绳夹的作用、使用方法与钢丝绳夹相似。它的外形如图3-13所示，其规格见表3-8。

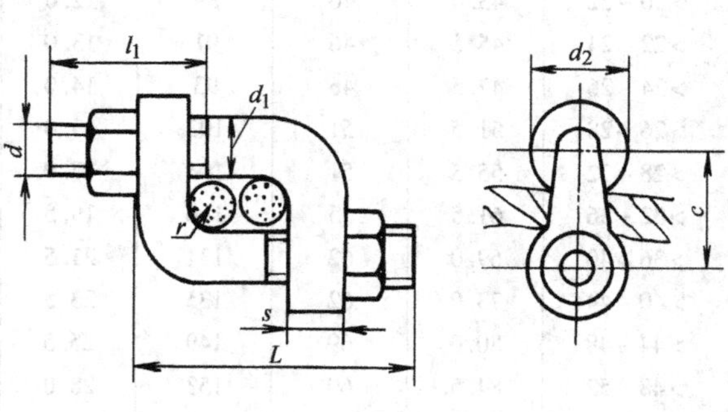

图3-13　L形绳夹

表 3-8　L 形绳夹规格　　　　（单位：mm）

钢丝绳直径	各部位尺寸								总长
	d	d_1	d_2	c	L	l_1	s	r	
8.7~9.2	12	14	26	23	65	35	12	5	125
11~12.5	12	14	26	27	75	35	12	6.5	135
13~15.5	14	16	32	32	80	40	14	8	155
17~18.5	20	22	42	42	110	55	20	10	220
19.5~22	20	22	45	45	110	55	20	12	220
23~26	22	24	50	51	130	55	22	14	250
28~31	24	26	55	58	150	65	24	16	280
21.5~33.5	28	30	70	65	170	80	28	18	362

（2）绳夹的使用标准　在起重作业中，对于钢丝绳的末端要加以固定，通常使用绳夹来实现。用绳夹固定时，其数量和间距与钢丝绳直径成正比，见表 3-9。一般绳夹的间距最小为钢丝绳直径的 6 倍。绳夹的数量不得少于 3 个。

表 3-9　绳夹使用标准表

钢丝绳公称直径 d/mm	$d\leqslant18$	$18<d\leqslant26$	$26<d\leqslant36$	$36<d\leqslant44$	$44<d\leqslant60$
绳夹个数	3	4	5	6	7
绳夹间距/mm	等于 6~7 倍的钢丝绳直径				

（3）绳夹使用的要点

1）钢丝绳搭接使用时，所用绳夹的数量应按表 3-9 的数量增加一倍。

2）使用绳夹时，螺母应自有拧入，但不得松动。

3）绕接的钢丝绳在不受力的状态下固定时，安装绳夹的顺序从近护绳环处开始，即第一个绳夹应靠近护绳环；绕接的钢丝绳在受力的状态下固定时，安装绳夹的顺序从近绳头处开始，即第一个绳夹应靠近绳头。绳头的长度宜为绳直径的 10 倍，不得小于 200mm。绳夹的使用标准应符合表 3-9 的规定。

4）使用绳夹时，开口应朝一个方向排列，且 U 形螺栓扣在钢丝绳的末端绳股一侧，使马鞍座与主绳接触；只有当绳夹用于钢丝绳对接时，绳夹朝两个方向相对排列。

5）为保证安全，每个绳夹应拧紧至卡子内钢丝绳压扁 1/3 为标准。

6）钢丝绳受力后，要认真检查绳夹是否移动。若钢丝绳受力后产生变形时，要对绳夹进行二次拧紧。

7）起吊重要设备时，为便于检查，可在绳头尾部加一保险绳夹，如图 3-14 所示。观察是否出现移动

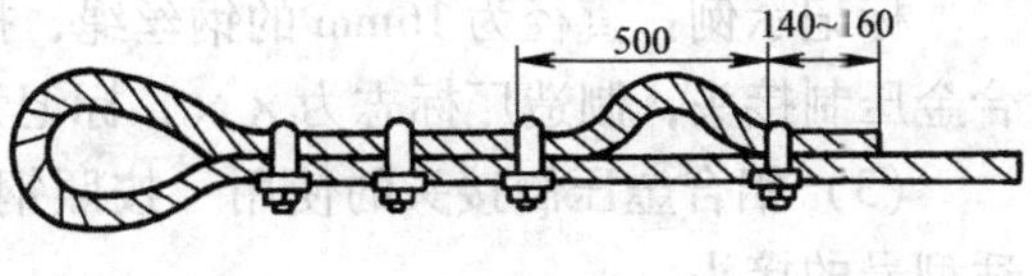

图 3-14　保险绳夹

现象，以便及时采取措施。

2. 钢丝绳铝合金压制接头

（1）钢丝绳铝合金压制接头形式

《钢丝绳铝合金压制接头》GB/T 6946—2008 规定，按接头结构外形，铝合金压制接头分为：A 型——圆柱形接头，如图 3-15a 所示；B 型——圆柱锥端形接头，如图 3-15b 所示。

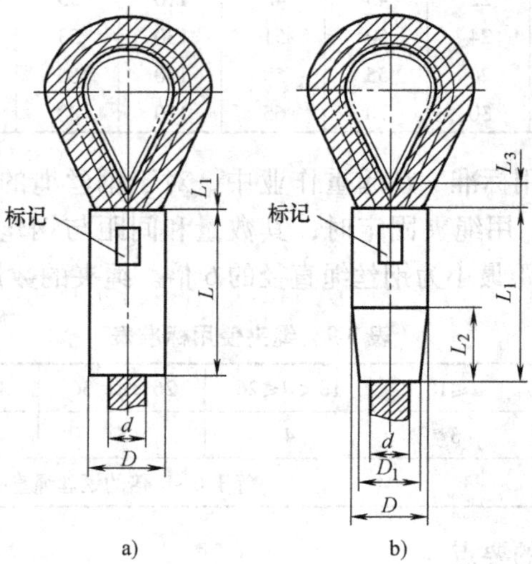

图 3-15　接头形式

a）A 型　b）B 型

（2）型号表示方法

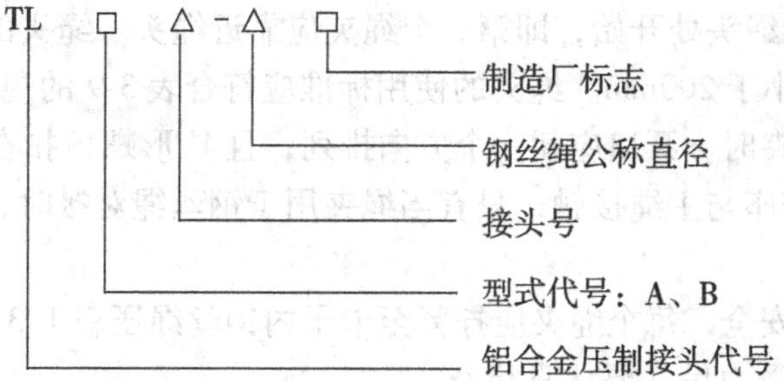

标记示例：直径为 16mm 的钢丝绳，按钢丝绳截面积选用 18 号圆柱锥端铝合金压制接头，制造厂标志为 × ×，标记为：接头 TLB18-16 × ×。

（3）铝合金压制接头的使用　按照钢丝绳公称直径及其金属截面积选择合适型号的接头。

加压前钢丝绳端部不得松散。

压制前，模具的结合面和膜膛应清洁，模具磨损超标时应报废。压制时应按接头号选用相应的压制模具。接头应在压力机上一次压制成型。接头能承受钢丝绳最小破断拉力的90%的静载荷以及15%～30%的冲击载荷。

3. 键式连接器（楔形套接头）

键式连接器是钢丝绳的一端绕过楔，利用楔在套筒内的锁紧作用使钢丝绳固定，如图3-16所示。固定处的强度约为钢丝绳自身强度的75%～85%。起重机上的键式连接器应符合GB/T 5973—2006《钢丝绳用锲形接头》的要求。

标记示例：规格为20（钢丝绳公称直径 $d>18\sim20$mm）的楔形接头，标记为：楔形接头　GB/T 5973—20。

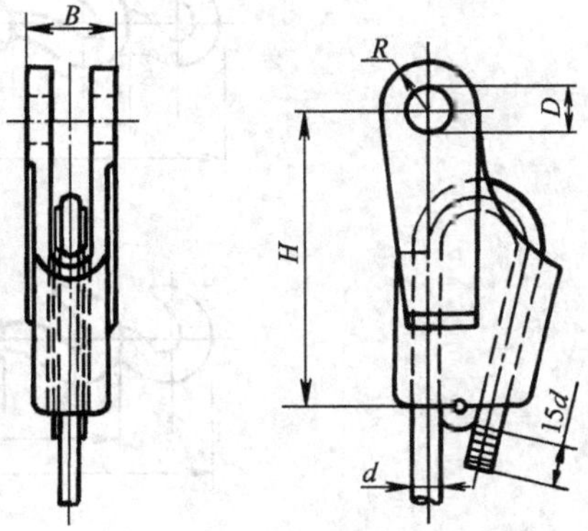

图3-16　键式连接器

4. 套环

套环又称三角圈、桃形环、桃形圈、梨形环等（见图3-17）。套环分为钢丝绳用普通套环（GB/T 5974. 1—2006）、钢丝绳用重型套环（GB/T 5974. 2—2006）。

套环用于装置在钢丝绳端头，使钢丝绳在弯曲处呈弧形，从而防止折断破环。套环有多种规格，选择时，应根据钢丝绳的直径、应用场所，选择相应规格的套环。

标记示例：

规格为16（钢丝绳公称直径 $d>14\sim16$mm）的普通套环，标记为：套环　GB/T 5974. 1—16；规格为16（钢丝绳公称直径 $d>14\sim16$mm），由可锻铸铁制成的重型套环，标记为：套环　GB/T 5974. 2—16KTH。

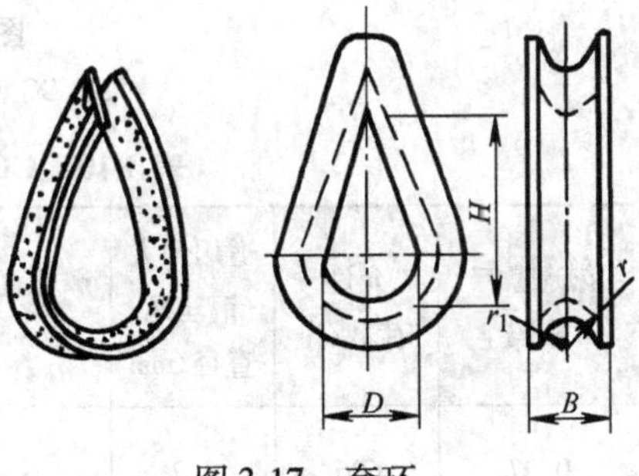

图3-17　套环

5. 花篮螺钉

花篮螺钉又称索具螺旋扣、松紧螺栓、拉紧器等。花篮螺钉用于拉紧钢丝绳，并能起到调节作用，可用于捆绑运输中的构件或调节缆风绳的松紧，如图3-18所示。常见的花篮螺钉分为CC型、CO型和OO型。若用于经常拆卸处，可选用CC型；若用于一端经常拆卸，另一端固定处，可选用CO型；若用于不经常拆卸处，则可选用OO型。CC型和CO型花篮螺钉规格见表3-10，OO型花篮螺钉规格见表3-11。根据所用钢丝绳直径查表3-10、表3-11选择相应规格的花篮螺钉。

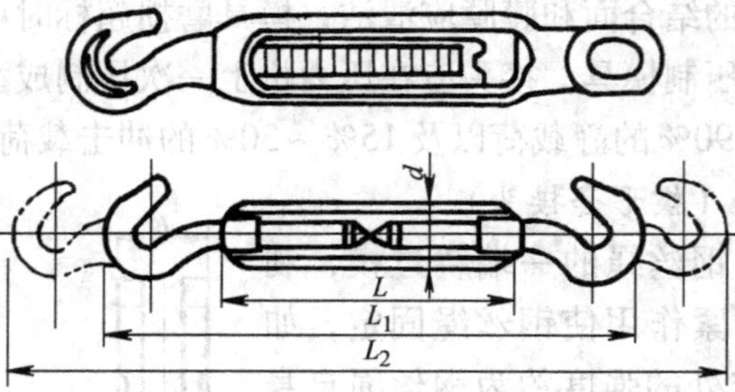

a)

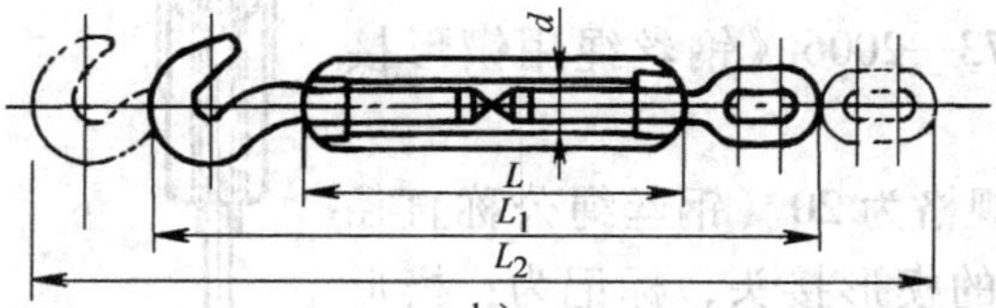

b)

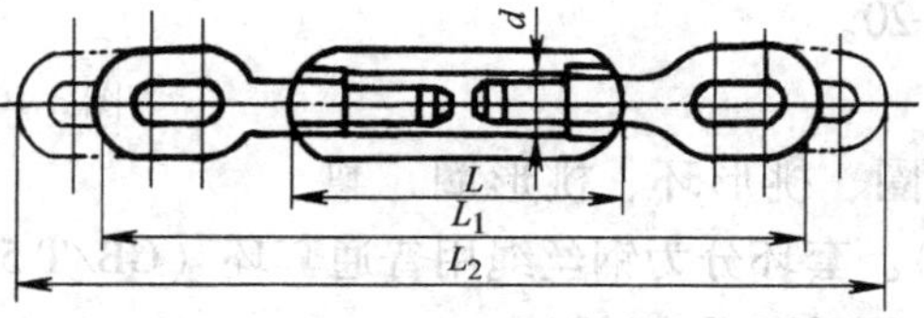

c)

图 3-18　花篮螺钉

a) CC 型　b) CO 型　c) OO 型

表 3-10　CC 型和 CO 型花篮螺钉规格

花篮螺钉号码	允许荷载/N	适用最大钢丝绳直径/mm	螺杆直径 d/mm	本身长度 L/mm	最小全长 L_1/mm		最大全长 L_2/mm	
					CC 型	CO 型	CC 型	CO 型
0.07	686	2.2	6	100	180	258	258	250
0.1	980	3.3	8	125	225	317	317	304
0.2	2450	4.5	10	150	270	380	380	370
0.3	3136	5.5	12	200	330	480	480	468
0.4	4312	6.5	14	200	344	490	490	498
0.6	6174	8.5	16	250	446	638	638	610
0.7	7546	9.0	18	300	520	748	748	720
0.9	9604	9.5	20	300	520	748	748	720

表 3-11　OO 型花篮螺钉规格

花篮螺钉号码	允许荷载/N	适用最大钢丝绳直径/mm	螺杆直径 d/mm	本身长度 L/mm	最小全长 L_1/mm	最大全长 L_2/mm
0.1	980	6.5	6	100	164	242
0.2	1960	8.0	8	125	199	291
0.3	2940	9.5	10	150	250	318
0.4	3920	11.5	12	200	310	416
0.6	5880	13.0	14	200	320	466
0.8	7840	15.0	16	250	390	582
1.0	9800	17.0	18	300	400	688
1.3	12740	19.0	20	300	470	690
1.7	16660	21.5	22	350	540	806
1.9	18620	22.5	24	400	610	922
2.4	23520	28.0	27	450	680	1035

四、钢绞线

钢绞线在起重作业中又称为承力钢索，是预应力混凝土用钢绞线的简称，由钢丝捻制而成。在大型吊装中，用于钢索式液压提升装置中的承力件。

1. 钢绞线分类

（1）按照钢丝的不同，钢绞线分为标准型钢绞线、刻痕钢绞线和模拔型钢绞线。

1）标准型钢绞线：由冷拉光圆钢丝捻制成的钢绞线。

2）刻痕钢绞线：由刻痕钢丝捻制成的钢绞线。

3）模拔型钢绞线：捻制后再经冷拔成的钢绞线。

（2）钢绞线按照结构分为 5 类（见图 3-19）。其代号分别为：

1）用两根钢丝捻制的钢绞线　　1×2

2）用三根钢丝捻制的钢绞线　　1×3

3）用三根刻痕钢丝捻制的钢绞线　　1×3I

4）用七根钢丝捻制的标准型钢绞线　　1×7

5）用七根钢丝捻制又经模拔的钢绞线　　（1×7）C

钢索式液压提升装置中常用的是七根钢丝捻制的标准型钢绞线。

2. 钢绞线的标记

钢绞线的标记应包含：预应力钢绞线、结构代号、公称直径、强度级别、标准号。

标记示例：公称直径为 15.20mm，强度级别为 1860MPa 的七根钢丝捻制的标准型钢绞线，其标记为：

预应力钢绞线 1×7－15.20－1860－GB/T 5224—2003

钢绞线外形如图3-19所示。钢绞线的捻距为钢绞线公称直径的12～16倍，模拔型钢绞线其捻距应为钢绞线公称直径的14～18倍，钢绞线线内不应有折断、横裂和相互交叉的铁丝。钢绞线的捻向一般为左（S）捻。成品钢绞线应用砂轮锯切割，切断后应不松散，若离开原来位置，可以手工复原到原位。成品钢绞线只允许保留拉拔前的焊接点。

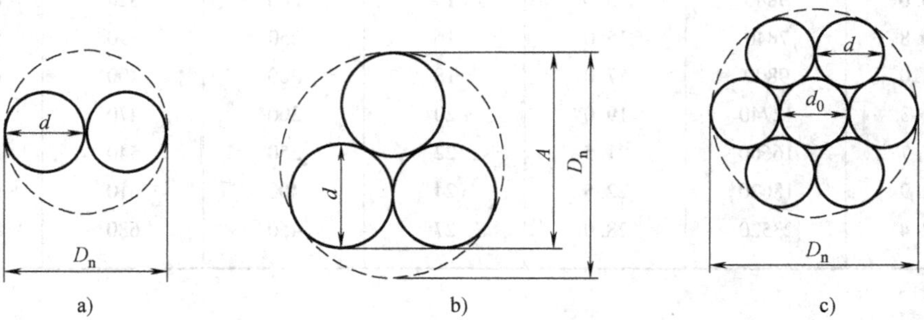

图3-19　钢绞线外形示意图

a）1×2结构钢绞线　b）1×3结构钢绞线　c）1×7结构钢绞线

3. 常用1×7结构钢绞线的力学性能

1×7结构钢绞线的截面尺寸、每米参考质量、力学性能见表3-12。

表3-12　1×7结构钢绞线的力学性能

钢绞线结构	公称直径/mm	截面积/mm²	参考质量/（g/m）	抗拉强度/MPa	最大拉力/kN
1×7	9.50	54.8	430	1720	94.3
				1860	102
				1960	107
	11.10	74.2	582	1720	128
				1860	138
				1960	145
	12.70	98.7	775	1720	170
				1860	184
				1960	193
	15.20	140	1101	1470	206
				1570	220
				1670	234
				1720	241

（续）

钢绞线结构	公称直径/mm	截面积/mm^2	参考质量/（g/m）	抗拉强度/MPa	最大拉力/kN
1×7	15.20	140	1101	1860	260
				1960	274
	15.70	150	1178	1720	266
				1860	279
	17.80	191	1500	1720	327
				1860	353
（1×7）C	12.70	112	890	1860	208
	15.20	165	1295	1860	300
	18.00	223	1750	1720	284

4. 钢绞线的许用拉力

钢绞线在起重吊装工作中主要受拉伸作用，因此选用钢绞线时要进行抗拉能力计算。其计算公式如下：

$$P = S_b/K$$

式中 P——钢绞线许用拉力（kN）；

S_b——钢绞线的最大拉力（kN）；

K——钢绞线的安全系数，$K=2$。

第二节 起重工具

一、常用吊具

1. 吊索

在起重作业中，常用钢丝绳作成一种吊具，通常称作“吊索”，也叫千斤绳。千斤绳的作用，一般用于把物体连接在吊钩、吊环上或用它来固定滑车、卷扬机等吊机具。千斤绳有封闭式和开口式两种（见图3-20）。

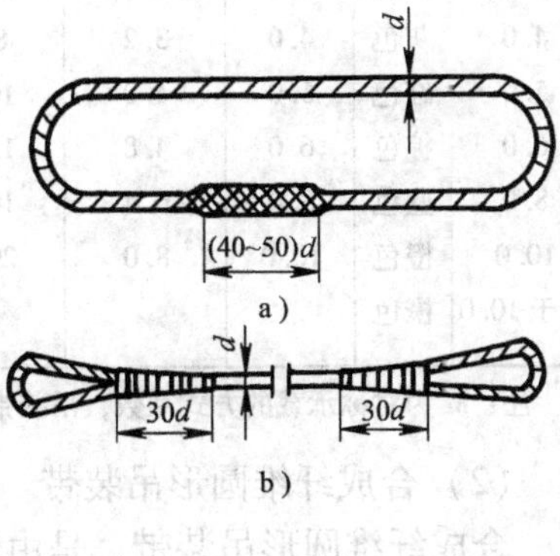

图3-20 吊索

a）开口式 b）封闭式

2. 合成纤维吊带

合成纤维吊带主要有合成纤维扁平吊装带和合成纤维圆形吊装带两种。

(1) 合成纤维扁平吊装带

扁平吊装带，是由聚酰胺、聚酯和聚丙烯合成纤维材料制成的柔性吊装带，宽度为25~320mm，带或不带端配件，用于将载荷连接到起重机的吊钩或其他起重设备上。按照结构分为扁平吊装带（单层）、多层吊装带、组合多肢吊装带。

吊装带或组合多肢吊装带的极限工作载荷应等于缝制织带部件的极限工作载荷乘以相应的方式系数 M（按表3-13选取）。

表3-13 合成纤维扁平吊装带极限工作载荷和颜色代号

吊装带垂直提升时的极限工作载荷/t	缝制织带部件颜色	极限工作载荷/t								
		垂直提升	扼圈式提升	吊篮式提升			两肢吊索		三肢和四肢吊索	
		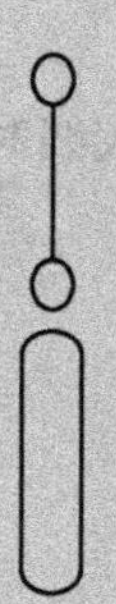		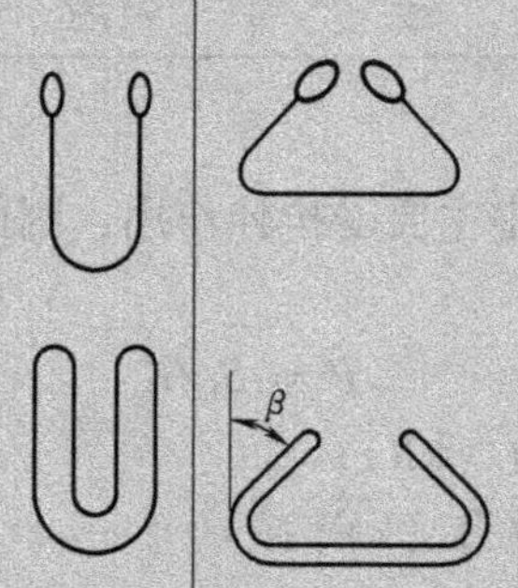			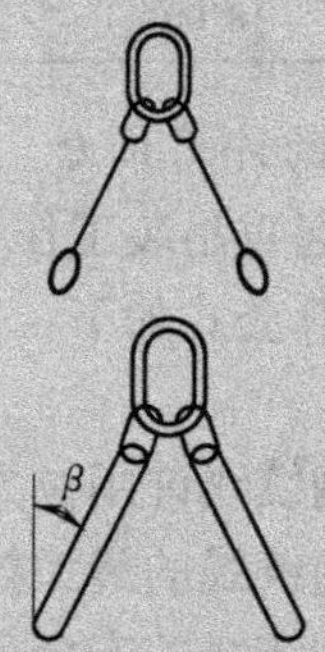		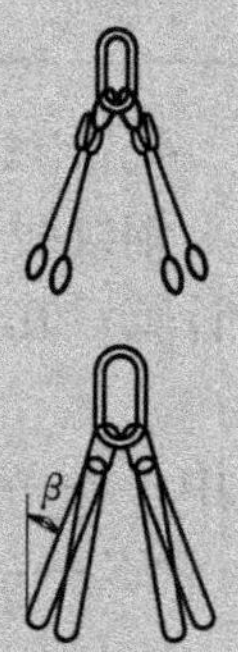	
				平行	$\beta=0°\sim45°$	$\beta=45°\sim60°$	$\beta=0°\sim45°$	$\beta=45°\sim60°$	$\beta=0°\sim45°$	$\beta=45°\sim60°$
		$M=1$	$M=0.8$	$M=2$	$M=1.4$	$M=1$	$M=1.4$	$M=1$	$M=2.1$	$M=1.5$
1.0	紫色	1.0	0.8	2.0	1.4	1.0	1.4	1.0	2.1	1.5
2.0	绿色	2.0	1.6	4.0	2.8	2.0	2.8	2.0	4.2	3.0
3.0	黄色	3.0	2.4	6.0	4.2	3.0	4.2	3.0	6.3	4.5
4.0	灰色	4.0	3.2	8.0	5.6	4.0	5.6	4.0	8.4	6.0
5.0	红色	5.0	4.0	10.0	7.0	5.0	7.0	5.0	10.5	7.5
6.0	棕色	6.0	4.8	12.0	8.4	6.0	8.4	6.0	12.6	9.0
8.0	蓝色	8.0	6.4	16.0	11.2	8.0	11.2	8.0	16.8	12.0
10.0	橙色	10.0	8.0	20.0	14.0	10.0	14.0	10.0	21.0	15.0
大于10.0	橙色									

注：M 为对称承载的方式系数，吊装带或吊装带零件的安装公差：垂直方向为6°。

(2) 合成纤维圆形吊装带

合成纤维圆形吊装带，是由聚酰胺、聚酯和聚丙烯合成纤维材料制成的圆形吊装带。最大极限工作载荷可达100t。

对于某一组合形式或使用方式，吊装带或组合多肢吊装带的极限工作载荷

（WLL）应等于垂直提升时吊装带的极限工作载荷乘以相应的方式系数 M（根据表 3-14 选取）。

表 3-14　合成纤维圆形吊装带极限工作载荷和颜色代号

吊装带垂直提升的极限工作载荷/t	吊装带部件颜色	极限工作载荷/t								
		垂直提升	扼圈式提升	吊篮式提升			两肢吊索		三肢和四肢吊索	
		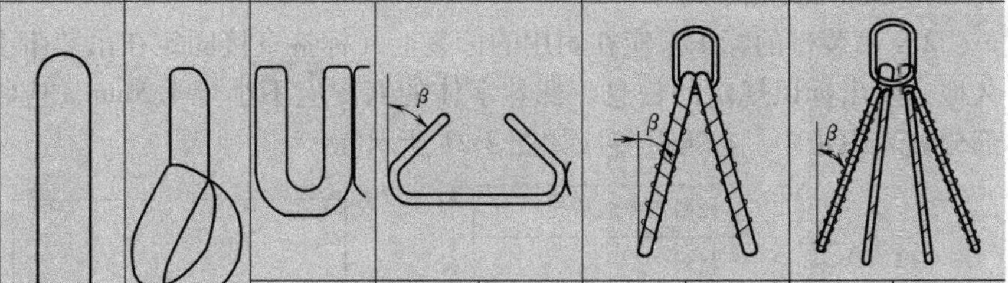								
				平行	$\beta=0°\sim45°$	$\beta=45°\sim60°$	$\beta=0°\sim45°$	$\beta=45°\sim60°$	$\beta=0°\sim45°$	$\beta=45°\sim60°$
		$M=1$	$M=0.8$	$M=2$	$M=1.4$	$M=1$	$M=1.4$	$M=1$	$M=2.1$	$M=1.5$
1.0	紫色	1.0	0.8	2.0	1.4	1.0	1.4	1.0	2.1	1.5
2.0	绿色	2.0	1.6	4.0	2.8	2.0	2.8	2.0	4.2	3.0
3.0	黄色	3.0	2.4	6.0	4.2	3.0	4.2	3.0	6.3	4.5
4.0	灰色	4.0	3.2	8.0	5.6	4.0	5.6	4.0	8.4	6.0
5.0	红色	5.0	4.0	10.0	7.0	5.0	7.0	5.0	10.5	7.5
6.0	棕色	6.0	4.8	12.0	8.4	6.0	8.4	6.0	12.6	9.0
8.0	蓝色	8.0	6.4	16.0	11.2	8.0	11.2	8.0	16.8	12.0
10.0	橙色	10.0	8.0	20.0	14.0	10.0	14.0	10.0	21.0	15.0
12.0	橙色	12.0	9.6	24.0	16.8	12.0	16.8	12.0	25.2	18.0
15.0	橙色	15.0	12.0	30.0	21.0	15.0	21.0	15.0	31.5	22.5
20.0	橙色	20.0	16.0	40.0	28.0	20.0	28.0	20.0	42.0	30.0
25.0	橙色	25.0	20.0	50.0	35.0	25.0	35.0	25.0	52.5	37.5
30.0	橙色	30.0	24.0	60.0	42.0	30.0	42.0	30.0	63.0	45.0
40.0	橙色	40.0	32.0	80.0	56.0	40.0	56.0	40.0	84.0	60.0
50.0	橙色	50.0	40.0	100.0	70.0	50.0	70.0	50.0	105.0	75.0
60.0	橙色	60.0	48.0	120.0	84.0	60.0	84.0	60.0	126.0	90.0
80.0	橙色	80.0	64.0	160.0	112.0	80.0	112.0	80.0	168.0	120.0
100.0	橙色	100.0	80.0	200.0	140.0	100.0	140.0	100.0	210.0	150.0

注：*M* 为对称承载的方式系数，吊装带或吊装带零件的安装公差：垂直方向为 6°。

（3）吊装带的标识

1）吊装带标识内容。吊装带应包括如下标识：

① 垂直提升时的极限工作载荷。

② 吊装带的材料，如聚酯（PA）、聚酰胺（PES）和聚丙烯（PP）。

③ 端配件等级。

④ 名义长度，单位为m。

⑤ 制造商名称、标志、商标或其他明确的标识。

⑥ 可查询记录（编码）。

⑦ 执行的标准号。

2）吊装带的标识。应在耐用的标签上（标签直接固定在吊装带上）清晰永久地标示出标识规定的信息。标签字体的高度应不小于1.5mm。应将标签的一部分缝入织带中。标准标签应如图3-21所示。

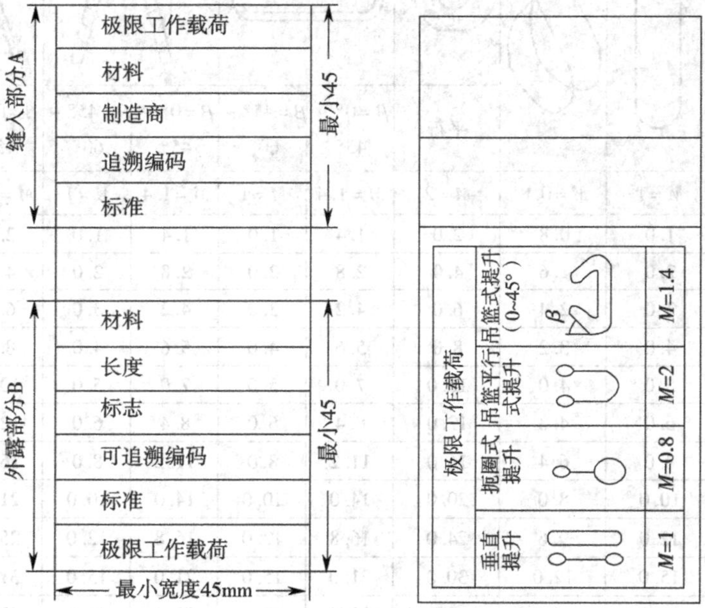

图3-21　标准标签样式

注：1. 标签外露部分的背面可另外注明不同使用方式下吊装带的极限工作载荷。

2. 法规标志（认证标志）在标签上任何可见处标明。

织带的材料应通过标签的颜色进行标识，以下为吊装带材料及对应的标签颜色：

① 聚酰胺：绿色。

② 聚酯：蓝色。

③ 聚丙烯：棕色。

3. 卸扣（卡环）

卸扣又叫卸甲、卡环，它是起重施工作业中，广泛应用的轻便、灵活的连接工具。用卸扣可连接起重滑轮和固定吊索等。卸扣的种类、构造和规格如下：

（1）卸扣种类　卸扣种类较多，执行的制造标准不尽相同，形成了不同的系列。常见的有美标卸扣（执行国外标准）、国标卸扣（执行 GB/T 25854—2010）、船用卸扣（执行船舶标准）等系列。起重吊装常用的是国标卸扣。

国标卸扣按照形状，分为 D 形卸扣和弓形卸扣，如图 3-22 所示。

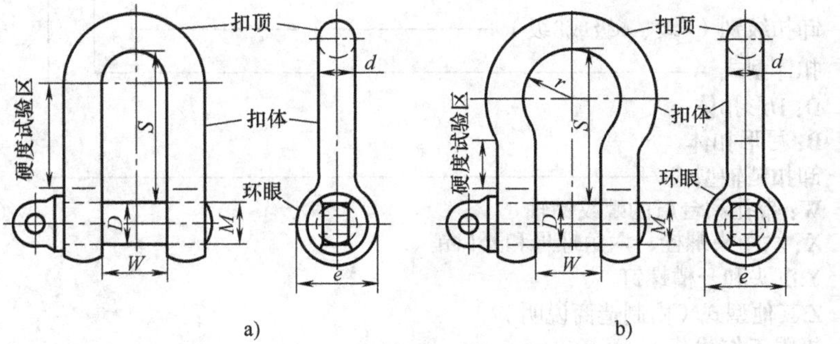

图 3-22　卸扣

a）D 形螺旋式卸扣　b）弓形螺旋式卸扣

（2）卸扣的构造与规格　卸扣的构造比较简单，由扣体（大环圈）和销轴组成。常用 D 形卸扣和弓形卸扣的强度级别分为 4 级、6 级、8 级；极限工作载荷为 0.32～100t。

卸扣的销轴有以下几种形式：

1）W 型：带孔和台肩的螺纹销轴，如图 3-22 所示卸扣中的销轴，是最常用的一种形式。

2）X 型：销轴做成六角头螺栓式样，用六角螺母、开口销固定。

3）Y 型：做成沉头螺栓式样的螺纹销轴。

部分 D 型卸扣的极限工作载荷、尺寸如表 3-15 所示。选择使用时，可采用查表的方法，选择合适的卸扣。在卸扣本体上，也做有相应的标识。每只卸扣均应注明卸扣的级别代号（即 4、6 或 8）、极限工作载荷（如 WLL10t）等标记，便于选择使用。

表 3-15　D 型卸扣尺寸　（单位：mm）

极限工作载荷 WLL/t			d_{max}/mm	D_{max}/mm	e_{max}/mm	S_{max}/mm	W_{max}/mm
4 级	6 级	8 级					
0.32	0.50	0.63	8	9	19.8	18	9
0.4	0.63	0.8	9	10	22	20	10
0.50	0.8	1	10	11.2	24.64	22.4	11.2
0.63	1	1.25	11.2	12.5	27.5	25	12.5
0.8	1.25	1.6	12.5	14	30.8	28	14

(3) 卸扣标记

卸扣 GB/T 25854-×-× × ××

识别字组

采用本标准编号

卸扣级别（4级、6级或8级）

扣体型式

D: D形扣体

B: 弓形扣体

卸扣销轴型式

W: 带孔和台肩的螺纹销轴

X: 六角头螺栓、六角螺母和开口销

Y:沉头和开槽螺钉

Z:其他型式（由制造商说明）

极限工作载荷

例如，配W型销轴、极限工作载荷为20t的4级D型卸扣应表示为：卸扣GB/T25854－4－DW20

配X型销轴、极限工作载荷为10t的8级弓型卸扣应表示为：卸扣GB/T25854－8－BX10

(4) 使用卸扣的要点

1) 使用时，不得超负荷，以防止发生事故。

2) 为防止卸扣横向受力，在连接绳索或吊环时，应将其中一根套在横销上，另一段套在弯环上，不准分别套在卸扣的两个直段上面。

3) 起吊作业进行完毕后，要及时卸下卸扣，并将横销插入弯环内，上满螺纹，以保证卸扣完整无损。

4) 卸扣上的螺纹部分，要定时涂油，保证其润滑不生锈。

5) 卸扣要存放在干燥用木板垫好的地方。

6) 一般情况下不准使用横销无螺纹的卸扣，如必需使用时，要有可靠的保护措施，以防止横销滑出。

4. 吊钩

吊钩有单钩、双钩两种形式，如图3-23所示。

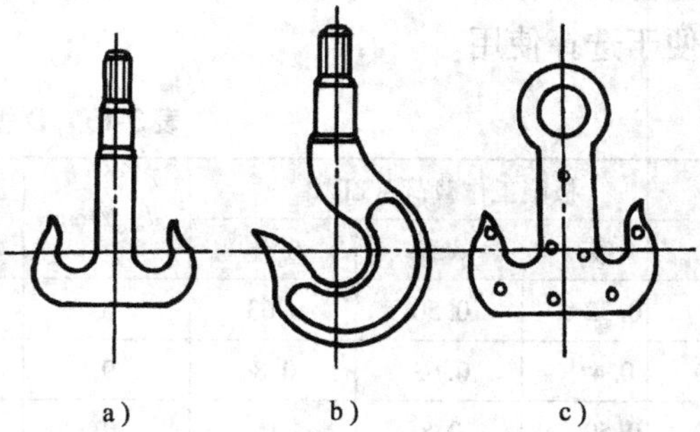

图3-23 吊钩

a) 锻制双钩 b) 锻制单钩 c) 叠片式吊钩

(1) 单钩 这是一种比较常用的吊钩，它的构造简单，使用比较方便，但材料没有充分利用。《起重吊钩》GB/T 10051—2010 规定吊钩材质选用 Q345qD、Q420qD、34Cr2Ni2Mo、35CrMo 钢锻制而成。最大起重量一般不超过 80t。

（2）双钩 起重量较大时，多用双钩直吊，它受力均匀对称，特点能充分利用。《起重吊钩》GB/T 10051—2010 规定吊钩材质选用 Q345qD、Q420qD、30Cr2Ni2Mo、35CrMo 钢锻造而成（详见修改表 25）。通常大于 80t 的起重设备，都采用双钩。

叠片式吊钩是由切割成形的多片钢板铆接而成，并在吊钩口上装有护垫，这样可减少钢丝绳磨损，使载荷能均匀地传到每片钢板上。它具有制造方便的优点。由于钩板不会同时断裂，故工作可靠性比整体锻造吊钩好，缺点是自重和尺寸较大。

5. 吊环与夹钳

（1）吊环 吊环其结构见图 3-24，它的受力情况比吊钩的受力情况好得多，因此，当起重量相同时，吊环的自重比吊钩的自重小。但是，当使用吊环起吊设备时，其索具只能用穿入的方法系在吊环上。因此，用吊环吊装不如吊钩方便。

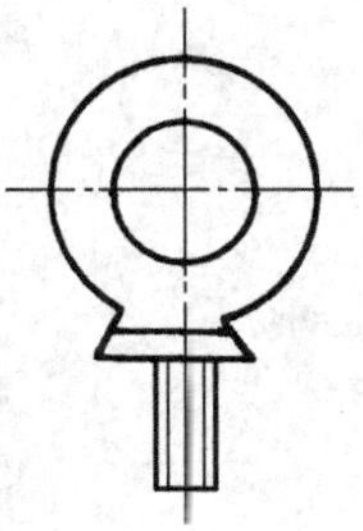

图 3-24 吊环

吊环通常用在电动机、减速机的安装，维修时作固定吊具使用。吊环的安全承载力可按吊环螺杆直径参照表 3-16 确定。

表 3-16 吊环安全承载力

螺杆直径 d/mm	安全承载力/N		螺杆直径 d/mm	安全承载力/N	
	垂直吊重	夹角 60°吊重		垂直吊重	夹角 60°吊重
M12	1500	900	M22	9000	5400
M16	3000	1800	M30	13000	8000
M20	6000	3600	M36	24000	14000

（2）夹钳 夹钳按夹紧力产生方式不同，可分为杠杆夹钳、偏心夹钳、他动夹钳三大类，见图 3-25。在杠杆夹钳中，夹紧力是由物体自主通过杠杆原理产生的，因此，当钳口距离保持不变时，夹紧力与货物自重成正比，从而能可靠的夹持住货物。偏心夹钳的夹紧力是由物体自重通过偏心块和物体间的自锁作用而产生的。他动夹钳的夹紧力是依靠外部的力，通过螺旋机构产生的，因此，与物体的重量和尺寸无关。

6. 起重吊梁

1）在起重吊装作业中，一般会遇到一些大型精密设备和超长构件。它们在施工中，既要保持平衡，又要不使其产生变形和擦伤，因而多数采用起重吊梁进行起吊。

2）起重吊梁使用比较方便，又安全可靠。它能承受由于吊索倾斜所产生的

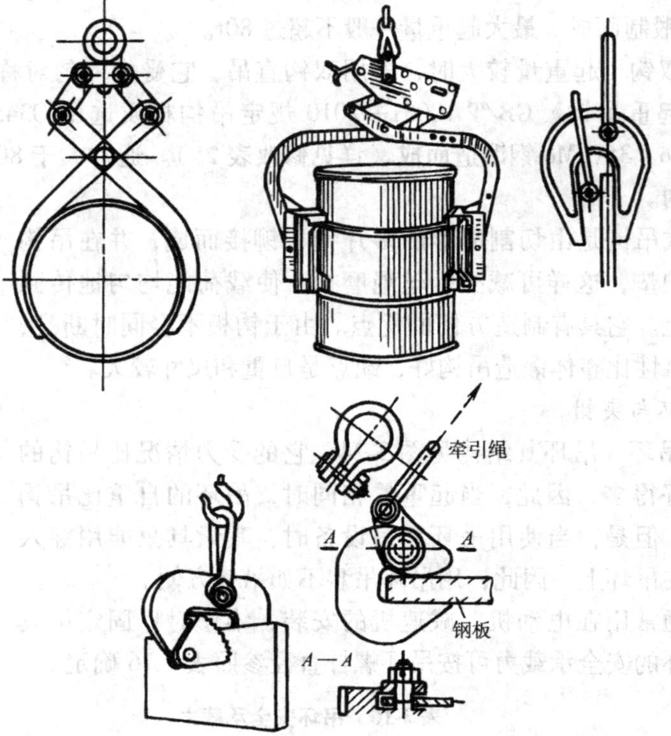

图 3-25　夹钳

水平分力，减少起吊时物体所受的压力。同时还可缩短吊索的长度，减少动滑轮的起吊高度，又能缩短捆绑重物的时间，这种吊装工具使用比较普遍。

3）起重吊梁有支撑式和扁担式两种，如图 3-26 所示。

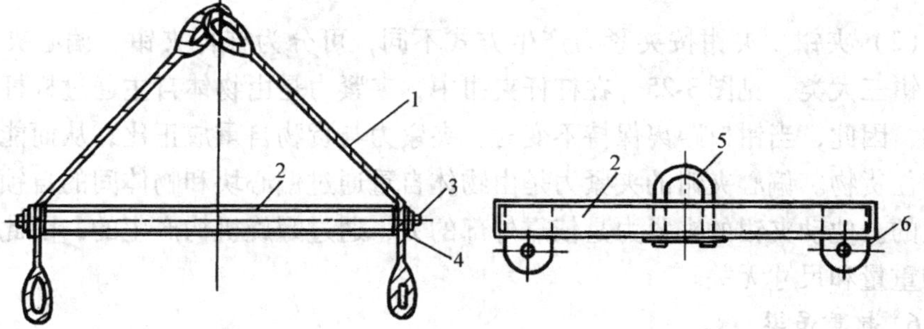

a）　　b）

图 3-26　起重吊梁

a）支撑式　b）扁担式

1—吊索　2—横吊梁　3—螺母　4—压板　5—吊环　6—吊耳

支撑式起重吊梁吊索较长，主要用于吊装形体较长的构件，也可用在特殊零、部件的高空翻转作业。扁担式起重吊梁吊索较短，多用于吊装大型构件（如屋架等）。

4）起重吊梁的使用特点：

① 起重吊梁通常配合吊索同时作业，要保持吊索与起重吊梁的水平夹角不能过小，以避免水平分力过大使梁发生变形。

② 吊索与起重吊梁的水平夹角，一般应在40°～60°之间。

③ 吊索与起重吊梁水平夹角较小时，应用卡环将挂在起重机吊钩上的两绳圈固定在一起，以防止其脱钩。

二、滑车、滑车组

1. 滑车

滑车一般是指由滑轮、滑轮轴、滑轮侧板、吊钩（吊环）和承重销轴组成的总成。滑车和滑车组是起重运输及吊装工作中常用的一种小型起重工具，用它和卷扬机配合进行吊装、牵引设备或重物。由于滑车的体积较小、重量较轻、使用方便，并且能够用它来多次变向和吊较大的重量，所以当施工现场狭窄或缺少其他起重机械时，常使用滑车或滑车组配合桅杆进行起重吊装作业。

（1）滑车的分类

1）按滑车的作用来分，可以分为定滑车、动滑车、导向滑车或平衡滑车。

2）滑车按制作材料的不同，可以分为木制滑车和铁制滑车。

3）按滑车中滑轮数量的多少来分，可以分为单门滑车、双门滑车、三门滑车、直至十二门滑车。

（2）滑车的作用　作为定滑车、导向滑车或平衡滑车使用的滑车，其滑车中的滑轮就是定滑轮；作为动滑车使用的滑车，其滑车中的滑轮就是动滑轮。定滑轮只能改变拉力的方向，不能减少拉力；动滑轮能减少拉力，但不能改变拉力的方向。

1）定滑轮。安装在固定位置轴上的滑轮叫定滑轮，如图3-27所示。

在起重作业中，定滑轮用来支持绳索（钢丝绳、白棕绳等）运动，改变力的方向，通常作为导向滑轮和平衡滑轮使用。当绳索受力移动时，滑轮就随着转动，绳索移动的速度 v_1 和移动的距离 H，分别和重物移动速度 v 和移动的距离 h 相等。在不考虑摩擦力的情况下，绳索一端的拉力 F 在理论上等于被吊重物的重量 Q。用公式表示如下

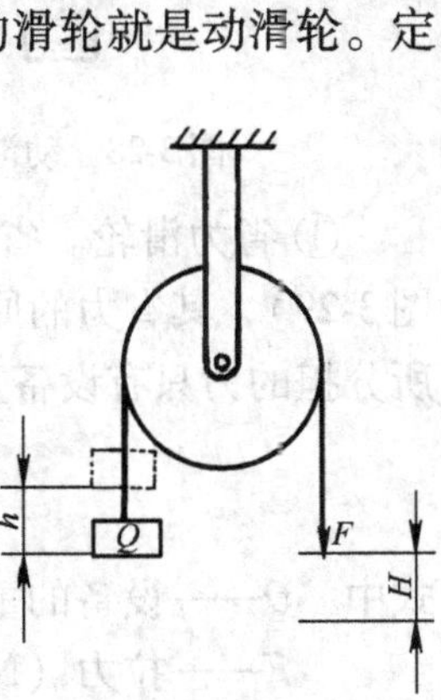

图3-27　定滑轮

$$F = Q$$
$$H = h$$
$$v_1 = v$$

实际上，滑轮在转动时存在着运动阻力，绳索一端的拉力与被吊重物的重量是不相等的，绳索的拉力 F 总是大于被吊重物的重量 Q，即 $F > Q$，用公式表示为

$$F = Q/\eta$$

式中 F——绳索的拉力（N）；

Q——重物的重量（N）；

η——滑轮的效率，与绕在滑轮上的绳索种类及滑轮结构有关。

2）动滑轮。安装在运动轴上能和被牵引的重物一起升降或移动的滑轮叫动滑轮。动滑轮按其用途可以分为省力动滑轮和省时动滑轮（又叫增速动滑轮）两种。图3-28是动滑轮的示意图，图3-29、图3-30分别为省力动滑轮和省时动滑轮的示意图。

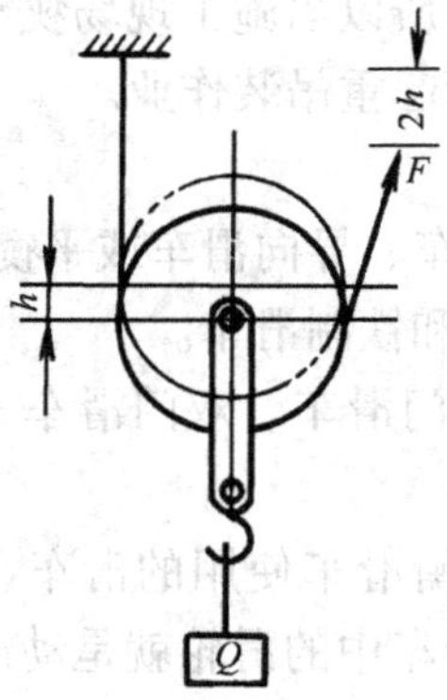

图3-28 动滑轮

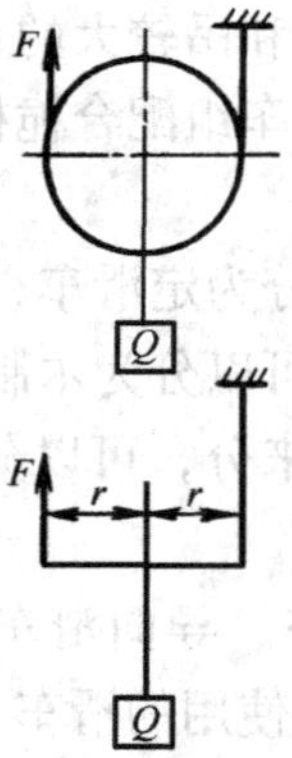

图3-29 省力动滑轮

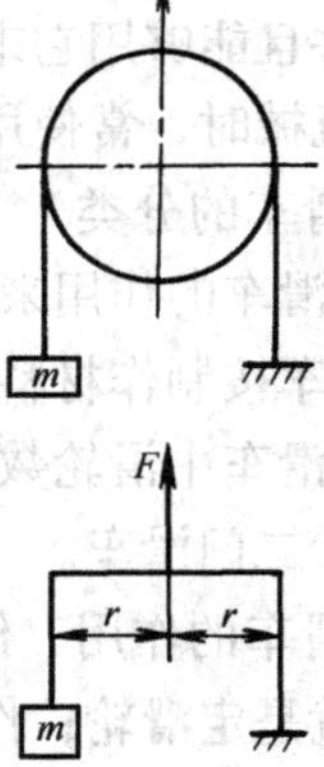

图3-30 省时动滑轮

① 省力滑轮。省力滑轮可以用较小的拉力 F 来吊起较重的设备（见图3-28、图3-29），其省力的原理是：设备的重量 Q 同时被两根绳索分担着，每根绳索上所分担的力只有设备重量 Q 的一半。即

$$Qh = F \cdot 2h$$
$$F = Q/2$$

式中 Q——设备的重量（N）；

F——拉力（N）。

以上计算没有考虑滑轮的摩擦阻力等因素，实际上由于滑轮在运动时有摩擦力存在，因此，所用的拉力总是大于被吊重物重量的一半。

从图3-28中也可以看出，绳索运动的速度 v_1 与行程 H 分别等于被吊重物运动的速度 v 与行程 h 的两倍。用公式表示如下

$$H = 2h$$

$$v_1 = 2v$$

② 省时滑轮。拉力 F 不是作用在绳索上，而是作用于动滑轮上，当动滑轮提升1m距离时，重物上升2m，重物上升的速度为滑轮上升速度的两倍，如图3-30所示。被吊重物的速度虽然增加了，但是作用于动滑轮上的拉力也同样增加了。所以省时滑轮又叫费力滑车，在起重作业中很少采用，它一般用于起重机械上。

3）导向滑轮。导向滑轮的作用类似于定滑轮，既不省力，也不能改变速度。仅用它来改变被牵引设备的运动方向，在安装工地或牵引设备时用得较多，导向滑轮的受力计算如图3-31所示，其计算公式为

$$F = F_1 Z$$

式中　F——导向滑轮所受的力（N）；

F_1——牵引绳的拉力（N）；

Z——角度因素，见表3-17。

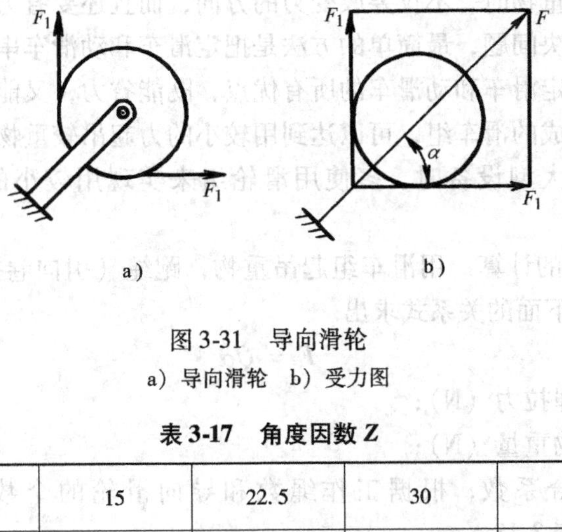

图3-31　导向滑轮

a）导向滑轮　b）受力图

表3-17　角度因数 Z

α（°）	0	15	22.5	30	45	60
Z	2	1.94	1.84	1.73	1.41	1

2. 滑车组

滑车组是由定滑车、动滑车以及穿绕过它们的绳索组成，见图3-32。滑车组的重要特性是倍率（即速比或工作线数）。用它表示滑车组的减速（或省力）的程度。倍率通常以跑绳的速度和重物起升速度的比值来表示，即跑绳所走的距离

与重物上升距离之比。

图3-32所示滑车组跑绳所走的距离是重物上升距离的4倍，所以该滑车组的倍率为4。

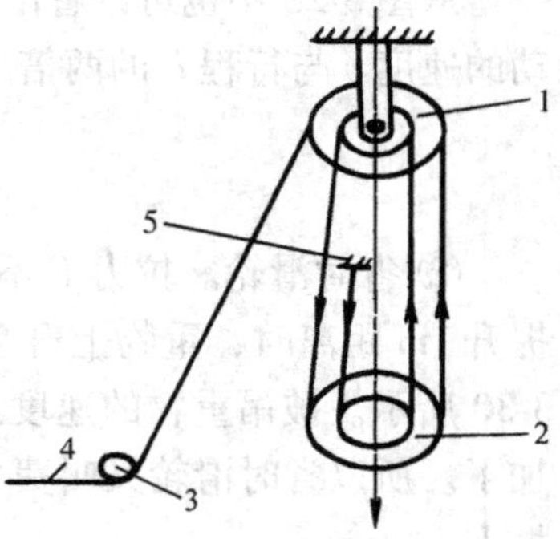

图3-32 滑车组示意图
1—定滑车 2—动滑车
3—导向滑车 4—跑绳
5—绳端固定

（1）倍率计算 滑轮组的倍率可以用动滑轮与定滑轮之间绳的分支数（从定滑轮引出的跑绳不计入分支数）除以跑绳的个数进行计算。在图3-33中，动滑轮与定滑轮之间钢丝绳的分支数为6，跑绳数为1，则该滑车组的倍率 m 为 $m=6/1=6$。

在图3-35中，不计从定滑轮引出的跑绳，动滑轮与定滑轮之间钢丝绳的分支数为8，跑绳数为1，则该滑车组的倍率 m 为 $m=8/1=8$。

在图3-36中，不计从定滑轮引出的跑绳，动滑轮与定滑轮之间的钢丝绳分支数为8，跑绳数为2，则该滑车组的倍率 m 为 $m=8/2=4$。

（2）滑车组的作用 在起吊重物时，如果只使用定滑车，只能改变力的方向，不能起到省力的作用；只使用动滑车能起到省力的作用，但力的方向没有改变。通常在起吊重物时，不仅要改变力的方向，而且还要省力，仅使用定滑车或动滑车都不能解决问题，最简单的方法是把定滑车和动滑车串连在一起组成滑车组。滑车组具有定滑车和动滑车的所有优点，既能省力，又能改变力的方向。而且由多门滑车组成的滑车组，可以达到用较小的力起吊较重物体的目的。因此在起重吊装重型或大型设备时，多使用滑轮组来实现用较小的拉力起吊较重的重物。

（3）滑车组的计算 用滑车组起吊重物，跑绳（引向卷扬机的绳索）所需的拉力 F，可由下面的关系式求出

$$F = Q\alpha$$

式中 F——跑绳拉力（N）；

Q——重物重量（N）；

α——综合系数，根据工作绳数和导向滑轮的个数来选择，其数值见表3-18。

表3-18 综合系数 α

工作绳索数	滑轮个数（定、动滑轮和）	倍率	导向滑轮个数						
			0	1	2	3	4	5	6
1	0	1	1.000	1.040	1.082	1.125	1.170	1.217	1.265
2	1	2	0.507	0.527	0.549	0.571	0.594	0.617	0.642

（续）

工作绳索数	滑轮个数（定、动滑轮和）	倍率	导向滑轮个数						
			0	1	2	3	4	5	6
3	2	3	0.346	0.360	0.375	0.390	0.405	0.421	0.438
4	3	4	0.265	0.270	0.287	0.298	0.310	0.323	0.335
5	4	5	0.215	0.225	0.234	0.243	0.253	0.263	0.274
6	5	6	0.187	0.191	0.199	0.207	0.215	0.224	0.330
7	6	7	0.160	0.165	0.173	0.180	0.187	0.195	0.203
8	7	8	0.143	0.149	0.155	0.161	0.167	0.174	0.181
9	8	9	0.129	0.134	0.140	0.145	0.151	0.157	0.163
10	9	10	0.119	0.124	0.129	0.134	0.139	0.145	0.151
11	10	11	0.110	0.114	0.119	0.124	0.129	0.134	0.139
12	11	12	0.102	0.106	0.111	0.115	0.119	0.124	0.129
13	12	13	0.096	0.099	0.104	0.108	0.112	0.117	0.121
14	13	14	0.091	0.094	0.098	0.102	0.106	0.111	0.115
15	14	15	0.087	0.086	0.090	0.095	0.099	0.102	0.108
16	15	16	0.084	0.072	0.075	0.080	0.088	0.094	0.104

例 3　用滑车组起吊一台设备，这台设备的重量为 30000N，滑车组的工作绳数为 6 根，并带有 3 个导向滑车，如图 3-33 所示。求跑绳的拉力。

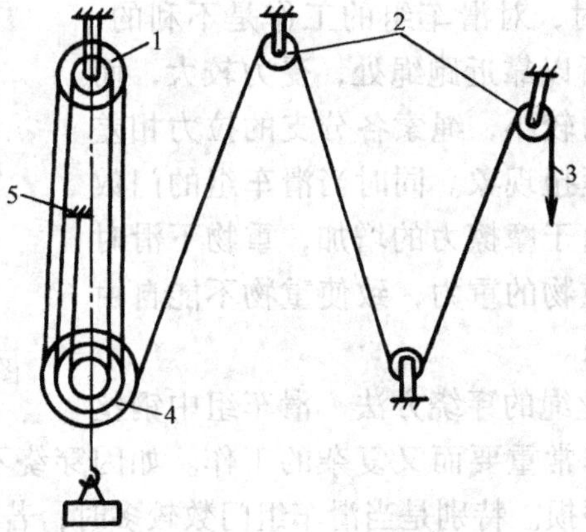

图 3-33　跑绳拉力示意图
1—定滑车　2—导向滑车　3—跑绳　4—动滑车　5—死头

解　由表 3-18 中查得，当工作绳数为 6 根，带有 3 个导向滑轮时，综合系数 α 为 0.207，跑绳的拉力 $F = Q\alpha = 30000\text{N} \times 0.207 = 6210\text{N}$

(4) 滑车组起重钢丝绳的长度计算　起重钢丝绳的长度用下列公式进行计算

$$L = n(h + 3d) + I + 10$$

式中　L——钢丝绳长度（m）；

d——滑轮直径（m）；

I——定滑车至卷扬机之间的距离（m）；

n——工作绳数；

h——提升高度（m）。

例4　某安装工地吊中型设备，需设置一套滑车组，提升高度为8m，工作绳为6根，滑轮直径为500mm，定滑车到卷扬机之间的距离为10m。求所需用的钢丝绳长度。

解　已知滑轮直径 $d=500\text{mm}=0.5\text{m}$，定滑车至卷扬机之间的距离 $I=10\text{m}$，提升高度 $h=8\text{m}$，工作绳数 $n=6$，所需钢丝绳的长度为：

$$\begin{aligned} L &= n(h + 3d) + I + 10 \\ &= 6 \times (8\text{m} + 3 \times 0.5\text{m}) + 10\text{m} + 10\text{m} = 77\text{m} \end{aligned}$$

(5) 滑车组的连接方法　滑车组的连接方法如图3-34所示。常见有单绳、双绳、三绳……至十绳。但在大型设备的吊装中，也经常使用十绳至十六绳。滑车组的效率随着绳数的增多而降低。同样滑车组在提升重物时所需的拉力并不随着绳数的增加而成倍降低，所以，当滑车组的门数增加过多时，对滑车组的工作是不利的，由于阻力的存在，所以靠近跑绳处，受力较大，而靠近死头处，则受力较小，绳索各分支的拉力相差很大，滑车会产生歪扭现象。同时当滑车组的门数多到一定数量时，由于摩擦力的增加，重物下滑时产生的摩擦力大于重物的重力，致使重物不能自由下滑，发生自锁现象。

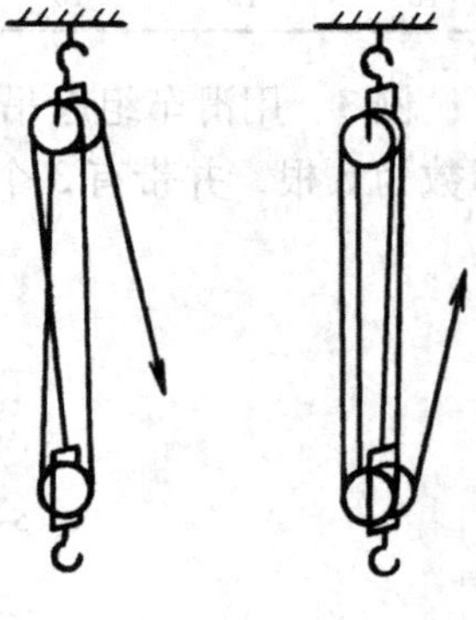

图3-34　滑车组的连接

(6) 滑车组钢丝绳的穿绕方法　滑车组中钢丝绳的穿绕，是一项非常重要而又复杂的工作。如因穿绕不当，易使钢丝过度弯曲，加速钢丝绳的磨损。特别是当滑车组门数较多时，若穿绕不当，会使上下滑车产生歪扭，甚至使重物下降时产生自锁现象。有时由于钢丝绳传力不畅，使滑车组中的钢丝绳产生局部松弛，起吊钢丝绳断裂而造成事故。起重滑车组钢丝绳的穿绕方法可以分为顺穿法和花穿法两种。

顺穿法是一种比较简单的穿绕方法。根据现场拥有的卷扬机台数，可以采用单跑头顺穿法或双跑头顺穿法。

1）单跑头顺穿法。方法是将绳索的一个头从边上第一个滑车开始，按顺序绕过定滑车和动滑车，而将死头固定在末端定滑车的架子上，如图3-35所示。这种方法常用在滑车组门数较少的情况下，如五门以下的滑车组。从钢丝绳的拉力分析可以看出，在起吊重物时，拉力 F_0 最大，而死端 F_8 最小，每根绳索分支的受力都不相同，即 $F_0 > F_1 > \cdots\cdots > F_8$。因此滑车组常常出现歪斜现象。滑车工作时不平衡，对起吊重物的安全与定位都不利，为避免上面的不利因素，在工作中常采用双跑头顺穿法。

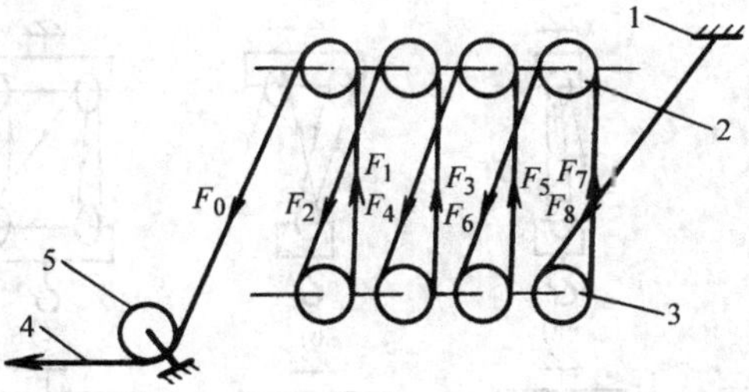

图3-35 单跑头顺穿法

1—死头 2—定滑车 3—动滑车 4—跑绳 5—导向滑车

2）双跑头顺穿法。其方法是指滑车组同时有两根跑绳，并从定滑车的中间轮开始，同时向两边顺序穿绕的一种方法。双跑头顺穿法的优点除了可以避免滑车架的歪斜以外，还可以减少滑车的运转阻力，加快起吊速度。图3-36所示是双跑头顺穿法的滑车组，它的定滑车的个数一般采用奇数，比动滑车多一个滑车，并以中间一个滑车作平衡轮。如果两台卷扬线速度相同，则两根跑绳的拉力是平衡的，此时在两台卷扬机的卷扬线速度相同的情况下，对应的钢丝绳分支拉力都相等，即 $F_0 = F'_0$，$F_1 = F'_1$，$F_2 = F'_2$，$F_3 = F'_3$，$F_4 = F'_4$，所以滑车组不会产生歪扭的现象。这种穿绕法的缺点是要求两台卷扬机的卷扬线速度要相等。

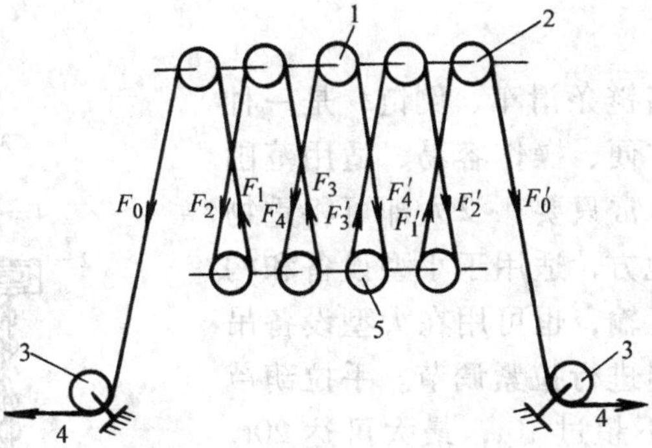

图3-36 双跑头顺穿法

1—平衡轮 2—定滑车 3—导向滑车 4—跑绳 5—动滑车

3）单跑头花穿法。在滑车组滑轮数量较多，又用一台卷扬机牵引时可用花穿法（见图3-37），用以改善滑车组的工作条件并降低跑绳的拉力，还可保证滑车组受力均匀而起吊平稳。

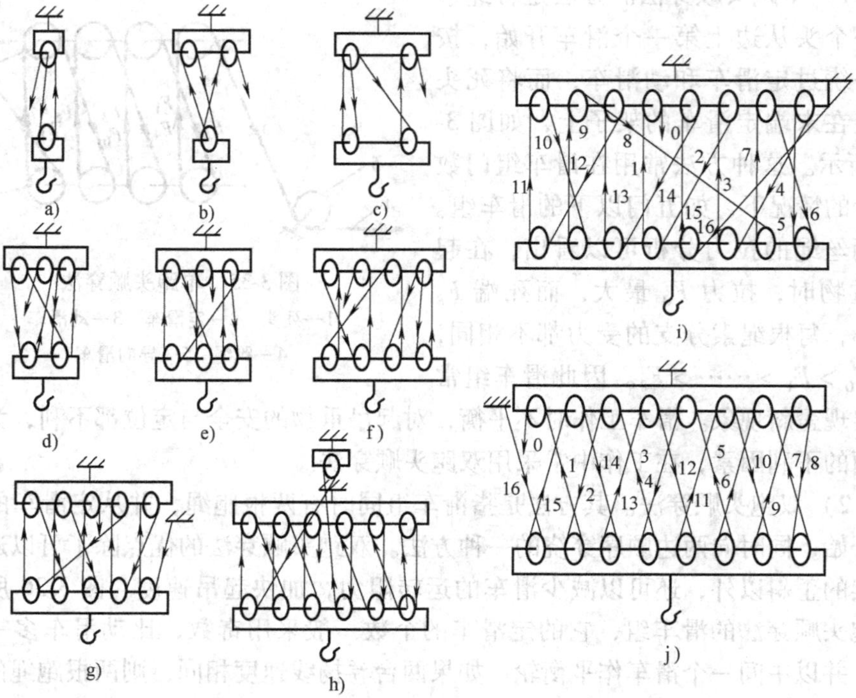

图 3-37　滑车钢丝绳单跑头花穿法示例

a) 1×1　b) 2×1　c) 2×2　d) 3×2　e) 3×3

f) 4×4　g) 5×5　h) 6×7　i) 8×8　j) 8×8

3. 手拉葫芦

手拉葫芦俗名链条滑车、倒链，是一种构造简单、携带方便、操作容易、适用范围广的起重机械。通常只要1~2人即可将重物吊运到所需要的地方，适用于小型设备和构件短距离吊装或运输，也可用在大型设备吊装中对桅杆缆风绳进行拉紧调节。手拉葫芦的起重能力一般不超过 10t，最大可达 20t，起升高度一般不超过 6m。其种类分蜗轮滑轮和齿轮滑轮。手拉葫芦由链轮及传动机构、手链、起重链、上下吊构等部分吊钩组成，如图 3-38 所示。

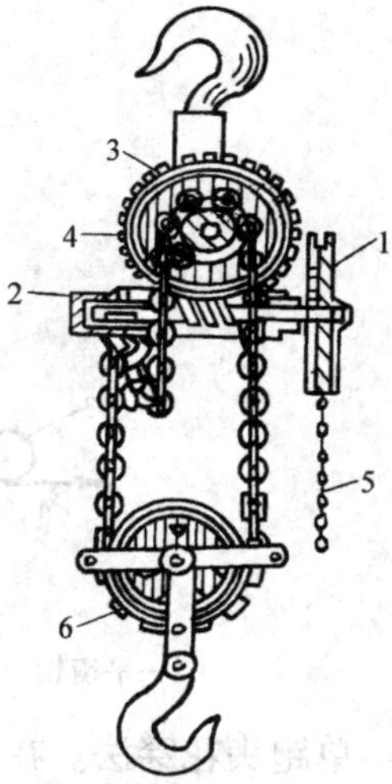

图 3-38　手拉葫芦

1—链轮　2—蜗杆　3—蜗轮

4—蜗轮轴　5—手拉链条　6—动滑车

HS 型手拉葫芦技术性能及规格见表 3-19。

表 3-19　HS 型手拉葫芦技术性能及规格

型号	HS0.5	HS1	HS1.5	HS2	HS2.5
起重量/t	0.5	1	1.5	2	2.5
标准起升高度/m	2.5	2.5	2.5	2.5	2.5
满载链拉力/N	195	310	350	320	390
净重/N	70	100	150	140	250
型号	HS3	HS5	HS10	HS15	HS20
起重量/t	3	5	10	15	20
标准起升高度/m	3	3	3	3	3
满载链拉力/N	350	390	400	415	400
净重/N	240	360	680	1050	1500

第三节　常用起重机具

一、起重机具的类型

起重机具是起重吊装作业的重要组成部分，它也是提高工作效率、减轻体力劳动和保证安全生产的重要手段之一。起重机具种类很多，常用起重机具类型如下：

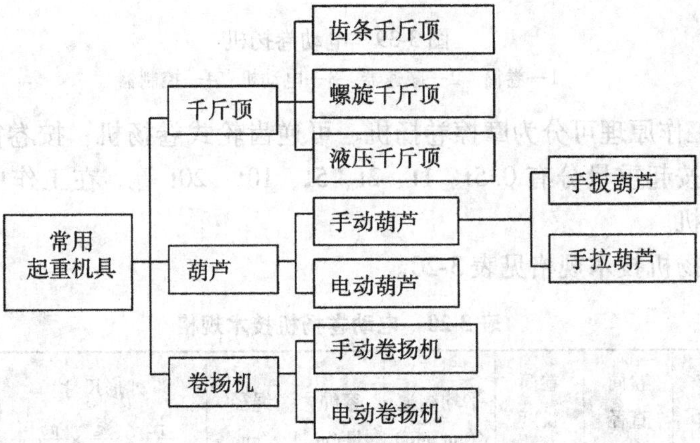

二、电动卷扬机

1）电动卷扬机是用电力来驱动的一种常用起重机具，它具有起重能力大、速度快、结构紧凑、体积小、操作方便安全等优点，是起重作业中广泛使用的一种牵引设备。

2）电动卷扬机主要由卷筒、减速器、电动机和控制器等组成，如图3-39所示。

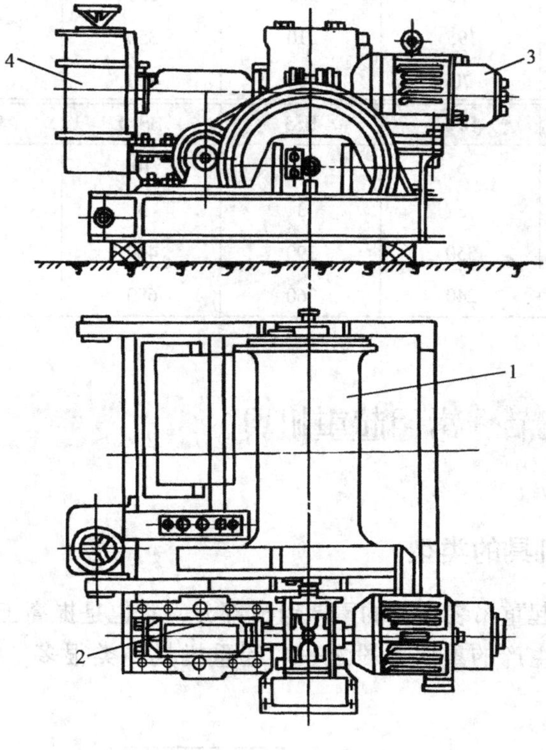

图3-39 电动卷扬机

1—卷筒 2—减速器 3—电动机 4—控制器

3）按工作原理可分为摩擦卷扬机、可逆齿轮式卷扬机；按卷筒分为单筒和双筒两种；按起重量分有0.5t、1t、2t、5t、10t、20t等。在工作中最常用的是齿轮式卷扬机。

电动卷扬机技术规格见表3-20。

表3-20 电动卷扬机技术规格

类型	起重能力/t	卷筒直径/mm	卷筒长度/mm	平均绳速/(m/min)	容绳量/m	绳径/mm	外形尺寸 长/mm×宽/mm×高/mm	电机功率/kW	总重/t
单筒	1	200	350	36	200	12.5	1390×1375×800	7	1
单筒	3	340	500	7	110	12.5	1570×1460×1020	7.5	1.1
单筒	5	400	840	8.7	190	21	2033×1800×1037	11	1.9

（续）

类型	起重能力/t	卷筒直径/mm	卷筒长度/mm	平均绳速/(m/min)	容绳量/m	绳径/mm	外形尺寸 长/mm × 宽/mm × 高/mm	电机功率/kW	总重/t
双筒	3	350	500	27.5	300	16	1880 × 2795 × 1258	28	4.5
双筒	5	220	600	32	500	22	2497 × 3096 × 1389.5	40	5.4
单筒	7	800	1050	6	600	31	3190 × 2553 × 1690	20	6.0
单筒	10	750	1312	6.5	1000	31	3839 × 2305 × 1793	22	9.5
单筒	20	850	1321	10	600	42	3820 × 3360 × 2085	55	14.6

三、电动葫芦

电动葫芦是一种体积小、重量轻、价格低廉、使用方便的轻小型起重设备。重物的起升是由电力驱动，比手动葫芦更省力、省时，它可安装在起重机上或直的、带曲线运动的单轨悬挂工字梁或 H 型钢上吊运重物，也可直接将葫芦安装在固定支架上，作垂直的卷扬起吊用。

电动葫芦按其结构不同，可以分为环链式电动葫芦和钢丝绳式电动葫芦。

1. 环链式电动葫芦的结构和工作原理

环链式电动葫芦是用环状焊接链与吊钩连接作为起吊索具之用；环链式电动葫芦重物的起升高度较低，它广泛应用于低矮厂房或露天环境。图 3-40 所示为

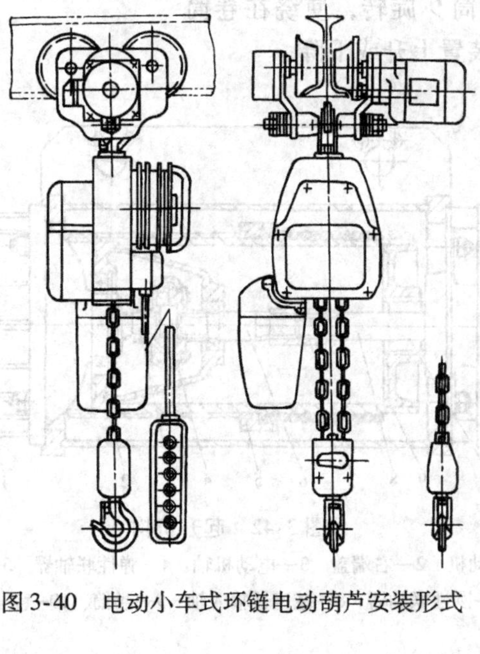

图 3-40　电动小车式环链电动葫芦安装形式

环链电动葫芦在工字梁上的安装形式。环链式电动葫芦由起升机构，运行机构和电气控制装置等几部分组成。

（1）起升机构　葫芦的起升机构是由起升电动机、减速机构、链条提升机构、上下吊钩装置和集链箱等组成。起升电动机采用电动机与制动器组成一体的锥形转子制动电动机，体积小，制动可靠。

（2）运行机构　环链电动葫芦在悬空工字梁上的运行方法有三种：手推小车式、手拉链式和电动运行式。手推小车式环链葫芦结构简单，使用简便，应用较普遍；手拉链式是由链条、链轮、齿轮等组成，拽动链条，葫芦即可在工字梁上移动；电动运行式是由电动机驱动葫芦运行，运行平稳、速度快，使用效率高。

2. 钢丝绳式电动葫芦的结构原理

钢丝绳式电动葫芦有CD型、MD型、AS型、QH型等，目前常用的是CD型（外形见图3-41）、MD型，它在工字梁上的安装方式可以是固定的，也可以悬空挂在工字梁上作水平移动。固定方式可根据各种不同的使用场合进行合理的选择。

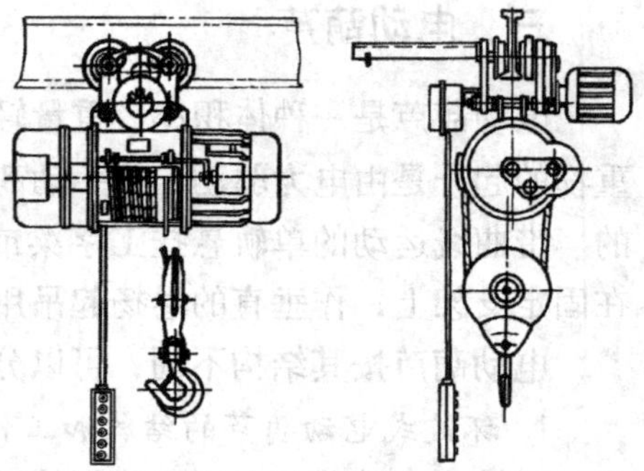

图3-41　CD型钢丝绳式电动葫芦

CD型钢丝绳式电动葫芦的结构主要由锥形转子起升电动机1（见图3-42），通过弹性联轴器4、经减速器11的齿轮传动到空心轴10，驱动卷筒9旋转，使绕在卷筒上钢丝绳带动吊钩装置上升或下降。

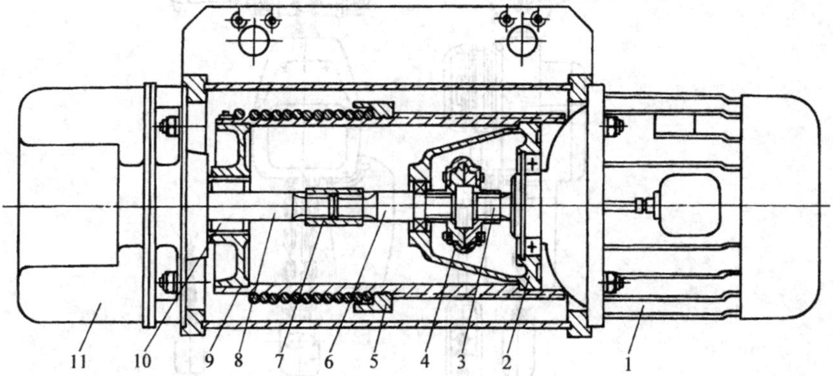

图3-42　起升机构

1—起升电动机　2—右端盖　3—电动机轴　4—弹性联轴器　5—导绳器装置
6—中间轴　7—刚性联轴器　8—减速器输入轴　9—卷筒　10—空心轴　11—减速器

当断开电源后，电磁力消失，在弹簧压力的作用下，风扇制动轮刹紧后盖而制动。压装在风扇制动轮上锥形制动环是用石棉树脂制成，制动可靠，耐磨性好。风扇制动轮装有风扇叶片，起到扇风散热作用。

四、千斤顶

千斤顶是起重作业中常用的起重设备，它构造简单，使用轻便，工作时无振动与冲击，能保证把重物准确地停在一定的高度上。顶升重物时不需要电源、绳索、链条等，常用它作重物的短距离起升或设备安装时用于校正位置。

千斤顶按照其结构形式和工作原理的不同，可以分为齿条式千斤顶、螺旋式千斤顶和油压式千斤顶。

1. 齿条式千斤顶

齿条式千斤顶是利用齿条的顶端顶起高处的重物，也可以利用齿条的下脚顶起下处的重物。它由金属外壳和装在外壳内的齿轮、齿条、棘爪及棘轮等组成，其结构如图 3-43 所示。齿条式千斤顶用于设备修理或机件的装配。

2. 螺旋千斤顶

螺旋千斤顶有固定式螺旋千斤顶、LQ 型固定式螺旋千斤顶、移动式螺旋千斤顶三种。

（1）固定式螺旋千斤顶　固定式螺旋千斤顶是一种简单千斤顶。它由带有螺母的底座、起重螺杆、顶托重物的顶头和转动起重螺杆的手柄等几个部分组成，如图 3-44 所示。

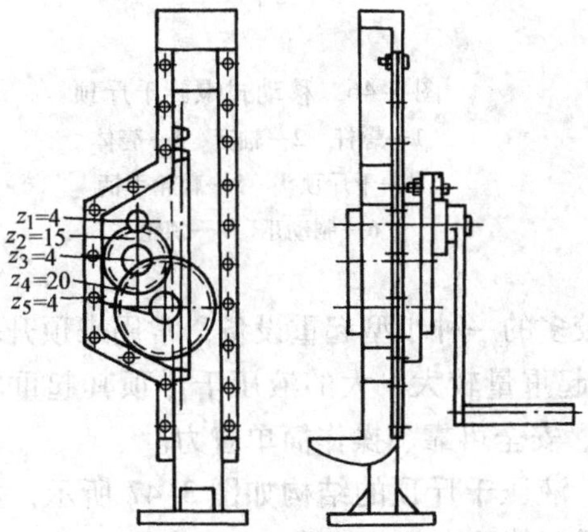

图 3-43　齿条式千斤顶

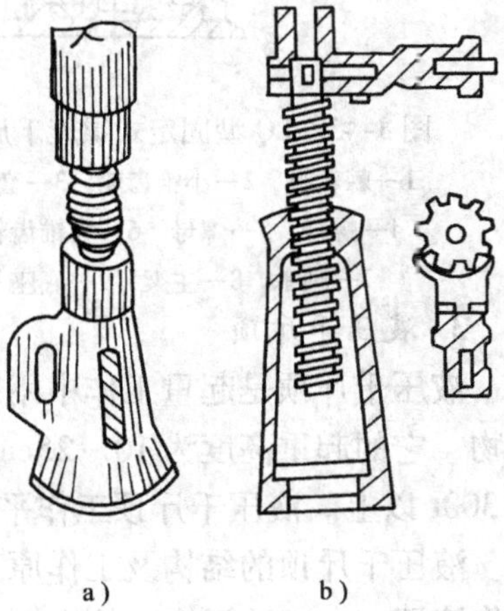

图 3-44　固定式螺旋千斤顶

a）普通式　b）棘轮式

固定式螺旋千斤顶的螺母用螺钉固定在底座上端。当手柄转动时，螺杆即在螺母中上下移动，起到顶起或降下重物的作用。固定式螺旋千斤顶的螺纹由于其导角小于螺杆与螺母间的摩擦角，具有自锁作用，所以在重物的作用下，螺杆不会转动而使重物下降。这种千斤顶在作业时，未卸载前不能作平面移动。

（2）LQ型固定式螺旋千斤顶　LQ型固定式螺旋千斤顶即锥齿轮式螺旋千斤顶，其结构如图3-45所示。

这种螺旋千斤顶的起重量约为3～50t，顶升高度可达250～400mm。固定式螺旋式千斤顶与齿条千斤顶相比，具有使用方便，操作省力和上升速度快等优点。

（3）移动式螺旋千斤顶　移动式螺旋千斤顶是一种在顶升过程中可以移动的一种螺旋千斤顶。移动主要是依靠千斤顶底部的水平螺杆转动，使顶起的重物连同千斤顶一起作水平移动，适用于设备的移动就位，其结构图如图3-46所示。

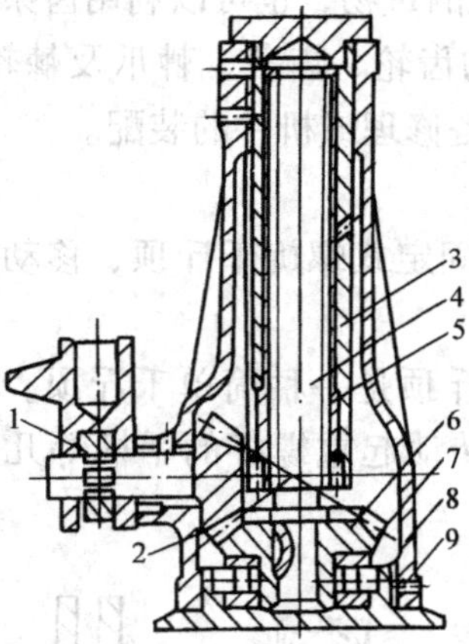

图3-45　LQ型固定式螺旋千斤顶

1—棘轮组　2—小锥齿轮　3—套筒
4—螺杆　5—螺母　6—大锥齿轮
7—轴承　8—主架　9—底座

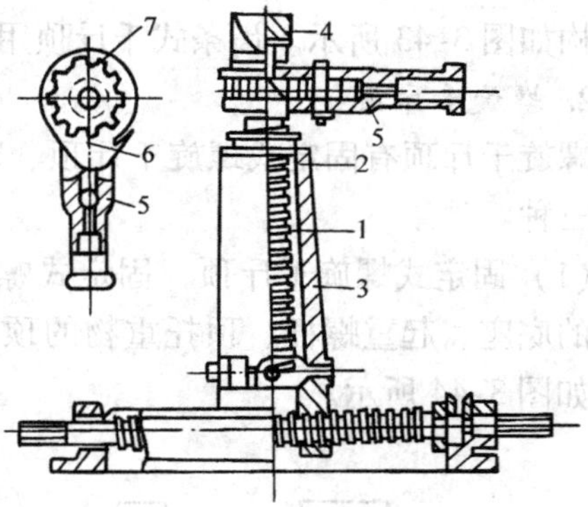

图3-46　移动式螺旋千斤顶

1—螺杆　2—轴套　3—壳体
4—千斤顶头　5—棘轮手柄
6—制动爪　7—棘轮

3. *液压千斤顶*

液压千斤顶是起重工作中用得较多的一种小型起重设备，常用来顶升较重的重物，它的起重高度为10～25cm，起重量较大，大的液压千斤顶其起重能力可达300t以上。液压千斤顶工作平稳、安全可靠、操作简单省力。

液压千斤顶的结构及工作原理：液压千斤顶的结构如图3-47所示，主要由工作液压缸、起重活塞、柱塞泵、手柄等几个部分组成。

使用时，先将手柄开槽的一端套入开关，并按顺时针方向将开关拧紧，然后将手柄插入揿手孔内作上、下揿动，随着手柄的上、下揿动，液压泵芯也随之上、下运动，当液压泵芯向上运动时，工作液（机械油）通过单向阀门被吸入

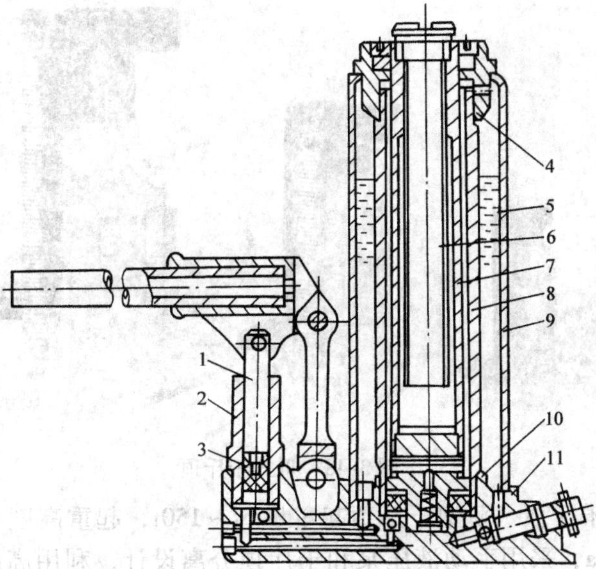

图 3-47　液压千斤顶

1—液压泵芯　2—液压泵缸　3—液压泵胶碗
4—顶帽　5—工作油　6—调整螺杆　7—活塞杆
8—活塞缸　9—外套　10—活塞胶碗　11—底盘

液压泵体，当液压泵芯向下运动时，被吸入液压泵体内的工作液即被压出，通过另一个单向阀进入活塞胶碗的底部，活塞杆即被顶起。当活塞上升到额定高度时，由于限位装置的作用，活塞杆不再上升。在需要降落时，仍用手柄开槽的一端套入开关，作逆时针转动，单向阀即被松开，此时活塞缸内的工作液就通过单向阀流回外壳内，活塞杆即渐渐下降。

由于制造水平的提高，液压千斤顶得到了长足发展，根据实际需要，逐步演变出各式各样的液压千斤顶。下面介绍几种常用的类型。

（1）爪式千斤顶　爪式千斤顶又称为附爪式千斤顶、鸭嘴式液压千斤顶、爪式起顶机，具有顶起重物和从下部提起重物的双重功能，克服了液压千斤顶高度带来的使用限制，扩大了液压千斤顶的适用范围，如图 3-48 所示。

爪式千斤顶是用刚性顶举件作为工作装置，通过顶部托座或底部托爪在小行程内顶升重物的轻小起重设备。此千斤顶在空间狭小的条件下应优先使用。其摇杆可 270°旋转，到达高度极限时会自动回油。使用时请用管柄先将液压阀螺栓旋紧，再将手动泵上、下动作，千斤顶既可升起，如要放下时，将液压阀螺栓慢慢放松即可下降，本千斤顶无重力状态下无法自动下降。顶部起重量是爪部起重量的 2 倍，假如高度许可，尽量使用上方位置。

图3-48　爪式千斤顶

（2）薄型千斤顶　薄型千斤顶起重量5t~150t，起重高度6~64mm，最大工作压力70MPa，采用手动液压泵和千斤顶分离设计，利用高压软管连接的方式，可实现远距离操作。薄型千斤顶产品优点：体积小、自重量轻、携带方便、起重量大、操作简单。薄型千斤顶采用优质合金钢制造，经久耐用，产品表面为烤漆处理，使耐腐蚀能力更强，配有快速接头与防尘帽，可减少污染，延长薄型千斤顶的使用寿命，还配有弹簧复位功能，其结构如图3-49所示。

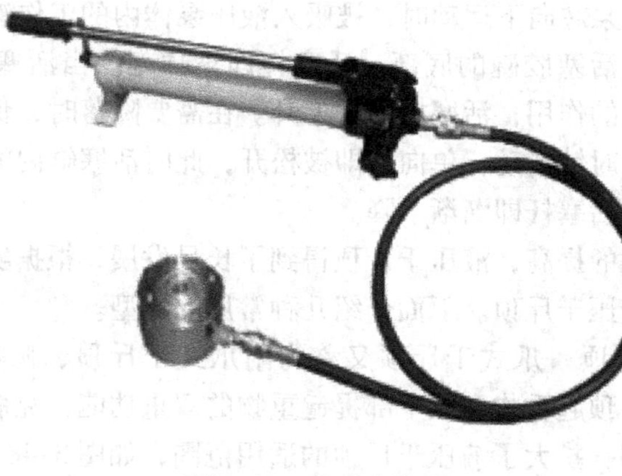

图3-49　薄型千斤顶

（3）电动大吨位单作用（单动式）千斤顶　电动大吨位单作用（单动式）千斤顶分离设计，由高压胶管、液压泵站、分配阀、单作用千斤顶组合成一个系统，可由一台泵站通过分配阀带动多台千斤顶，其结构图如图3-50所示。电动大吨位单作用（单动式）千斤顶起重量大，可实现多台千斤顶同步起升，可广泛应用于重型、大体积设备的起升、就位作业。

图 3-50　电动大吨位单作用（单动式）千斤顶

第四节　新型起重机具

一、液压提升装置

1. *液压提升装置构成*

液压提升装置，又称为液压提升系统、钢索式液压提升装置，由液压千斤顶、卡紧结构（夹持器）、承力钢索（钢绞线）、上下锚头、液压泵站、电气控制台、高压胶管、控制电缆等组成，如图 3-51 所示。

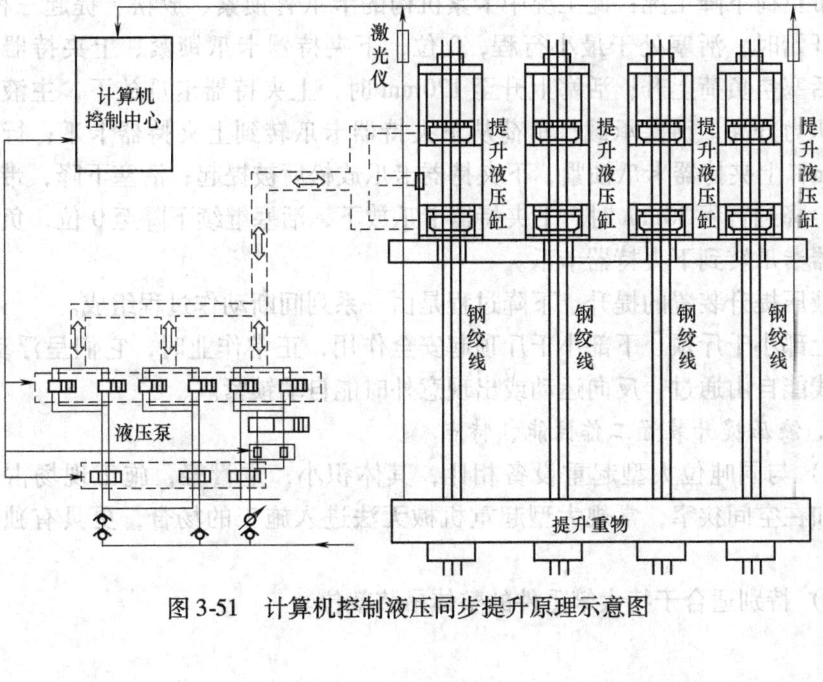

图 3-51　计算机控制液压同步提升原理示意图

2. 液压提升装置的工作原理

液压提升装置与常规大型起重设备不同，它基于液压千斤顶工作原理，其液压千斤顶为空心式，千斤顶活塞上端设有上夹持器，而缸体下部设有下夹持器。上下夹持器之间穿着承力钢索，钢索下端通过下锚头与吊装件相连接。当液压千斤顶、液压泵站和电气控制台组成系统后，液压泵站输出的压力油推动液压千斤顶活塞作往复运动时，上、下夹持器交替进行负荷转换（卡紧或放松），从而将穿在其间的钢索按行程提升或下降，实现重物的提升或下降吊装作业。液压千斤顶一次最大行程为200mm，如图3-52所示。

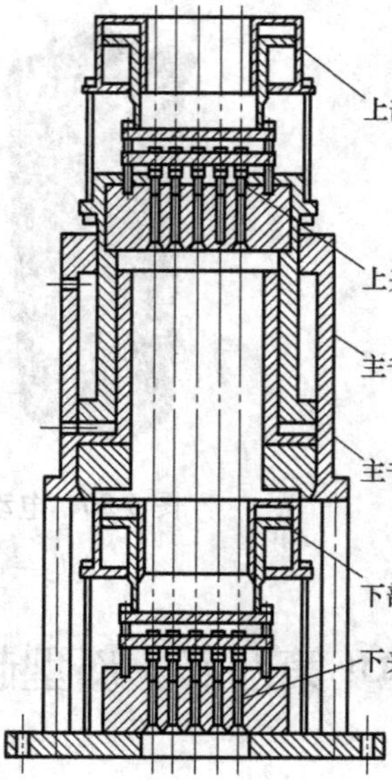

图3-52 液压提升装置结构示意图

液压提升装置分带负荷上升、带负荷下降两种基本工况。

带负荷上升工况：此工况中夹持器的卡爪只有锁紧、放松两种状态，是靠机械自锁的。提升时，上夹持器的卡爪锁紧，下夹持器的卡爪放松，千斤顶活塞顶升，重物上升。活塞上升到最大行程后，上夹持器的卡爪放松，下夹持器的卡爪锁紧，重物悬停，活塞空负荷返回，完成一个行程。再进行下一个行程，周而复始，实现重物的提升。

带负荷下降工况：此工况中卡紧机构的卡爪有锁紧、放松、提起三种状态。工作开始时，活塞处于最小行程，0位，下夹持器卡爪锁紧、上夹持器卡爪放松，活塞空负荷上升；活塞上升至170mm时，上夹持器卡爪放下，主液压缸下腔油压力升高，活塞承载，负荷从下夹持器卡爪转到上夹持器卡爪；行程到了200mm，上夹持器卡爪锁紧，下夹持器卡爪放松后被提起；活塞下降，带动重物下降，降到行程30mm时，下夹持器卡爪放下，活塞继续下降至0位，负荷从上夹持器卡爪转到下夹持器卡爪。

液压提升装置的提升、下降过程是由一系列间断动作过程组成。

上部小千斤顶、下部小千斤顶起安全作用，正常作业时，它们呈浮动状态，钢绞线能自由通过，反向运动或出现意外时能自动锁紧。

3. 液压提升装置工作性能、特点

1）与同吨位大型起重设备相比，其体积小，重量轻，施工现场占用场地小，如在空间狭窄，常规大型起重机械无法进入施工的场合，更具有独特的优越性。

2）特别适合于特大笨重件的整体吊装就位。

3）安装拆卸简便。

4）液压系统设有液压油管爆裂时的负荷保护系统以及工作油腔过压、油液过脏时的保护系统和故障信号显示，各保护系统和信号均反应灵敏，调整与操作简便。

5）电气控制系统可在各种吊装工况下实现带载荷上升、下降与停止，并具有多缸同步运行和单缸调整功能，根据施工作业需要可选择手动操作或自动运行，且相互转换灵活。

6）电气控制台为PLC系统，操作按钮和系统动作、工况均直接在面板上显示，清晰直观，利于工作人员进行操作、监控。

7）当工作系统发生故障时，系统均能自动报警并自动停止运行，以便及时检查处理。如遇突然停电、天气异变、因故中途停工或收工过夜等情况时，承载系统能自动闭锁，安全可靠。

8）本装置的使用必须有相应的支承架，应尽可能利用吊装对象自身周围的结构件；有时还需专门设计制造。如大型门式起重机吊装、大型塔类设备吊装时，利用塔架作为液压提升系统的支承架，共同完成大型吊装工作。

4. 液压提升装置产品及使用介绍

目前为止，液压提升装置尚无国家制造标准、验收标准和定型产品，因此，名称、规格型号均不统一。

液压提升装置由于生产厂家的不同，形成了不同的系列产品，产品性能、外形尺寸、名称、代号、部件的组成等均有所不同。因此，在选用时，必须详细了解产品的说明书，综合选择起重量、外形尺寸等技术参数。目前常见液压提升装置的起重量有50t、100t、200t、350t、450t、500t、600t、800t等不同规格。

液压提升装置一般成套使用。一套设备由结构相同的四台液压千斤顶、两台液压泵站和一个电气控制台等主要部套件组成，如图3-51所示。组合形式为一台液压泵站驱动一台或两台液压千斤顶，相互之间用高压胶管及电缆连接，组成一个单元，共两个单元。两个单元通过控制电缆与电气控制台连接，由电气控制台进行集中控制，既可四组联动，也可以单组运行。如进行大型吊装时，可选择多套系统，由计算机控制，同步操作。

液压提升装置性能稳定，安全性高，应用前景广泛。如电力建设行业大型发电机定子、锅炉大板梁、锅炉锅筒、高压/中压缸、烟道尾部组合件、烟囱钢内管（包括钢平台）、原子能发电站核反应堆压力壳的整体吊装就位，主变压器卸车及就位，输电线路跨江高塔塔头的整体起吊、大型铁塔的倒装组立，大坝水闸的提升等。

在其他建筑行业中，它还可以对电视塔、水塔房架、飞机库等大型网架结构、大型桥梁、化工大型罐、塔架组合件、大型桥架结构、大型门式起重机等特大笨重件进行吊装或水平拉运，还可作设备安装时的斜向张紧使用。

二、塔架

塔架，又称为门型支架、门架柱，由两根立柱、承载梁（提升横梁）组成。常与液压提升系统配套使用，用于重型结构（设备）整体提升。塔架于2005年左右开始使用，经过多年的使用、改进，目前结构基本定型，技术较为成熟，使用广泛，如图3-53所示。

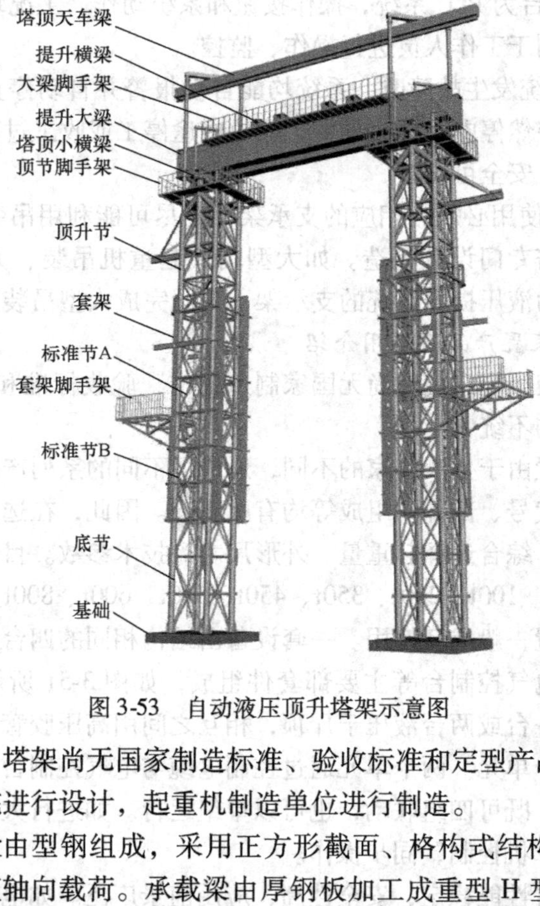

图3-53　自动液压顶升塔架示意图

到目前为止，塔架尚无国家制造标准、验收标准和定型产品。一般由使用单位委托机械设计院进行设计，起重机制造单位进行制造。

塔架立柱一般由型钢组成，采用正方形截面、格构式结构的标准节组装而成，用于承受垂直轴向载荷。承载梁由厚钢板加工成重型H型钢截面，用于固定液压提升系统的提升液压缸，承受提升系统传递的载荷，并将载荷传递到立柱上。

按照立柱是否自行升降，塔架可分为自动液压顶升塔架、组合塔架。

自动液压顶升塔架在立柱上装有顶升节，顶升节内设顶升液压缸、导向结构，如图3-53所示。先组装底节，再组装顶升节、承载梁。顶升时，利用顶升液压缸将上部顶升，顶升高度大于标准节高度，将标准节插入导向结构内，与下部标准节连接，再降低顶升液压缸，将插入的标准节与上部结构连接，完成一次提升。利用倒装法完成塔架的组装。

组合塔架不具备自升降能力，采用正装法，利用起重机辅助，完成塔架的组装。

按照起重能力，目前，塔架有1250t/副（塔身截面为2.4m×2.4m）、2500t/副（塔身截面为4.2m×4.2m）、2600t（塔身截面为4.5m×4.5m）、4500t/副（塔身截面为5m×5m）、9000t/副（塔身截面为6m×6m）等规格。

塔架的选用原则：

按照吊装件的重量、外形尺寸选择不同起重量的塔架、塔架组合。如：450t×165m门式起重机总重量为2484t，经校核后，一次起吊重量为1925t，选择1250t/副（塔身截面为2.4m×2.4m）塔架两组同步吊装。

塔架高度的选择：应综合考虑基础标高、吊装件的上标高、承重索的安全高度等因素，确定塔架高度。

塔架主要结构分为5部分：底节、标准节、顶升节、提升梁系统及缆风绳系统。1250t/副塔架底节高度为6m、标准节高度为6m、顶升节高度为8.4m。如：450t×165m门式起重机主梁顶标高为78.035m，塔架组立高度为6m（底节）+6m（标准节）×11节+8.4m（顶升节）=80.4m。

塔架位置的选择：应综合考虑门式起重机的组装位置、结构、主梁宽度、一次起吊的部件构成（如：刚性腿、柔性腿、上小车、下小车等）、地基基础等因素，吊装件的上标高、承重索的安全高度等因素，确定塔架高度。

如：450t×165m门式起重机主梁宽度7360，塔架中心距选择为17500。利用上小车、下小车平衡两组塔架的起重量，两组塔架对称布置，如图3-54、图3-55所示。

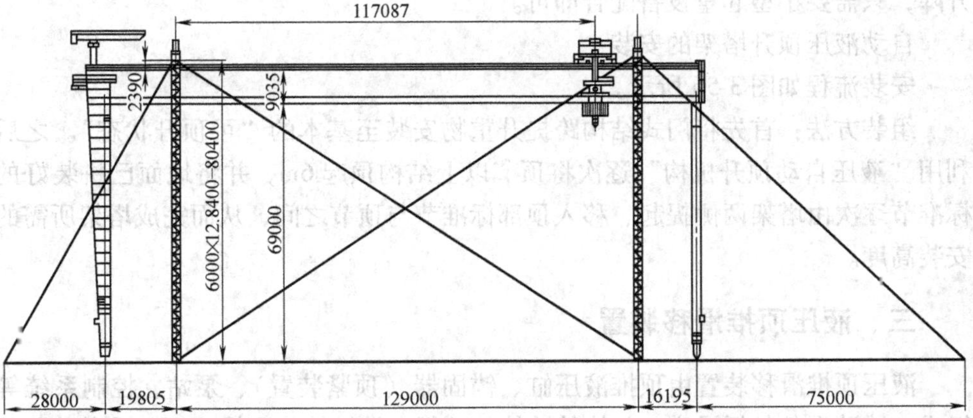

图3-54　双塔架、液压提升装置计算机控制同步整体提升工艺图

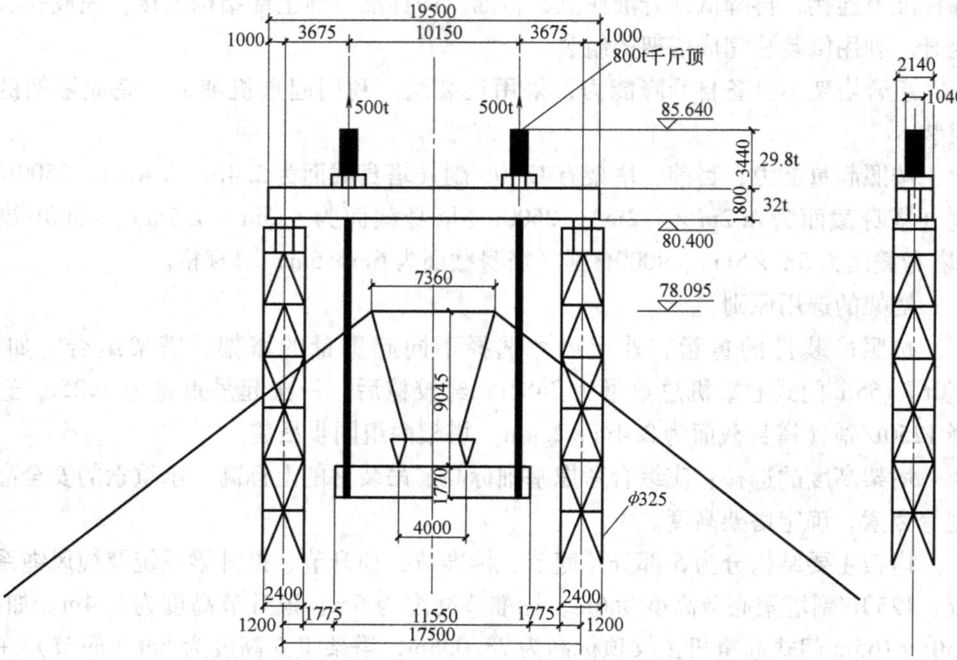

图3-55 双塔架、液压提升装置计算机控制同步整体提升工艺左视图

塔架形式的选择：塔架分为自动液压顶升塔架、组合塔架，可根据现场的起重设备情况进行选择。

若现场具有大型起重设备，则优先选择组合塔架，现场组装速度较快，又可以减少运输成本。

若现场没有大型起重设备，则自动液压顶升塔架为最佳选择，塔架可以自动升降，只需要小型起重设备配合即可。

自动液压顶升塔架的安装：

安装流程如图3-56所示。

组装方法：首先将门式结构跨提升重物安装至基本的“可顶升状态”。之后利用“液压自动顶升机构”逐次将顶节以上结构顶起6m，并将地面已拼装好的标准节逐次由塔架两侧提起、移入顶部标准节与顶节之间，从而完成塔架所需的安装高度。

三、液压顶推滑移装置

液压顶推滑移装置由顶推液压缸、锚固器（顶紧装置）、泵站、控制系统等组成。辅助设备包括滑道、与构件连接的耳板、销轴等。顶推液压缸是滑移驱动设备，为双向作用液压缸，如图3-57所示。常见锚固器有两种，一种为固定结

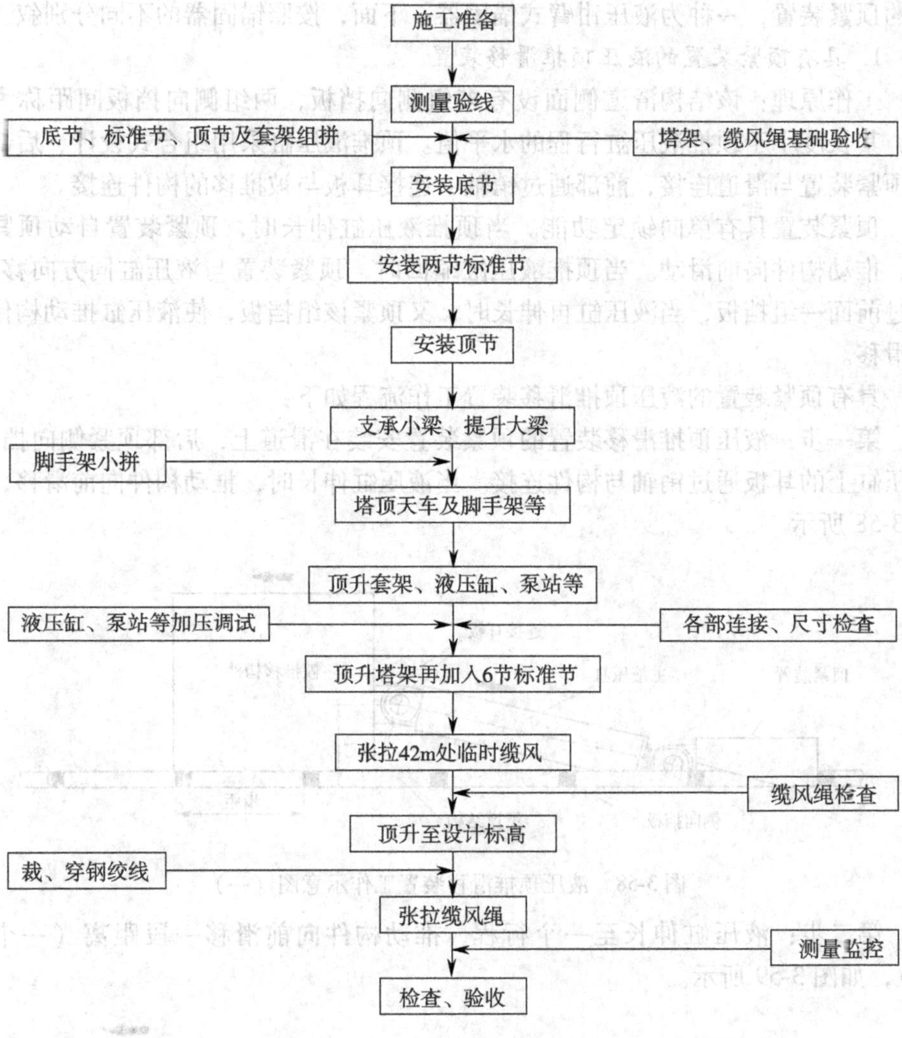

图 3-56 自动液压顶升塔架安装流程

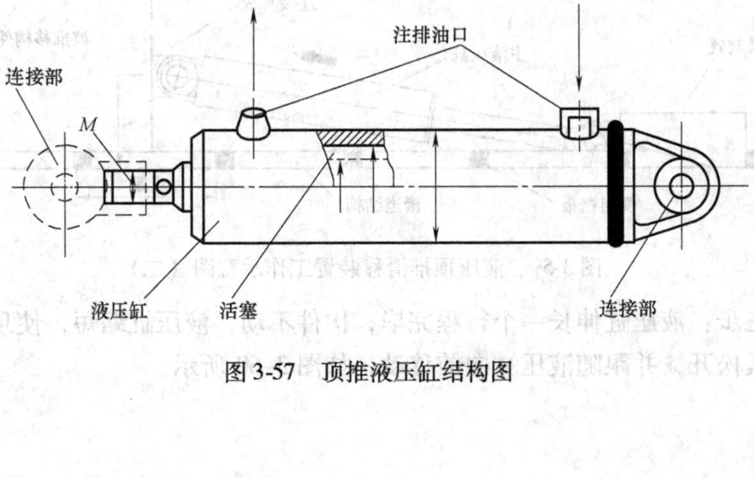

图 3-57 顶推液压缸结构图

构的顶紧装置，一种为液压钳臂式锚固器。下面，按照锚固器的不同分别叙述。

1. 具有顶紧装置的液压顶推滑移装置

工作原理：该结构滑道侧面设有多组侧向挡板，两组侧向挡板间距称为步距，其长度小于顶推液压缸行程的水平值。顶推液压缸采用组合式设计，后部通过顶紧装置与滑道连接，前部通过销轴、连接耳板与被推移的构件连接。

顶紧装置具有单向锁定功能。当顶推液压缸伸长时，顶紧装置自动顶紧挡板，推动构件向前滑动。当顶推液压缸缩回时，顶紧装置与液压缸同方向移动，越过前面一组挡板，当液压缸再伸长时，又顶紧该组挡板，使液压缸推动构件向前滑移。

具有顶紧装置的液压顶推滑移装置工作流程如下：

第一步：液压顶推滑移装置的顶紧装置安装在滑道上，后部顶紧侧向挡板。液压缸上的耳板通过销轴与构件连接。当液压缸伸长时，推动构件向前滑移，如图3-58所示。

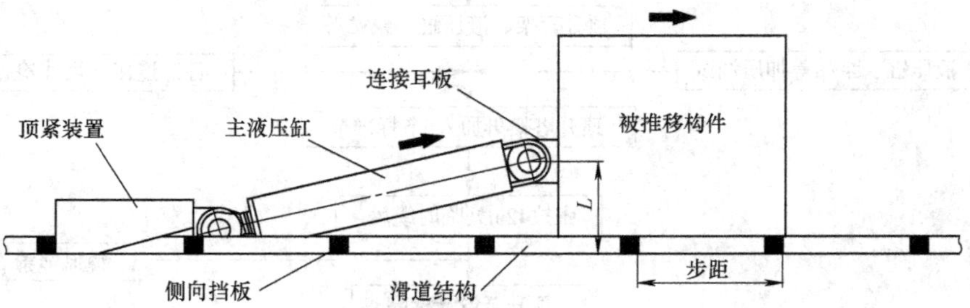

图3-58　液压顶推滑移装置工作示意图（一）

第二步：液压缸伸长至一个行程，推动构件向前滑移一段距离（一个步距），如图3-59所示。

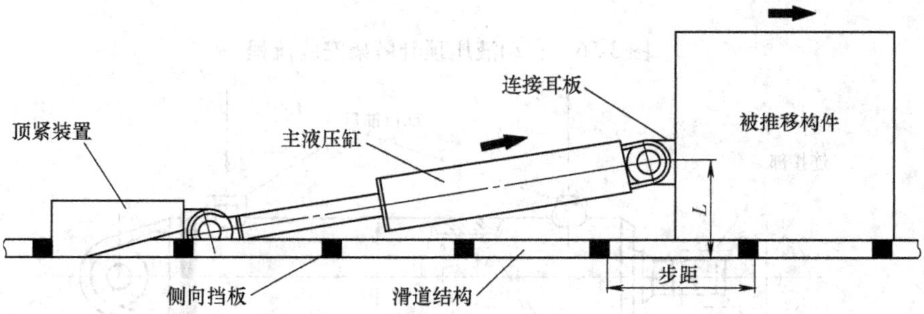

图3-59　液压顶推滑移装置工作示意图（二）

第三步：液压缸伸长一个行程完毕，构件不动，液压缸缩短，使顶紧装置与侧向挡板松开，并跟随液压缸向前移动，如图3-60所示。

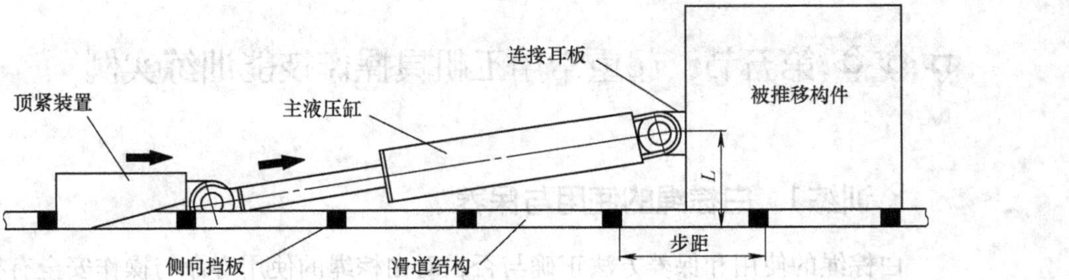

图 3-60　液压顶推滑移装置工作示意图（三）

第四步：液压缸缩短一个行程完毕，顶紧装置向前移动一个步距，一个行程的顶推滑移完成，再从第一步开始，执行下一个行程，如图 3-61 所示。

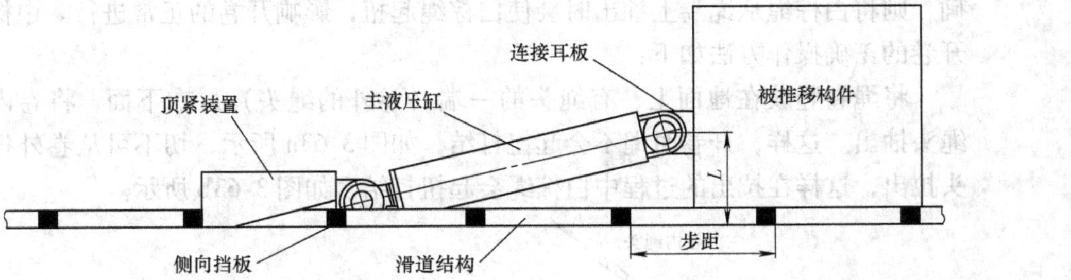

图 3-61　液压顶推滑移装置工作示意图（四）

2. 具有液压钳臂式锚固器的液压顶推滑移装置

锚固器是以液压缸为动力的钳臂式夹紧结构，如图 3-62 所示。

工作原理：顶推液压缸后部连接在锚固器上，另一端通过销轴、连接耳板与被推移的构件连接。

锚固器液压缸工作，使锚固器紧卡在轨道上，顶推液压缸开始顶推，构件平稳前进。当顶推液压缸行程完成时，顶推停止，锚固器打开，顶推液压缸回程并带动锚固器前移。顶推液压缸回程结束后，锚固器再次卡紧轨道，顶推液压缸开始顶推。循环往复，将构件顶推前进。

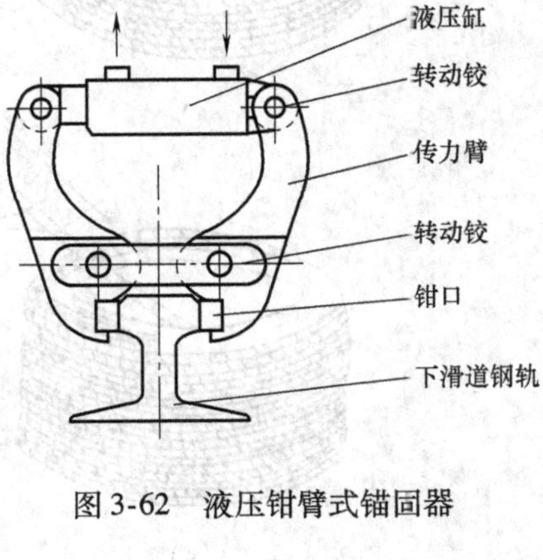

图 3-62　液压钳臂式锚固器

到目前为止，液压顶推滑移装置尚无国家制造标准、验收标准和定型产品。其性能表一般由制造单位提供。可以按照性能表进行选用。

第五节 起重常用工机具操作技能训练实例

训练1 白棕绳的使用与保养

白棕绳的使用和保养方法正确与否，对白棕绳的使用寿命与操作安全有很大的影响。

1. 白棕绳的正确使用方法

（1）白棕绳的开卷　白棕绳在出厂时一般都盘成卷，使用时按需要的长度从绳卷上截取。白棕绳在开卷使用时应按正确的方法操作。如果开卷方法不正确，则将白棕绳从绳卷上抽出时会使白棕绳起扭，影响开卷的正常进行。白棕绳开卷的正确操作方法如下：

将绳卷竖放在地面上，有绳头的一端（卷外的绳头）放在下面，将卷内的绳头抽出。这样，开卷时绳不会起扭打结，如图3-63a所示，切不可从卷外把绳头拉出，这样在拉出的过程中白棕绳会起扭打结，如图3-63b所示。

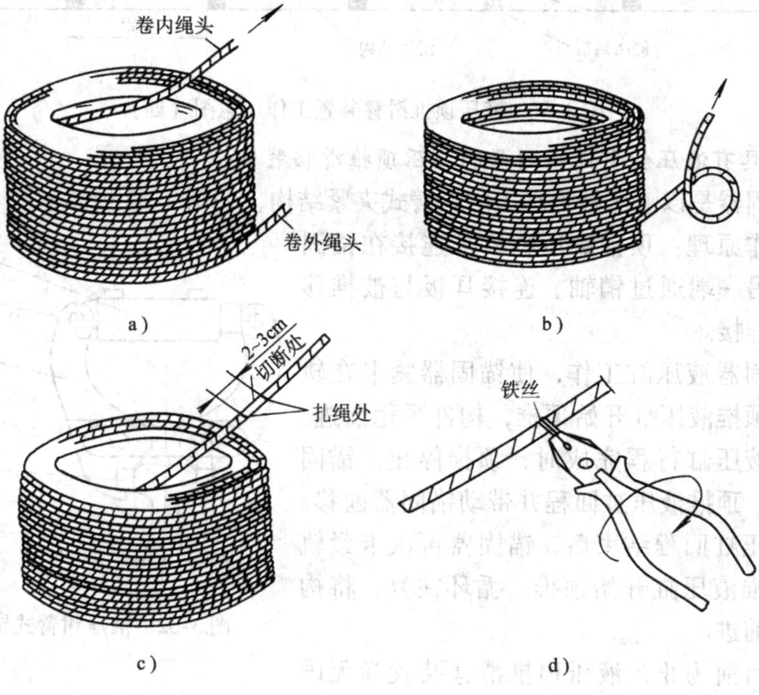

图3-63　白棕绳的开卷

a）正确的开卷方法　b）错误的开卷方法　c）白棕绳切断时的捆扎　d）铁丝的扎紧

（2）白棕绳的切断　当将白棕绳放到需要的长度时，应将绳切断。切断前，在切断处的两侧用细白棕绳或小铁丝扎紧，以免绳股松散，如图 3-63c 所示。用细白棕绳扎紧时，需紧绕 3～4 圈，而后打结；当用细铁丝时，绕两圈用钢丝钳将铁丝拉紧后拧紧，如图 3-63d 所示。

2. 白棕绳的维护保养

白棕绳的正确使用和良好的维护保养，对白棕绳的使用寿命有很大的影响。正确的使用和维护保养方法有以下几个方面：

1）白棕绳一般用于重量较轻物件的捆绑、滑车作业及桅杆用绳索等。起重机械或受力较大的地方不得使用白棕绳。

2）使用滑车组的白棕绳，为了减少其所承受的附加弯力，滑轮直径应比白棕绳直径大 10 倍以上。

3）使用中如果发现白棕绳有连续向一个方向扭转的情况时，应抖直，有绳结的白棕绳不得穿过滑车或狭小的地方。

4）在绑扎各类物件时，应避免白棕绳直接和物件的尖锐边缘接触，接触应加垫麻袋、帆布或薄铁皮、木片等衬物。

5）使用中，白棕绳不得在尖锐、粗糙的物件中或地上拖拉。

6）白棕绳穿过滑车时，不应脱离轮槽。

7）使用中的白棕绳应尽量避免雨淋或受潮，不允许将白棕绳和有腐蚀作用的化学物品（如酸、碱等）接触，应放在干燥的木板上或通风好的地方储存保管，避免受潮或高温烘烤。

8）白棕绳容易局部损伤或磨损，也易受潮或化学侵蚀，为保证起重作业安全，避免隐患，使用前必须仔细检查，发现问题及时处理。

9）白棕绳严禁超负荷使用。

• 训练 2　白棕绳的绳扣制作方法

白棕绳在使用过程中，由于使用的场合不同，需将白棕绳打成各式各样的绳结，以满足不同的需要。如白棕绳与白棕绳的连接，白棕绳与吊钩、吊环的连接，作捆绑用的绳结等。白棕绳的几种常用绳结及其打结方法步骤如下：

1. 平结

平结又称接绳扣，用于连接两根粗细相同的白棕绳。结绳方法如下：

第一步，将两根白棕绳的绳头互相交叉在一起，如图 3-64a 所示（A 绳头在 B 绳头的下面，也可以互相对调位置）。

第二步，将 A 绳头在 B 绳头上绕一圈，如图 3-64b 所示。

第三步，将 A、B 两根绳头互相折拢并交叉，A 绳头仍在 B 绳头的下面，如图 3-64c 所示。

第四步，将A绳头在B绳头上绕一圈，即将A绳头绕过B绳头从绳圈中穿入，与A绳并在一起（也可以将B绳头按A绳头的穿绕方法穿绕），将绳头拉紧即成平结（如图3-64d所示）。

在进行第三步时，A、B两个绳头不能交叉错，如果A绳头放在B绳头的上面（如图3-64e所示），则A绳头在B绳头上绕过后，A绳头就不会与A绳并在一起，而打成的绳结如图3-64f所示。此绳结的牢固程度不如平结，外表不如平结美观。

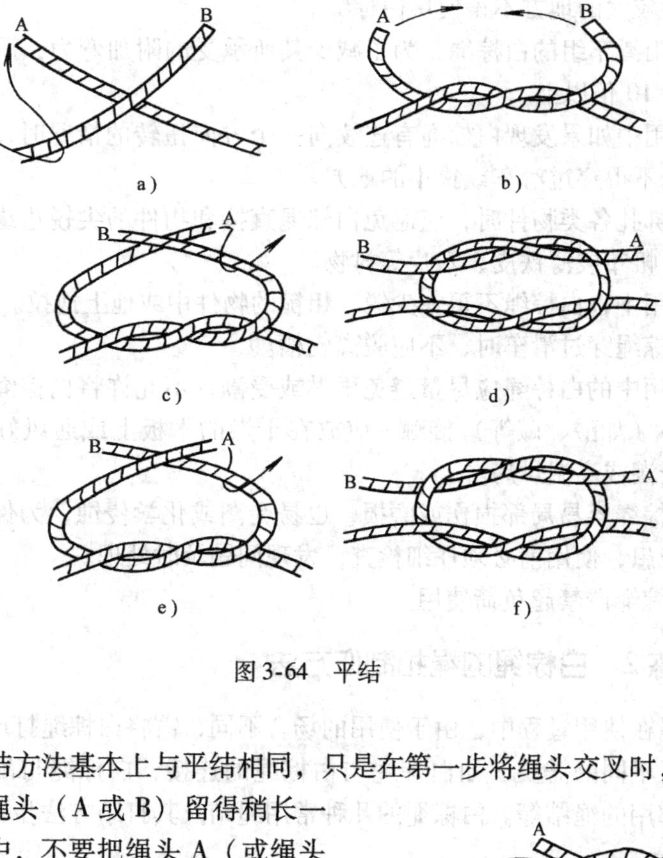

图3-64　平结

2. 活结

活结的打结方法基本上与平结相同，只是在第一步将绳头交叉时，把两个绳头中的任一根绳头（A或B）留得稍长一些；在第四步中，不要把绳头A（或绳头B）全部穿入绳圈，而将其绳端的圈外留下一段，然后把绳结拉紧，如图3-65所示。

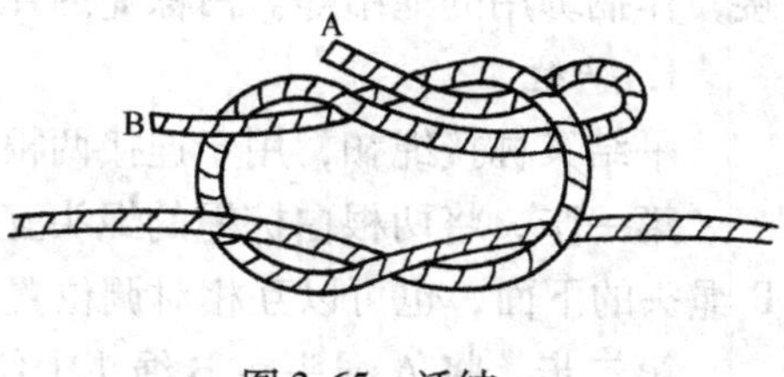

图3-65　活结

活结的特点是当需要把绳结拆开时，只需把留在圈外的绳头A（或B）用力拉出，绳结即被拆开，拆开方便而迅速。

3. 死结

死结大多数用在重物的捆绑吊装，其绳结的结法简单，可以在绳结中间打结。捆绑时必须将绳与重物扣紧，不允许留有间隙，以免重物在绳结中滑动。死结的结绳方法有两种：

1）第一种方法是将白棕绳对折后打成绳结，然后把重物从绳结穿过，把绳结拉紧后即成死结，如图 3-66 所示。下述为打结步骤：

第一步，将白棕绳在中间部位（或其他适当部位）对折，如图 3-66a 所示。

第二步，将对折后的绳套折向后方（或前方），形成如图 3-66b 所示的两个绳圈。

第三步，将两个绳圈向前方（或后方）对折，即成为如图 3-66c 所示的死结。

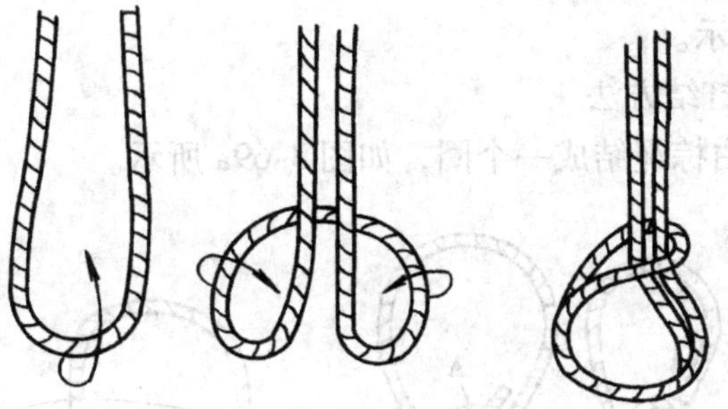

a）　b）　c）

图 3-66　死结

2）由于第一种结绳方法是先结成绳结，然后将物件从绳结中穿过再扣紧绳结，故当物件很长时，利用第一种方法很困难，可采用第二种方法。其步骤如下：

第一步，将白棕绳在中间对折并绕在物件（如电杆木）上，如图 3-67a 所示。

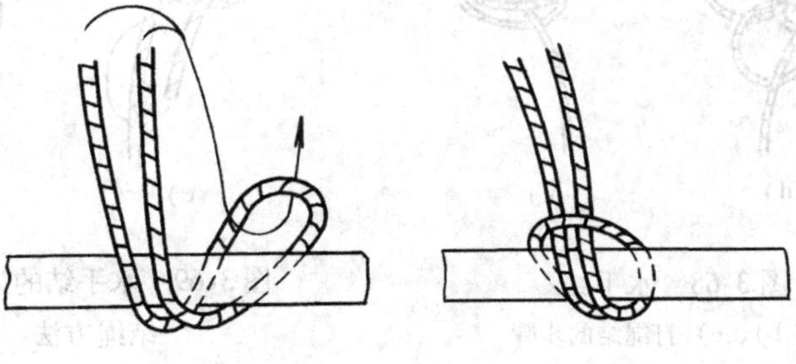

a）　b）

图 3-67　死结另一种结绳方法

第二步，将绳头从绳套中穿过（见图3-67b），然后将绳结扣紧，即可进行吊运工作。

4. 水手结（滑子扣、单环结）

水手结在起重作业中使用较多，主要用于拖拉设备和系挂滑车等。此绳结牢固、易解，拉紧后不会出现死结。其绳结有两种打法。

（1）第一种打结方法

第一步，在白棕绳头部适当的长度上打一个圈，如图3-68a所示。

第二步，将绳头从圈中穿出，如图3-68b所示。

第三步，将已穿出的绳头从白棕绳的下面绕过后再穿入圈中，便成为如图3-68c所示的水手结。绳结结成后，必须将绳头的绳结（如图3-68a所示的圈）拉紧。否则在受力后，图3-68c中的A部分会翻转，使绳结不紧。翻转后的绳结如图3-68d、e所示。

（2）第二种打结方法

第一步，将白棕绳结成一个圈，如图3-69a所示。

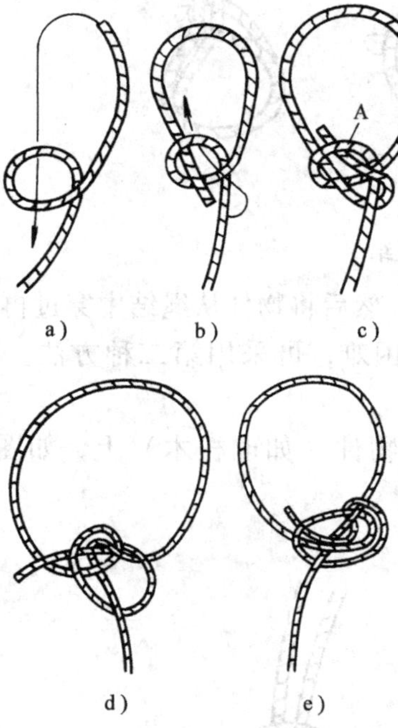

图3-68　水手结

a)、b)、c) 打绳结的步骤

d)、e) 不正确的绳结

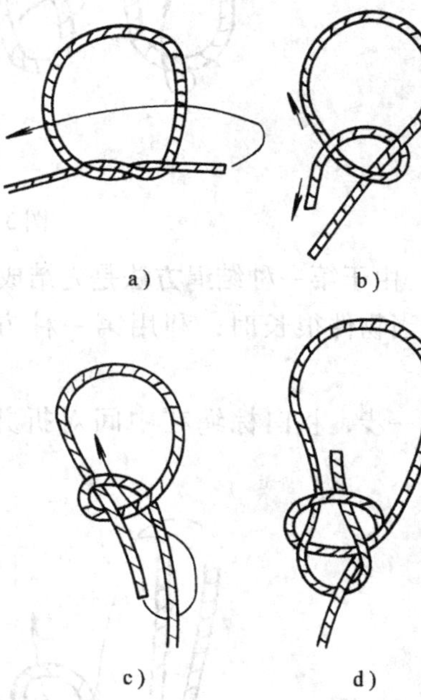

图3-69　水手结的第二种结绳方法

第二步，将绳头按图3-69a中箭头所示方向向左折，即形成如图3-69b所示的绳圈。

第三步，将图 3-69c 中的绳头在绳的下面绕过后再穿入绳圈中，便形成如图 3-69d 所示形状的水手结。绳结形成后，同样要把绳结拉紧后才能使用。

5. 双环扣（双环套、双绕索结）

双环扣的作用与水手结基本相同，它可在绳的中间打结。由于其绳结同时有两个绳环，因此，在捆绑重物时更安全。绳结的打法有两种。

（1）第一种打结方法

第一步，把绳对折后将绳头压在绳环上形成如图 3-70a 所示的绳环 A、B。

第二步：将绳头从绳环 A 的上面绕到下面，从绳环 B 中穿出后再穿入绳环 A 中，即成为如图 3-70b 所示的双环扣。

（2）第二种打结方法

第一步，将绳对折后圈成一个绳环 B，如图 3-71a 所示。

第二步，将绳环 A 从绳环 B 的上面穿入，成为图 3-71b 所示的形状。

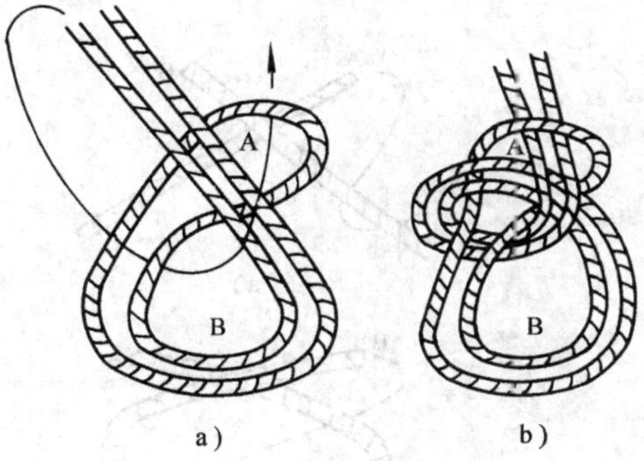

图 3-70　双环扣

第三步，将绳环 A 向前面翻过来，并套在绳环 C 的下面，形成如图 3-71c 所示的形状。

第四步，绳环 A 继续向上翻，直至靠在两根绳头上，然后将绳拉紧，即成为如图 3-71d 所示的双环扣。

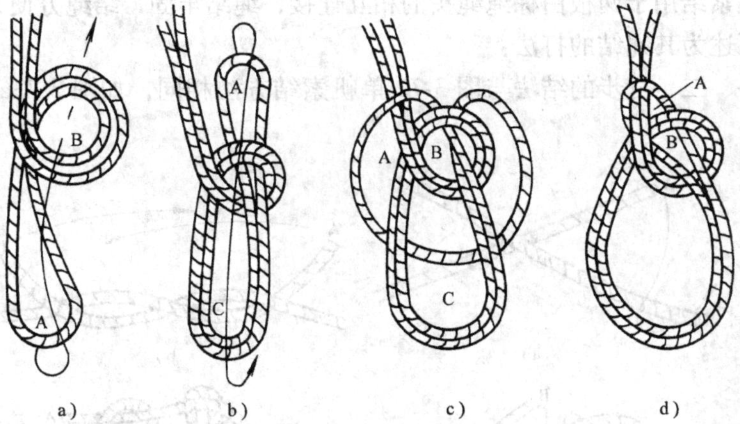

图 3-71　双环扣的第二种打结方法

6. 单帆索结

单帆索结用于两根白棕绳的连接。下述为其结法：

第一步，将两根绳头互相叉叠在一起，如图 3-72a 所示。A 绳头被压在 B 绳头的下面。

第二步，将A绳头在B绳头上绕一圈，A绳头仍在B绳头的下面，如图3-72b所示。

第三步，将A、B绳头互相靠拢并交叉在一起，B绳头仍压在A绳头的上面，如图3-72c所示。

第四步，将B绳头从A绳头的下面穿出，并压在B绳的上面，将绳结拉紧，即成为如图3-72d所示的单帆索结。

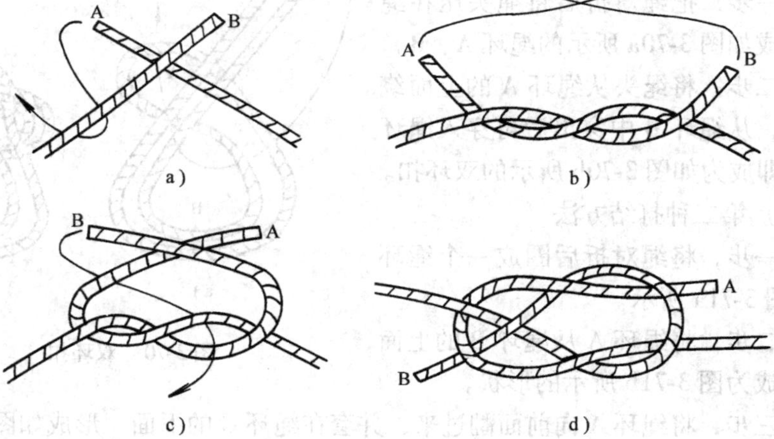

图3-72　单帆索结

7. 双帆索结

双帆索结用于两根白棕绳绳头的相互连接，绳结牢固，结绳方便，绳结不易松散。下述为其绳结的打法：

第一、二、三步的结法与图3-72单帆索结方法相同，如图3-73a ~ 图3-73c所示。

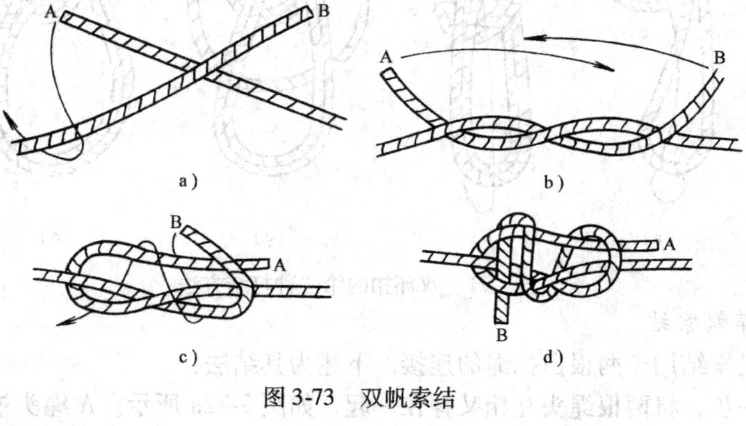

图3-73　双帆索结

第四步的结法是将绳头 B 按图 3-73c 中箭头所示，在 A 绳上绕两圈并穿压在 A 绳下，即成为图 3-73d 所示的双帆索结。

8. “8” 字结（梯形结、猪蹄扣）

“8” 字结主要用于捆绑物件或绑扎桅杆，其打结方法简单，而且可以在绳的中间打结，绳结脱开时不会打结，其打结方法有两种。

（1）第一种打结方法和步骤

第一步，将绳绕成一个绳圈，如图 3-74a 所示。

第二步，紧挨第一个绳圈再绕成一个绳圈，如图 3-74b 所示。

第三步，将两个绳圈 C、D 互相靠拢，且 C 圈压在 D 圈的上面，如图 3-74c 所示。

第四步，将两个绳圈 C、D 互相重叠在一起，即成为如图 3-74d 所示的 “8” 字结。将绳结套在物件上以后须把绳结拉紧，重物才不致从绳结中脱落。

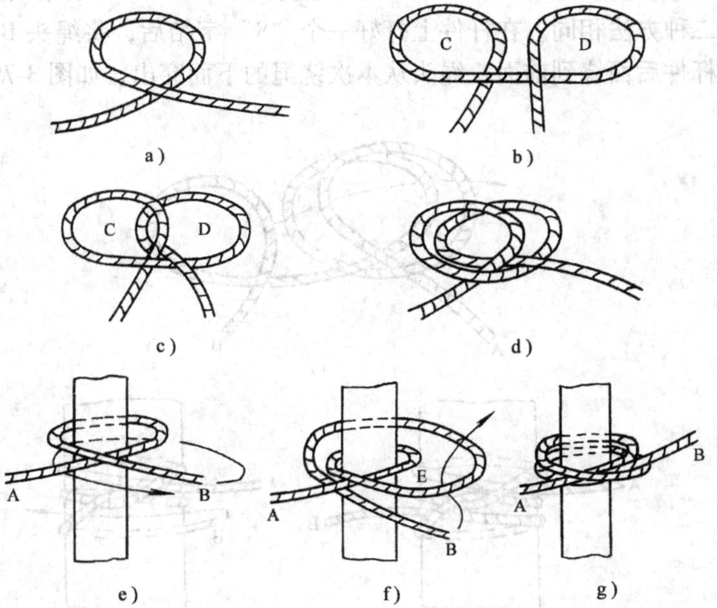

图 3-74　“8” 字结

（2）第二种打结方法　由于第一种结绳法要先结成绳结，然后把物件穿在绳结中，这种方法只能用于较短的杆件；当杆件较长，杆件穿入有困难时，就必须用第二种打结方法，下述为其步骤：

第一步，将绳从杆件的后方绕向前方，绳头 B 压在绳头 A 的上面，如图 3-74e 所示。

第二步，将 B 绳头继续从杆件的后方绕向前方，A 绳头压在 B 绳头的上面，如图3-74f所示。

第三步，将B绳头从绳圈E中穿出，将绳头拉紧，即成为如图3-74g所示的“8”字结。

9. 双“8”字结（双梯形结、双猪蹄扣）

双“8”字结的用途与“8”字结基本相同，其绳结比“8”字结更加牢固。下面是双“8”字结的打结方法及步骤。

第一步，先打一个“8”字结，紧靠“8”字结再绕一个圈C，如图3-75a所示。

第二步，将绕成的绳圈C压在已打成的“8”字结的下面，并重叠在一起。然后将绳结套在杆件上，将绳头拉紧，即成为如图3-75b所示的双“8”字结。

打结的第一步中，在绕圈C时应注意，绳头一定要压在绳上，不能放在绳的下面。如果绳圈绕错时，就不能打成双“8”字结。

如果直接在杆件上打双“8”字结，则打第一个“8”字结的方法与“8”字结的第二种方法相同。在杆件上打好一个“8”字结后，将绳头B折向杆件后面，再从杆件后面绕到前面，绳头从本次绕绳的下面穿出，如图3-75c所示。

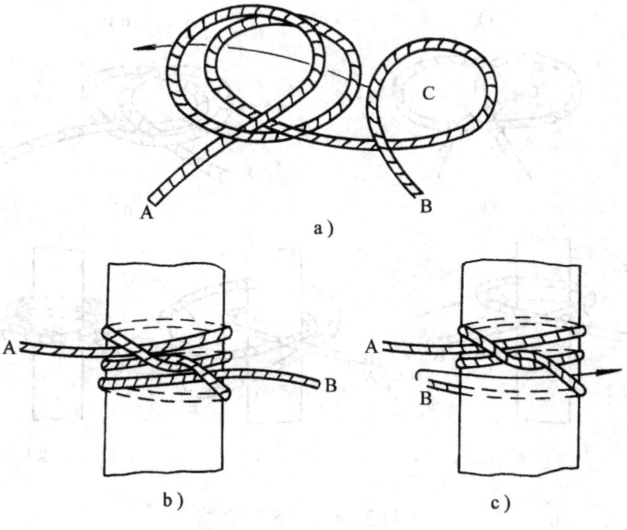

图3-75 双“8”字结

10. 木结（背扣、活套结）

木结用于起吊较重的杆件，如圆木、管子等。其特点是易绑扎，易解开。以下是其打结方法：

第一步，将绳在木杆上绕一圈，如图3-76a所示。

第二步，将绳头从绳的后方绕向前方，如图3-76b所示。

第三步，将绳头穿入绳圈中，并将绳头留出一段，如图 3-76c 所示。

在解开此木结时，只需将绳头一拉即可。

如果绳头在绳圈上多绕一圈，则成为图 3-76d 所示的木结。此绳结由于绳头在绳圈上多绕一圈，故绳结比图 3-76c 所示木结更牢固，但解结不如图 3-76c 所示的木结方便。

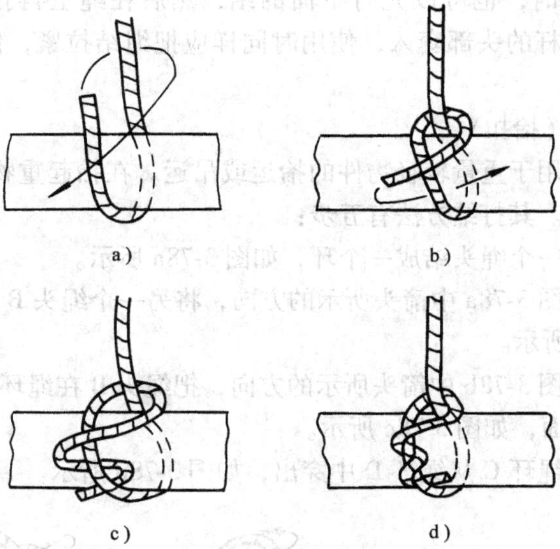

图 3-76 木结

11. 叠结（倒背扣、垂直运扣）

叠结用于垂直方向捆绑起吊重量较轻的杆件或管件。其结绳方法有三步：

第一步，将绳从木杆的前面绕向后面，再从后面绕向前面，并把绳压在绳头的下面，如图 3-77a 所示。

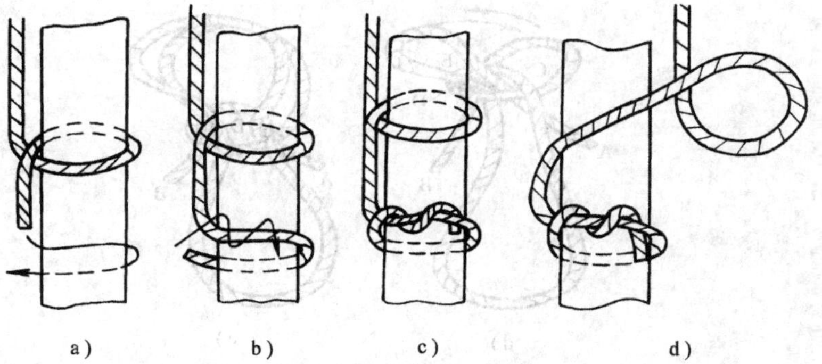

图 3-77 叠结

第二步，在第一个圈的下部，再将绳头从木杆的前面绕到后面，并继续绕到前面，如图3-77b所示。

第三步，把绳头按图3-77b上箭头所示方向连续绕两圈，把绳头压在绳圈内，即成为如图3-77c所示的叠结。在垂直起吊前，应把绳结拉紧，使绳结与木杆间不留空隙，这样起吊时，木杆就不会从绳结中脱落下来。

当木杆较短时，也可以先打下面的结，然后在绳上再打一个圈（见图3-77d），将圈从木杆的头部套入，使用时同样应把绳结拉紧，使绳结与木杆间不留间隙。

12. 杠棒结（抬扣）

杠棒结主要用于重量较轻物件的抬运或吊运。在抬起重物时绳结自然收紧，结绳及解绳迅速。其打结方法有五步：

第一步，将一个绳头结成一个环，如图3-78a所示。

第二步，按图3-78a中箭头所示的方向，将另一个绳头B压在已折成的绳环上，如图3-78b所示。

第三步，按图3-78b中箭头所示的方向，把绳头B在绳环上绕一圈半，绳头B压在绳环的下面，如图3-78c所示。

第四步，将绳环C从绳环D中穿出，如图3-78d所示。

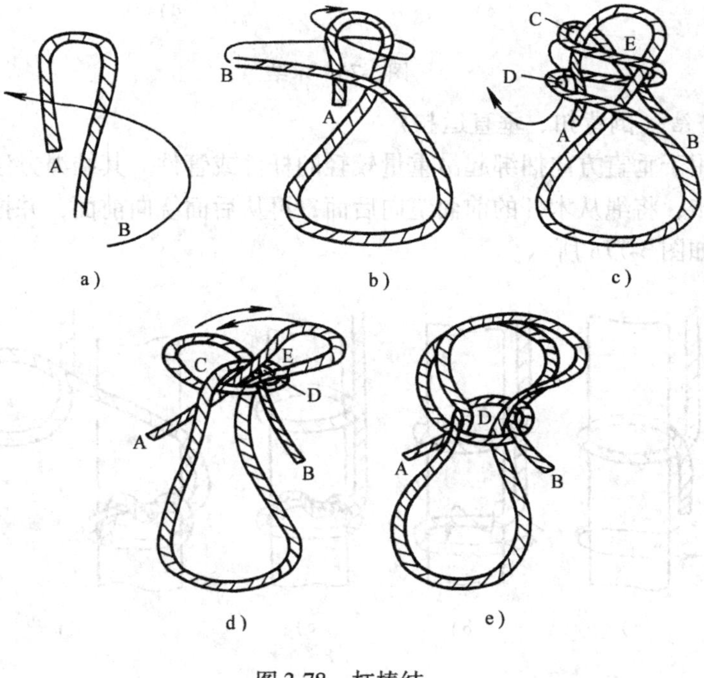

图3-78 杠棒结

第五步，将图3-78d所示的两个绳环互相靠近时，直至合在一起，便成为如图3-78e所示的两个杠棒结。在吊重物时，绳圈D便会自然收紧，将两个绳头A、B压紧，绳结便不会松散。

13. 抬缸结

抬缸结用于抬缸或吊运圆形物件，其打结方法分三步。

第一步，将绳的中部压在缸的底部，两个绳头分别从缸的两侧向上引出，如图3-79a所示。

第二步，把绳头在缸的上部互相交叉绕一下，如图3-79b所示。

第三步，按图3-79b中箭头所示方向，将绳交叉的部分向缸的两侧分开，并套在缸的中上部（见图3-79c），然后将绳头拉紧，即成抬缸结。注意在将交叉部分向两侧分开套在缸上时，一定要套在缸的中上部。这样，由于缸的重心在中部绳套的下面，抬缸时缸就不会倾倒。

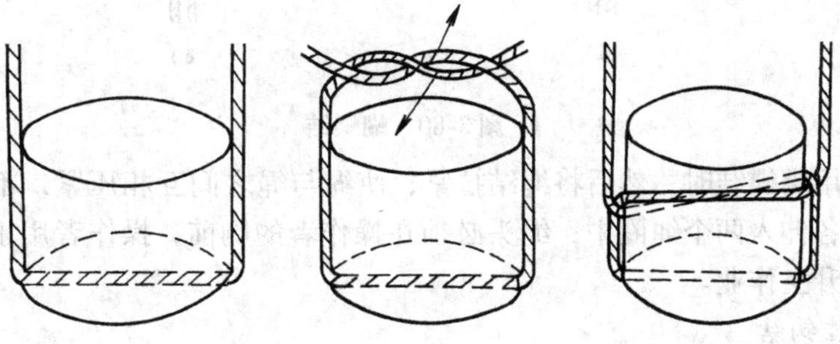

图3-79　抬缸结

14. 蝴蝶结（板凳扣）

蝴蝶结主要用于吊人升空作业，一般只用于紧急情况或在现场没有其他载人升空机械时使用。如在起重桅杆竖立后，需在高处穿挂滑车等。在作业时，操作者必须在腰部系一根绳，以增加升空的稳定性。蝴蝶结的操作步骤分为五步：

第一步，将绳的中部对折（可在绳的适当部位）形成一个绳环，如图3-80a所示。

第二步，用手拿住绳环的顶部，然后按图3-80a的箭头所示方向再对折，对折后便形成如图3-80b所示的两个绳环。

第三步，按图3-80b中箭头所示方向，将两个靠在一起的部分绳环互相重叠在一起，形成如图3-60c所示的形状。

第四步，用手捏住两绳环上部的交叉部分，然后向后折，直至与两个绳头相重叠在一起，便形成如图3-80d所示的四个绳圈。

第五步，将两个大绳圈各从与自己相信的小绳圈由下向上穿出，便形成如图

3-80e 所示的蝴蝶结。

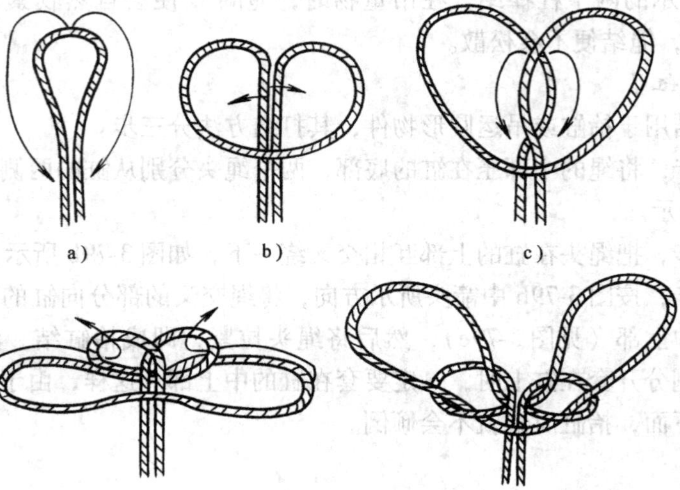

图 3-80　蝴蝶结

在使用蝴蝶结时，然后将绳结拉紧，使绳与绳之间互相压紧，不使之移动，然后将腿各伸入两个绳圈中；绳头必须在操作者的胸前，操作者用于抓住绳头，便可进行升空作业。

15. 挂钩结

挂钩结主要用于吊装千斤绳与起重机械吊钩的连接。绳结的结法方便、牢靠，受力时绳套滑落至钩底不会移动。挂钩结的结法只有两步。

第一步，将绳在吊钩的钩背上连续绕两圈，如图 3-81a 所示。

第二步，在最后一圈绳头穿出后，落在吊钩的另一侧面，如图 3-81b 所示。

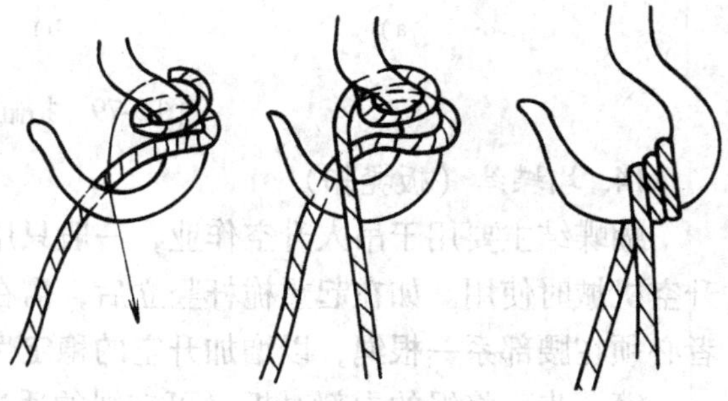

图 3-81　挂钩结

当绳受力后便成为如图 3-81c 所示的形状。绳与绳之间互相压紧，受力后绳不会移动。

16. 拴柱结

拴柱结主要用于缆风绳的固定或用于溜放绳索时用。用于固定缆风绳时，结绳方便、迅速、易解；当用于溜放绳索时，受力绳索溜放时能缓慢放松，易控制绳索的溜放速度。

用作固定缆风绳时，拴柱结的结法有三步：

第一步，将缆风绳在锚桩上绕一圈，如图 3-82a 所示。

第二步，将绳头绕到缆风绳的后方，然后再从后绕到前方，如图 3-82b 所示。

第三步，将绕到缆风绳前的绳头从锚桩的前面绕到后面，并将绳头一端与缆风绳并在一起，用细铁丝或细白棕绳扎紧，如图 3-82c 所示。

当此绳结作溜放绳索时，其绳结的结法是，将绳索的绳头在锚桩上连续绕上两圈，并将手握紧绳头，将绳索的绳头按图 3-82d 中箭头所示方向慢慢溜放。

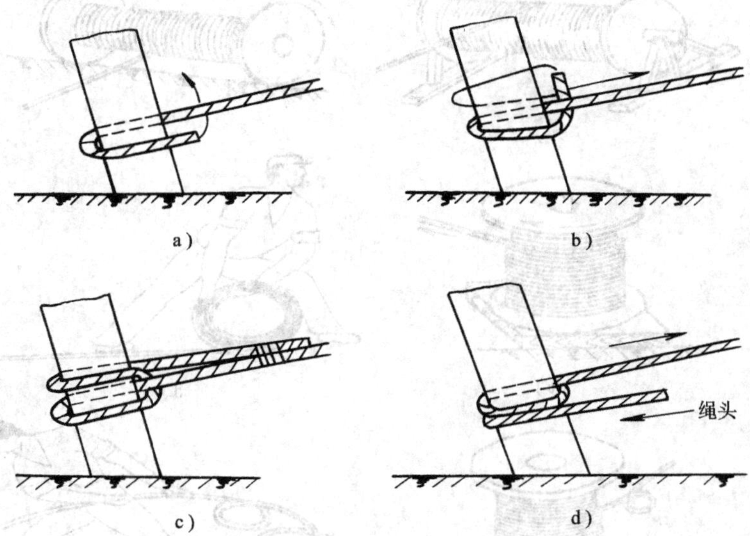

图 3-82　拴柱结

• 训练 3　钢丝绳的使用与保养

钢丝绳的使用和保养方法正确与否，对钢丝绳的使用寿命安全与操作有很大的影响。例如，钢丝绳在用作捆绑绳时，如果将钢丝绳直接与物件的尖棱、锐角接触，则起吊时，在钢丝绳与物件的尖棱、锐角接触处会产生严重的变形，会损伤钢丝绳，甚至钢丝绳只用一次就报废。钢丝绳的使用与保养有以下几个方面：

1. 使用钢丝绳的注意事项

1）钢丝绳的开卷。按起重作业需要的长度把新钢丝绳从绳卷上取下来时，应按照正确的操作方式进行，以免钢丝绳在取下过程中形成环圈，致使钢丝绳发生过度弯曲，降低寿命。钢丝绳的开卷操作方法如图 3-83 所示。

① 第一种正确的开卷方法

第一步，在钢丝绳盘的孔中插入一根钢管或圆钢。

第二步，将已穿入钢管的钢丝绳盘吊放在两只架子上，松出绳头；在放绳时只需将绳头向外连续拉出；在拉绳头时，钢丝绳盘即连续转动，直至将钢丝绳放到需要的长度为止，如图3-83a所示。

② 第二种正确的开卷方法

第一步，把绳卷横放在地上，抽出绳头。

第二步，放绳时，把钢丝绳卷在地上连续滚动，钢丝绳即从绳盘上放出，直至需要的长度为止，如图3-83b、d所示。

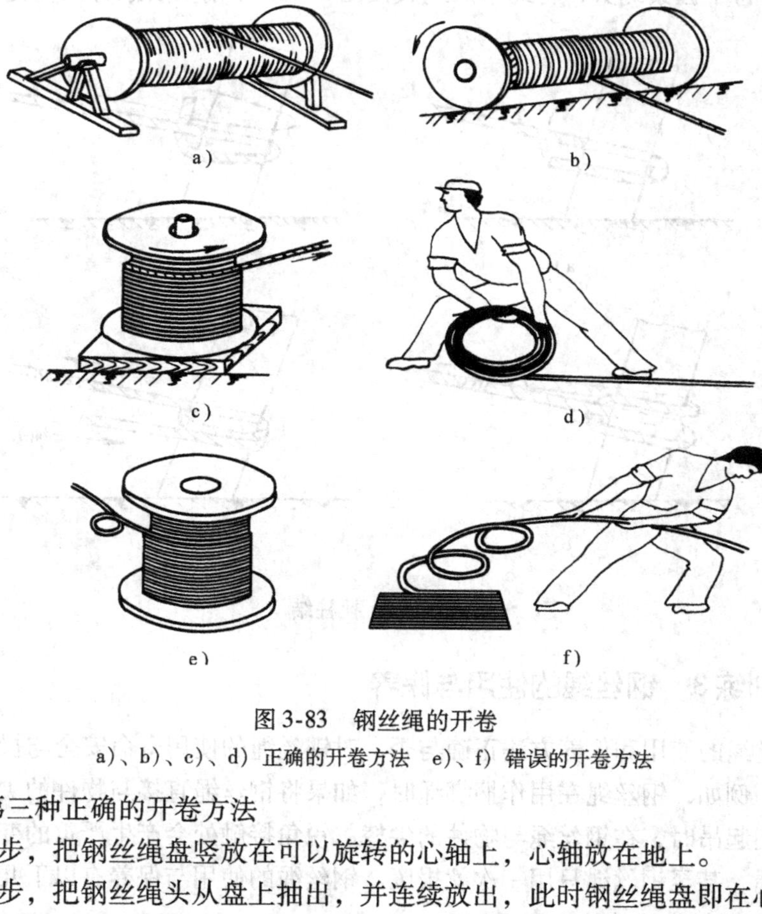

图3-83　钢丝绳的开卷

a)、b)、c)、d) 正确的开卷方法　e)、f) 错误的开卷方法

③ 第三种正确的开卷方法

第一步，把钢丝绳盘竖放在可以旋转的心轴上，心轴放在地上。

第二步，把钢丝绳头从盘上抽出，并连续放出，此时钢丝绳盘即在心轴上转动，直至将钢丝绳放到需要的长度，如图3-83c所示。

图3-83e和图3-83f所示是一种错误的开卷方法。

2）不要超负荷使用钢丝绳，应在允许的负荷下作业；同时也不能使钢丝绳在冲击载荷下工作；工作时速度应较平稳。

3）钢丝绳作捆绑使用时，应避免钢丝绳直接和物件的尖棱锐角直接接触，以免物件的尖棱锐角切断钢丝绳。应在钢丝绳与物件的尖棱锐角接触处垫以木板或其他衬垫物，如图 3-84 所示。

4）钢丝绳在使用中应避免扭结，如图 3-85 所示。一旦发生扭结应立即抖直，因钢丝绳扭结受力后，会使扭结处产生很大的弯曲应力，致使钢丝绳的承载能力和使用寿命降低。

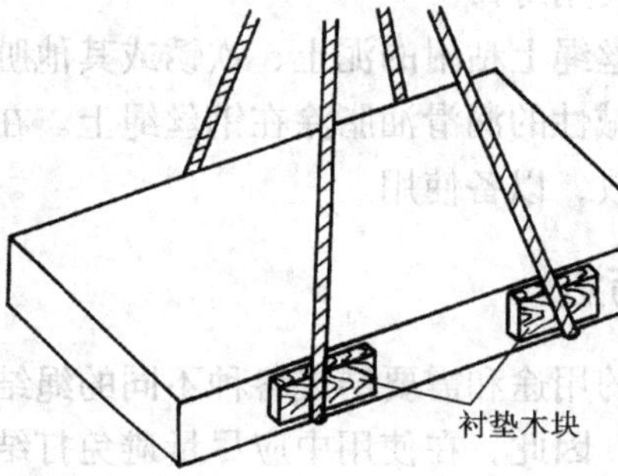

图 3-84 钢丝绳捆绑物件衬垫方法

图 3-85 钢丝绳的扭结

5）根据钢丝绳的磨损、腐蚀、断丝或变形情况，正确判断钢丝的新旧程度，合理使用钢丝绳。

6）钢丝绳的绳头应用细铁丝扎紧，以免在使用过程中散股。

7）钢丝绳在使用中不能与电线接触，不能与其他硬物摩擦，也不能穿过已经破损的滑车。

8）使用中应尽量避免打死结，以免使钢丝绳产生永久变形降低承载能力和使用寿命。

9）用钢丝绳吊运高温物件时，应采取隔热措施。

10）钢丝绳在使用过程中，应尽量减少其弯曲程度。

2. 钢丝绳的保养

1）钢丝绳在用完后应盘成卷存放，其盘卷方法如图 3-86 所示。

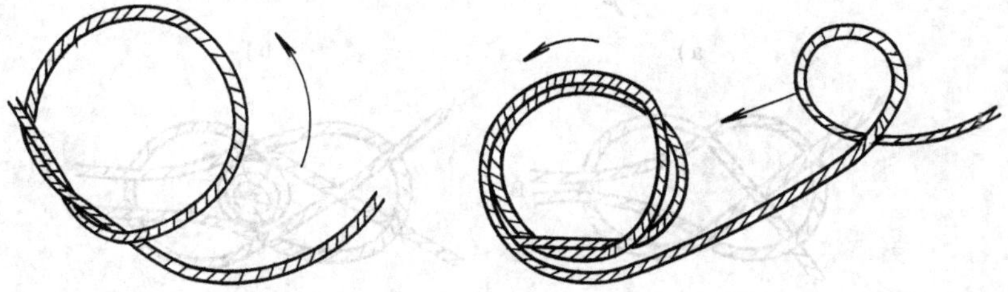

a) b)

图 3-86 钢丝绳的盘卷

在盘绕开始前，将绳头在地上盘成一个圈，并互相绞一下，以免在盘绕时钢丝绳弹出，如图3-86a所示。然后依此圈大小，将钢丝绳盘成圈。但在盘绕的过程中，钢丝绳会扭成一个绳圈，此时即可将此圈绕在盘堆上，如图3-86b所示。

2）钢丝绳在使用一段时间后，必须上油。这样，一方面可经减少钢丝绳与其他活动件（如滑车、卷筒等）的摩擦，以及钢丝绳本身之间的摩擦；另一方面也可减缓钢丝绳的生锈腐蚀，延长其使用寿命。

在上油前，须用硬毛刷和柴油将钢丝绳上粘附的泥土、铁锈或其他脏物清除干净，然后用硬毛刷或棉丝团把不含酸碱性的润滑油脂涂在钢丝绳上。在涂油脂的同时，将涂过油脂的钢丝绳盘成圈堆放，以备使用。

● 训练4　钢丝绳绳扣的制作方法

钢丝绳在起重作业中，可根据不同的用途和需要结成各种不同的绳结。但由于钢丝绳柔性较差，打结易损伤钢丝绳，因此，在使用中应尽量避免打结，特别是在钢丝绳的中部打结。

钢丝绳的绳结基本上与白棕绳的绳结一样，除白棕绳的平结、活结、蝴蝶结、杠棒结、抬缸结外，其余的几种结都适用于钢丝绳，其结法也基本相同。下面只介绍几种钢丝绳的绳结方法。

1. 单帆索结

由于钢丝绳柔性较差，故在打结时就不能像白棕绳那样，其打结方法如下：

第一步，将B绳圈成一个环，用手握住，将A绳从绳环中由下向上穿出，如图3-87a所示。

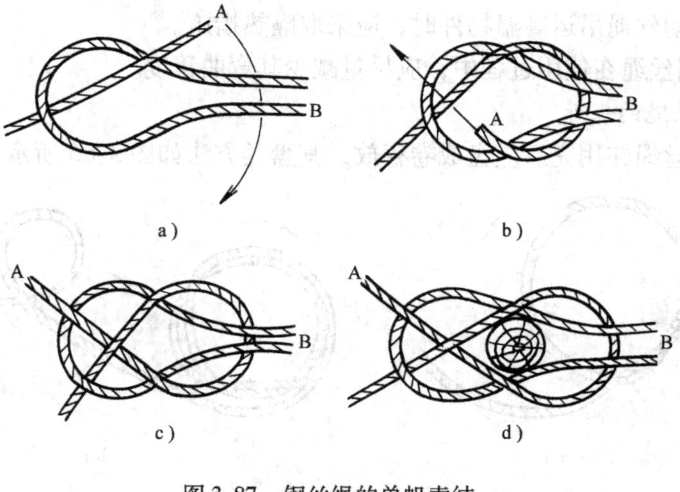

图3-87　钢丝绳的单帆索结

第二步，将从环中穿出的绳头 A 按图 3-87a 中箭头所示的方向，从 B 绳的下部绕出后压在绳环上，如图 3-87b 所示。

第三步，按图 3-87b 中箭头所示的方向，将绳头 A 从 A 绳下穿出，并压在绳环上，如图 3-87c 所示。

第四步，在绳结中穿入一根短圆木或钢管，这样可以减少钢丝绳的损伤，如图 3-87d 所示。

2. 套环结

套环结用于钢丝绳与吊环的连接，结绳方便、牢固。套环结的打结方法及步骤如下：

第一步，把钢丝绳的绳头穿入环中，如图 3-88a 所示。

第二步，把绳头从绳的前面绕向后面，如图 3-88b 所示。

第三步，把绕向绳后面的绳头再穿入环中，如图 3-88c 所示。

第四步，将从环中穿出的绳头在绳上绕一下，如图 3-88d 所示。

第五步，把绳头与绳并在一起，并用细铅丝把绳头扎紧，以免在受力时绳头松脱。

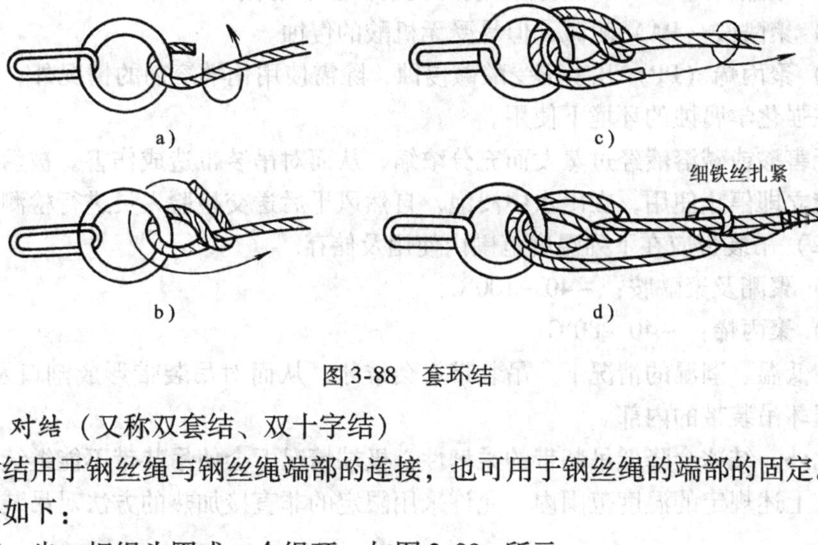

图 3-88　套环结

3. 对结（又称双套结、双十字结）

对结用于钢丝绳与钢丝绳端部的连接，也可用于钢丝绳的端部的固定。对结的结法如下：

第一步，把绳头圈成一个绳环，如图 3-89a 所示。

第二步，把绳头从绳环中由下向上穿出，如图 3-89b 所示。

第三步，把从绳环中穿出的绳头从绳的上面绕到下面，并再次从绳环中由下向上穿出，形成如图 3-89c 所示的绳结。

第四步，把绳头与绳并拢，并用钢丝绳卡把绳头固定，如图 3-89d 所示。除用钢丝绳卡固定绳头外，也可用细铁丝把绳头扎紧，但用此方法固定绳头没有钢丝绳卡固定绳头牢固。

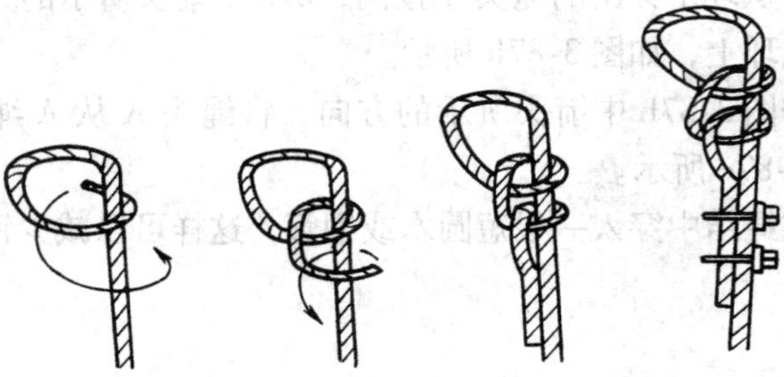

图3-89　对结

训练5　合成纤维吊带的使用

1. 在不利条件或有害情况下使用吊装带

(1) 吊装带使用的材料对部分化学物品有耐蚀性，合成纤维的抗化学性能概述如下：

1）聚酯（PES）能抵抗大多数无机酸，但不耐碱。

2）聚酰胺（PA）耐碱，但易受无机酸的侵蚀。

3）聚丙烯（PP）几乎不受酸碱侵蚀，除需使用化学溶剂的情况外，聚丙烯适合在强化学腐蚀的环境下使用。

无害酸或碱溶液经过蒸发而充分浓缩，从而对吊装带造成伤害。被污染的吊装带应立即停止使用，在冷水中浸泡，自然风干后送交检验人员进行检测。

(2) 吊装带应在下列温度范围内使用及储存。

1）聚酯及聚酰胺：-40～100℃。

2）聚丙烯：-40～80℃。

在低温、潮湿的情况下，吊装带上会结冰，从而对吊装带形成割口及磨损，因而损坏吊装带的内部。

此外，结冰会降低吊装带的柔韧性，极端情况下会使吊装带不能继续使用。

在上述规定的温度范围内，允许采用限定的非直接加热的方法对吊装带进行烘干。

2. 对在使用期间吊装带的检验

1）在吊装带首次使用前，应确保以下内容

① 吊装带的规格与订单上的要求一致。

② 取得制造商提供的证书。

③ 吊装带上标识的名称和极限工作载荷与证书上的内容一致。

2）每次使用前，应检查吊装带是否有缺陷，并确保吊装带的名称和规格正确。不应使用没有标识或存在缺陷的吊装带；应将没有标识或存有缺陷的吊装带送交有资质的部门进行检测。

3）吊装带使用期间，应经常检查吊装带是否有缺陷或损伤，包括被污垢掩盖的损伤。这些被掩盖的损伤可能会影响吊装带的继续安全使用。应对任何与吊装带相连的端配件和提升零件进行上述检查。如果有任何影响使用的状况发生，或所需标识已经丢失或不可辨识，应立即停止使用，送交有资质的部门进行检测。

封套表面的任何明显损伤都可能对承载芯造成潜在危害，可能影响到吊装带继续安全使用的缺陷或损伤如下：

① 表面擦伤。正常使用时，封套的表面纤维会有擦伤。这些属于正常擦伤，几乎不会对吊装带的性能造成影响。应重视所有严重的擦伤，尤其是边缘的严重擦伤。局部磨损不同于一般磨损，可能是在吊装带受力拉直时，被尖锐的边缘划伤造成的。这些锐利的边缘会导致封套被割破。

② 割口。封套表面横向或纵向的割口、针脚的任何损伤都会对承载芯的完整性造成严重影响。

③ 承载芯裸露。

④ 化学侵蚀。化学侵蚀会导致吊装带局部消弱或软化，表现为表面纤维脱落或擦掉。封套受到化学侵蚀将会对承载芯的完整性产生严重影响。

⑤ 热损伤或摩擦损伤。封套纤维材料外观非常光滑，极端情况下纤维材料可能会熔合在一起，削弱了承载芯的性能。

⑥ 端配件损伤或变形。

3. 正确选择和使用吊装带

1）选择和确定吊装带时，应根据方式系数和提升物品的性质选择所需的极限工作载荷；物品的尺寸、形状、重量以及使用方式、工作环境和物品的性质都会影响到吊装带的正确选择。

选择的吊装带必须有足够的强度和使用长度。使用一肢以上的吊装带提升物品时，每肢吊装带的规格都应完全相同。吊装带的材料不应受环境或物品的不利影响。

端配件和提升装置应当与吊装带相匹配。

2）吊装带不应超载使用：应使用正确的方式系数（见表 3-13 和表 3-14），吊装带的标签上标注有一些方式系数对应的极限工作载荷。在使用多肢吊装带时，索肢与垂直方向的夹角不应超过规定的最大值。

3）提升时应遵照下列提倡的做法：提升物品前，应对悬挂、提升和下降操作进行计划。

4）吊装带应正确放置，以安全的方式连接到物品上。并保证吊装带与物品连接的地方伸平，以便吊装带在宽度方向均匀承载，吊装带不应打结或弯曲。

为了防止吊装带上的标签受到损伤，应使其远离物品、吊钩和扼圈。

5）多肢吊装带的极限工作载荷值是基于组合多肢吊装带在对称承载的情况下得出的。即提升载荷时各索肢按设计对称分布，相对应的索肢与竖直方向的夹角相同。

对于三肢吊装带，如果索肢不能按设计对称布置，则在设计角度之和与相邻索肢夹角最大的索肢上拉力最大。同样的情况也会发生在四肢索具上，除非载荷为刚性物品。

6）应防止吊装带被物品或提升装置的锐边割破、摩擦及磨损。防护锐边和/或磨损损伤的保护及加固的零件应为吊装带的一部分，并应正确安排其位置。必要时对该零件进行额外的保护。

7）物品在吊装带上的固定应保证提升时其不会倾倒或掉落。吊装带的吊点应在物品重心的正上方，并确保物品平衡、稳定。如果物品的重心不在吊点之下，提升时，吊装带可能会在吊点上移动。

使用吊篮式连接时，由于此种方式不像扼圈式连接，可以将被吊物抓紧，吊篮式连接在提升时吊装带会沿吊点滚动，则应确保提升安全，成对使用的吊装带，建议使用隔离装置，使索肢尽可能竖直，从而确保物品在索肢间均匀分布。

当吊装带使用扼圈式连接时，应确保自然形成120°角，避免产生摩擦热。不应强行安装一根吊装带或试图用一根吊装带拉紧。固定物品的正确方法是使用双匝扼圈。双匝扼圈捆扎更为安全，有助于防止物品从吊装带上滑落，如图3-90所示。

8）应进行试提升。吊装带张紧时，再将吊装带与物品连接处松弛的部分拉紧。先将物品稍微提起，然后检查物品是否牢固、是否在预定位置。当使用摩擦力固定物品时，吊篮式或其他结套式连接，尤其要注意。

如果被吊物品有倾斜的迹象，应将其放下，并重新捆扎。应重复进行试提升，直至物品平稳。

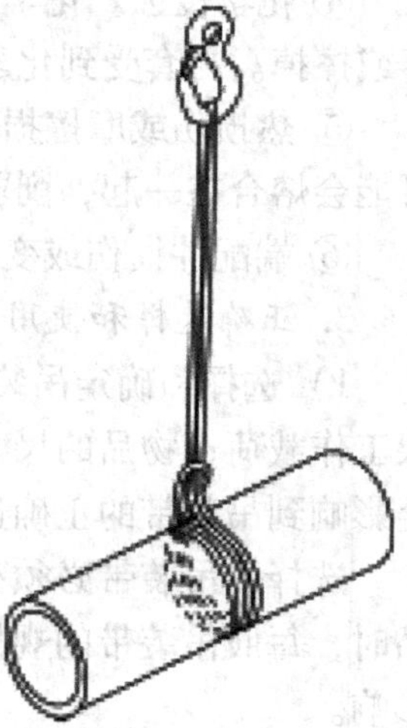

图3-90　双匝扼圈连接

9）提升时，应确保物品在控制之下，即防止物品旋转或与其他物体碰撞。应避免瞬间或冲击加载，以免增加吊装带的受力。

吊装物品或吊装带本身不应在地面或粗糙表面拖拉。

10）物品下降时，应采用与提升相同的控制方式。物品下降时，应避免吊装带被挂住，不应将物品压在吊装带上，如果这样会造成吊装带损坏，则不应将吊装带从下面抽出来。

11）提升作业完成，应将吊装带正确储存。不使用时，应将吊装带储存在清洁、干燥、通风良好的地方；应将吊装带放在架子上，并使其远离热源，避免与化学品、烟雾、腐蚀性表面接触；避免阳光直射或其他紫外线辐射源。

12）吊装带储存前，应检查其在使用期间是否受到任何损坏。吊装带如果受到损坏，不能放回储存。

13）如果提升用吊装带已经接触了酸和/或碱，建议在储存前用水稀释或使用适当物质进行中和。

14）使用中浸湿或清洗过的吊装带，应悬挂起来自然风干。

训练 6　钢丝绳绳卡的选择与使用

在起重作业中，钢丝绳绳卡用于钢丝绳与钢丝绳的连接、钢丝绳环末端的固定以及作缆风绳使用时钢丝绳绕在锚桩上后的固定等，它的使用情况如图 3-91 所示。

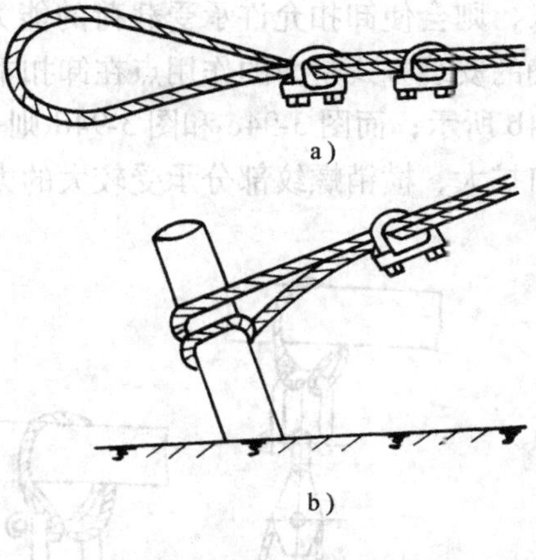

图 3-91　钢丝绳绳卡的使用

1. 钢丝绳绳卡的选择

1）在起重作业中，最常用的钢丝绳绳卡为标准的骑马式绳卡。使用中应注意，一定直径的钢丝绳须选择相应规格的钢丝绳卡；使用钢丝绳绳卡的个数，应能可靠地保证钢丝绳的连接强度；钢丝绳绳卡的拧紧程度，以压偏钢丝绳直径的三分之一为宜。

2）选择钢丝绳绳卡的尺寸应适合钢丝绳的直径，一般钢丝绳绳卡的尺寸以大于钢丝绳直径 1mm 左右为佳。

2. 钢丝绳绳卡的使用方法

1）将钢丝绳嵌入 U 形环中，如图 3-92a 所示。

2）将卡体套在 U 形环上，如图 3-92b 所示。

3）将两只螺母拧上，如图 3-92c 所示。在拧紧螺母时，必须将两只螺母交叉进行拧紧，不能将其中一只拧紧后再拧紧另一只。

4）在使用钢丝绳绳卡时，可以在一个方向上排列，也可以在正反两个方向上排列，但以绳的 U 形弯曲部分卡在绳头一边为最好（图 3-93），这样，在拧紧钢丝绳绳卡时，被压偏的是绳头部分，可以避免主绳被压偏而降低其使用寿命。

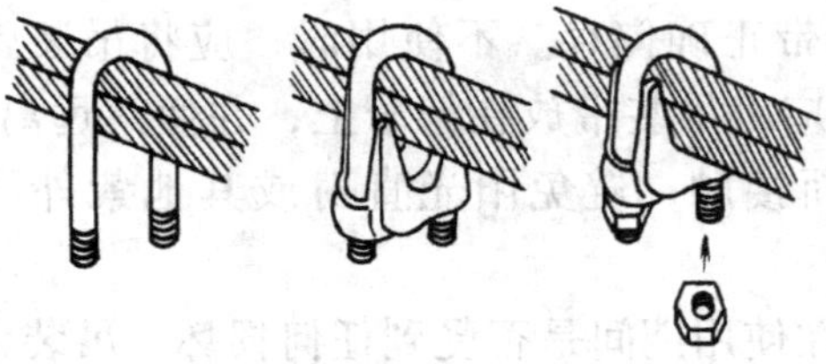

图 3-92 钢丝绳绳卡的使用方法

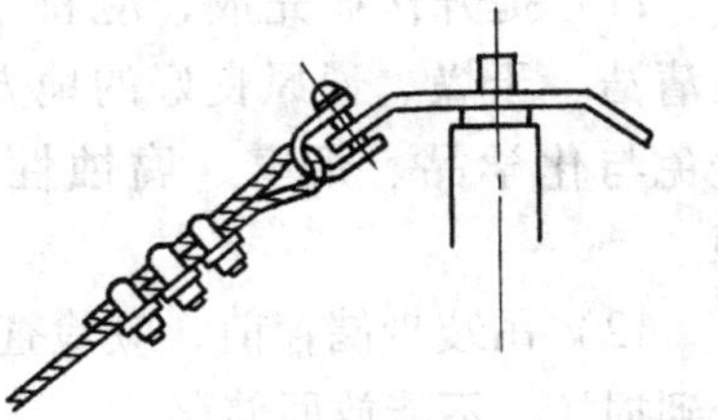

图 3-93 钢丝绳绳卡的安装方向

训练7 卸扣的使用与保养

卸扣是起重作业中广泛使用的连接工具，卸扣的使用注意事项和维护保养措施主要有以下几项：

1）在使用卸扣中，必须注意其受力方向。如果在卸扣上力的方向不符合要求，则会使卸扣允许承受载荷的能力降低，图 3-94 所示是卸扣的安装方式。正确的安装方式是力的作用点在卸扣本体的弯曲部分和横销上，如图 3-94a 和图 3-94b 所示；而图 3-94c 和图 3-94d 则是错误的安装方式，作用力使卸扣本体的开口扩大，横销螺纹部分承受较大的力。

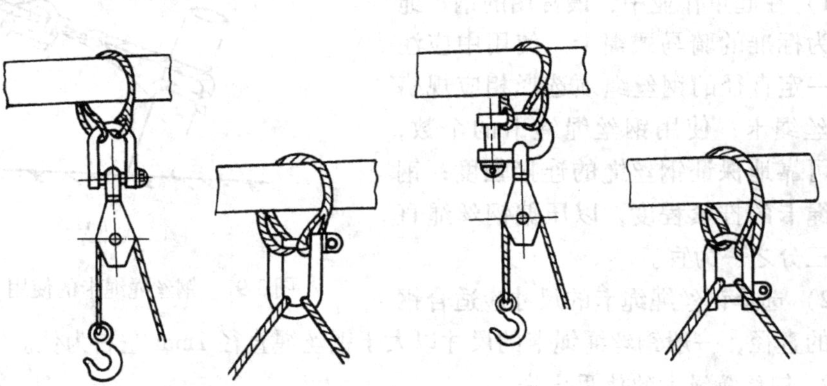

图 3-94 卸扣的使用示例图

2）安装卸扣横销时，应在螺纹旋足后再向反方向旋半圈，以防止因螺纹旋得过紧而横销无法退出。

3）卸扣不得超负荷使用。

4）若发现卸扣有裂纹、磨损严重或横销弯曲现象时，应停止使用。

5）起重作业完成后，不允许在高空中将拆下的卸扣往下抛掷，以防卸扣变形及内部产生不易发觉的裂纹损伤。

6）不用卸扣时，应在其横销的螺纹部分涂以润滑油，存放在干燥处，以防生锈。

• 训练8 吊环与吊钩的使用

吊钩与吊环的使用注意事项有：

1）在起重吊装作业中的吊钩、吊环，其表面要光滑，不能有破裂、刻痕、锐角、接缝和裂纹等缺陷，应经常检查吊钩开口度。吊环螺钉不得有变形、松动。

2）吊钩和吊环不准超负荷使用。

3）使用过程中要定期进行检查，如发现危险截面磨损超过10%时，就应立即降低负荷使用。

4）吊钩的连接部分应经常检查，检查连接是否可靠、润滑是否良好。

5）使用吊钩与重物吊环相连接时，必须保证吊钩的位置。

• 训练9 千斤顶的使用与保养

齿条式千斤顶、螺旋式千斤顶和油压式千斤顶的使用与保养要求有：

1. 齿条千斤顶的使用

（1）顶升 使用时，先将棘爪放在上升位置，然后把手柄作上下摇动，手柄每向下按一次，千斤顶的齿条就上升一个齿距，同时重物也随之上升一个齿距；当手柄往上提时，由于棘爪的止动作用，齿条不会因重物重量的作用而下落。这样将手柄作连续上下摇动，就可以把重物顶升到要求的高度。

（2）下降 在使用时，将棘爪放到下降的位置，然后将手柄上下撤动，当手柄向上提时，齿条就下降一小距离，手柄往回撤动，由于棘爪制动作用，重物就不会继续下滑。连续撤动手柄，即可将重物下降到要求的位置。

2. 固定式螺旋式千斤顶的使用

（1）固定式螺旋式千斤顶 固定式螺旋千斤顶通过手柄转动，螺杆即在螺母中上下移动，起到顶起或降下重物的作用。固定式螺旋千斤顶的螺纹由于其导角小于螺杆与螺母间的摩擦角，具有自锁作用，所以在重物的作用下，螺杆不会转动而使重物下降。这种千斤顶在作业时，未卸载前不能作平面移动。

（2）锥齿轮式千斤顶

1）锥齿轮式螺旋千斤顶的使用。作业前应根据起重量的大小选择千斤顶，使起重量在千斤顶的额定负荷内。使用时，把摇把上的换向扳钮扳到上升位置，然后用手摇动摇把，使螺杆套筒迅速上升，直至与重物相接触。将手柄插入摇把的孔内，使手柄作用来回摆动，通过棘轮组使锥齿轮组转动，同时，与锥齿轮连在一起的螺杆与锥齿轮一起转动，使螺杆套筒在壳体内向上移动，顶起重物。反之，把摇把上的换向扳钮扳到下降位置，在摇把来回摇动时，螺杆套筒就下降，同时重物也随着下降。

2）锥齿轮式螺旋千斤顶的维护保养。为使千斤顶能可靠地工作，延长其使用寿命，在使用中应加强对千斤顶的维护保养，使千斤顶始终保持完好状态。千斤顶的维护保养应注意以下几个方面：

① 经常保持棘轮组的清洁，勿使棘轮组积尘土，并经常加注润滑油，使棘轮保持良好的润滑，以保证棘轮组的动作灵活可靠。

② 螺杆套筒与壳体间的摩擦表面必须随时涂润滑油。涂油前应将套筒表面擦干净。千斤顶的其他注油孔，如螺杆、锥齿部件润滑良好，减少摩擦力及噪声。

③ 应定期将千斤顶拆卸、清洗。

3）千斤顶可能出现的故障及排除方法。千斤顶使用较长时间后，因零件磨损或由于平时维护保养不当，甚至是只使用不保养，会使千斤顶在使用中出现以下故障：

① 当摇把摇动时，重物不会被顶起或下降。产生此种现象的原因可能是装在摇把处的棘轮组失灵，棘爪在棘轮上打滑而不能推动旋转。当故障原因确定后，应拆下摇把机构，把棘爪重新安装好，千斤顶即可正常工作。

② 在顶起重物的过程中，有不正常的噪声出现。产生此种现象的原因大都是锥齿轮的支承轴承被损坏。消除故障的办法是把千斤顶拆开，更换新的轴承。其方法及步骤如下：首先将千斤顶底座侧面的紧固螺钉拆下，把底座按螺纹反方向旋出；然后把螺杆全部旋出，更换新的支承轴承；最后将螺杆、底座重新安装好，千斤顶就可正常工作。在更换锥齿轮的支承轴承时，不要忘记在轴承内加足润滑油，使轴承润滑良好，以便减少摩擦力及噪声。

③ 摇把在摆动中有冲击的感觉，可能是由于锥齿轮的齿断裂而引起的。由于齿的断裂，使齿的啮合情况恶化而产生撞击。齿断裂后必须换上新的锥齿轮。假定是更换与摇把相连的一只锥齿轮，其拆卸更换步骤如下：

第一步，摇动摇把，使螺杆套筒上升，当上升至全行程的一半左右时，就停止摇动。

第二步，拆下底座的坚固螺钉，把底座旋下。

第三步，用力把螺杆套筒下压，使锥齿轮部分伸出壳体外，然后把螺杆全部旋出。

第四步，把螺杆套筒从壳体中抽出。

第五步，拆下摇把机构及棘轮组。

第六步，拆下锥齿轮，并换上新的锥齿轮。

第七步，按顺序装上各零件。

当装配全部结束后，需摇动摇把，检查千斤顶各转动部分是否灵活，经检查认为机构一切正常后方可投入使用。

3. 液压千斤顶的使用维护

（1）液压千斤顶的使用方法　使用时，先将手柄开槽的一端套入开关，并按顺时针方向旋转将开关拧紧，然后把手柄插入撳手孔内，把手柄作上下撳动。随着手柄的上下撳动，泵芯也随之作上下运动。当泵芯向上运动时，工作液（机械油）便通过单向阀被吸入泵体；当泵芯向下运动时，被吸入泵体内的工作液便被泵芯压出，压出的工作液通过另一个单向阀进入活塞胶碗的底部，活塞杆即被逐渐顶起；当活塞上升到额定高度时，由于限位装置的作用，活塞杆不再上升。当需要降落时，仍用手柄开槽的一端套入开关，作逆时针方向的转动。单向阀即被松开，此时缸内的工作液就通过单向阀流回外壳内，活塞杆活塞即渐渐下降。活塞杆的下降要在外力的作用下才能实现，且下降的速度可以通过单向阀开启的大小来调节。

（2）液压千斤顶的维护保养　液压千斤顶在使用一段时间后，应拆卸、清洗、换油、检查，保持千斤顶性能良好，使千斤顶能正常工作。液压千斤顶的拆卸步骤如下：

1）在进行拆卸前，把加油孔螺钉用螺钉旋具折下，把千斤顶横放在油盘上，使工作液流出。

2）把千斤顶的调整螺杆旋下。

3）用扳手将螺母拆下，然后把活塞杆拆下。

4）用扳手将顶帽拆下，拆下顶帽后，便可将活塞缸取出，这样活塞胶碗也同时被取出。

5）将泵芯上的销子拆下，取出泵芯及液压泵胶碗。

6）拆下堵塞螺钉。

经过以上的拆卸后，便可对千斤顶各部分进行清洗，或更换损坏的零件。经仔细清洗及检查后，便可按拆卸的反顺序进行装配。

装配完工后，将千斤顶在负载下检查一下，若有不合格处（如漏油，动作失灵等)，则必须重新修整，经检查符合要求后，才能投入使用。

训练 10　环链手拉葫芦的使用与保养

1. 环链手拉葫芦的使用

1）在起吊重物前应估计一下重量。

2）葫芦的吊挂必须牢靠，不得有吊钩歪斜及将重物吊在吊钩尖端等不良现象。

3）起重链条及手拉链条不应有错扭现象，以免在起吊重物时链条卡死在链轮中，影响正常工作。

4）无论是在倾斜或水平方向使用拉链，拉链的方向应与手链轮方向一致，不要在与手链轮不同平面内斜向拽动手链条，以免发生手拉链卡住或脱链现象。

5）在起吊过程中，无论在重物上升或下降时，都严禁有人在重物下面做任何工作或行走，以免发生人身事故。

6）在起吊过程中，无论重物上升或下降，拽动手拉链时，用力都应均匀缓和，不要用力过猛，以免链条跳动脱出链轮或卡环。

7）如果操作者发现拉不动拉链时，切不可猛拉，更不能增加人员，应立即停止拉链，进行如下检查：

① 重物是否与其他物件牵连。

② 环链手拉葫芦机件有无损坏。

③ 重物是否超出了葫芦的额定负荷。

2. 环链手拉葫芦的维护保养

正确的维护保养对延长环链手拉葫芦的使用寿命及安全可靠地使用葫芦有很大影响，因此，用完应做好维护保养工作。环链手拉葫芦的维护保养有以下几个方面：

1）使用完毕后应将环链手拉葫芦上的泥垢擦净，然后存放在干燥地点，避免受潮、生锈和腐蚀。

2）每年应拆洗机件，加润滑油。

3）环链手拉葫芦经清洗检修后，应进行空载和重载试验；确认工作正常时，才能正常使用。

4）在加油和使用过程中，制动器的摩擦面必须保持干净；应经常检查制动器部分，以防止制动失灵，发生重物自坠现象。

训练11　滑车的使用与保养

1. 滑车的穿绕

（1）单门滑车的穿绕　单门滑车一般都做成开口型的，其一面的夹板是活动式，可以翻开。图3-95是单门开口型滑车的结构示意图。

单门开口型滑车的穿绕比较方便简单，钢丝绳的穿绕方法及步骤如下所述：

1）把滑车平放在地上，使有活动夹板的一面朝上，如图3-96a所示。

2）把滑车的吊钩顺时针方向转动90°，使桃形轴6的尖端对准桃形孔口，如图3-96b所示。

3）把活动夹板翻开，如图3-96c所示。

4）把钢丝绳放入滑车槽中，如图3-96d所示。

5）合上活动夹板，活动夹板上的桃形孔对准桃形轴。

6）把吊钩顺时针转 90°，恢复至图 3-96a 的位置。

经过以上几个步骤的动作，钢丝绳的穿绕即算完成。

7）把滑车的吊钩挂在钢丝绳的绳环中，即可进行起吊作业，如图 3-96e 所示。

（2）滑车组钢丝绳的穿绕　滑车组钢丝绳基本的穿绕方法有两种：顺穿法和花穿法。顺穿法是一种比较简单的穿绕方法。根据现场拥有的卷扬机台数，可以采用单跑头顺穿法或双跑头顺穿法。

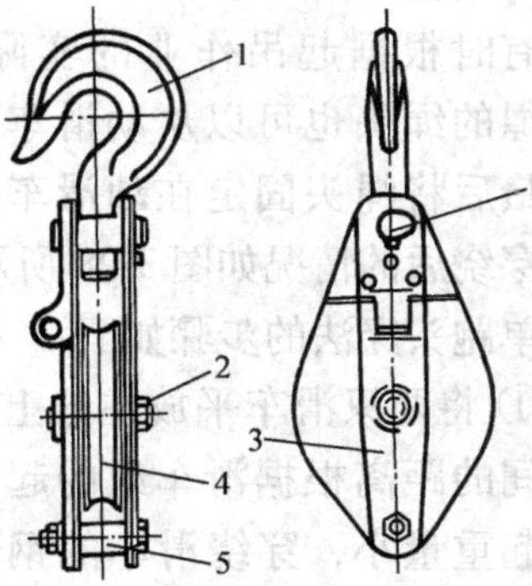

图 3-95　单门开口型滑车的结构示意图

1—吊钩（吊环）　2—中央枢轴

3—拉杆　4—滑轮　5—横杆　6—桃形轴

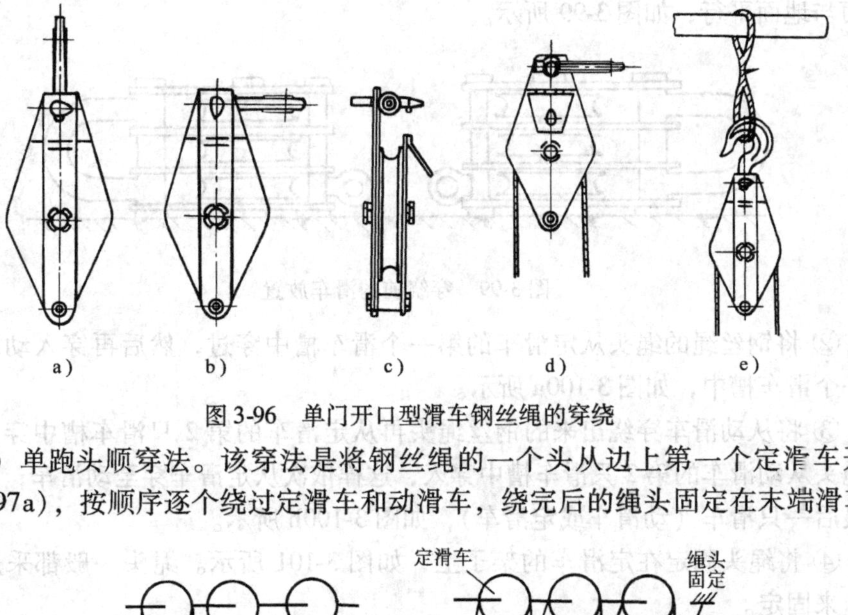

图 3-96　单门开口型滑车钢丝绳的穿绕

1）单跑头顺穿法。该穿法是将钢丝绳的一个头从边上第一个定滑车开始（图 3-97a），按顺序逐个绕过定滑车和动滑车，绕完后的绳头固定在末端滑车的

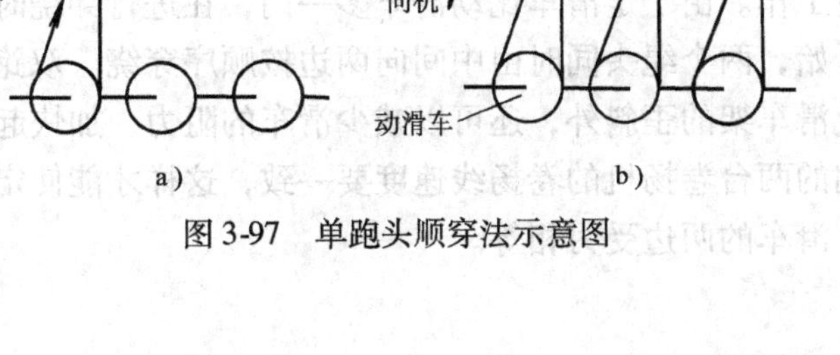

图 3-97　单跑头顺穿法示意图

架子上（图 3-97b）。

有时根据起吊作业的实际需要，钢丝绳的绳头也可以从动滑车开始穿绕，最后将绳头固定在动滑车的架子上，穿绕后的情况如图 3-98 所示。

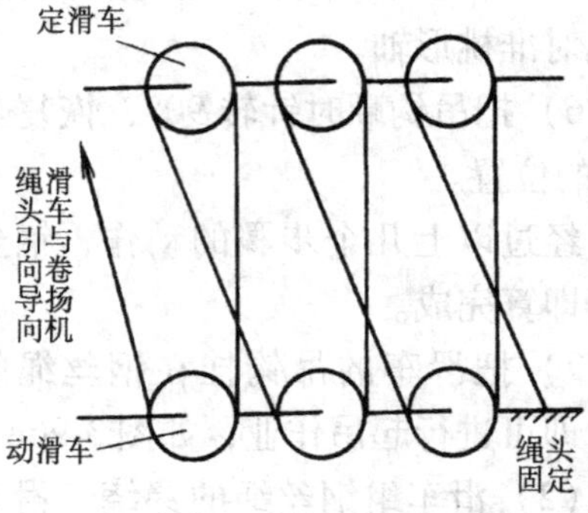

图 3-98　从动滑车开始的单跑头顺穿法示意图

单跑头穿法的步骤如下：

① 将两只滑车平放在地上，两只滑车间的距离根据滑车组的起重量而定。起重量小，穿绕滑车的钢丝绳也较细，穿绕时两只滑车间的距离也可相应的短一些；起重较大时，钢丝绳相应粗一些，穿绕滑车组时，两只滑车之间的距离也应大些。因为钢丝绳越粗，其刚度越大，因此两只滑车间的距离增大后便于穿绕。滑车平放时，应使滑车的平面与地面平行，如图 3-99 所示。

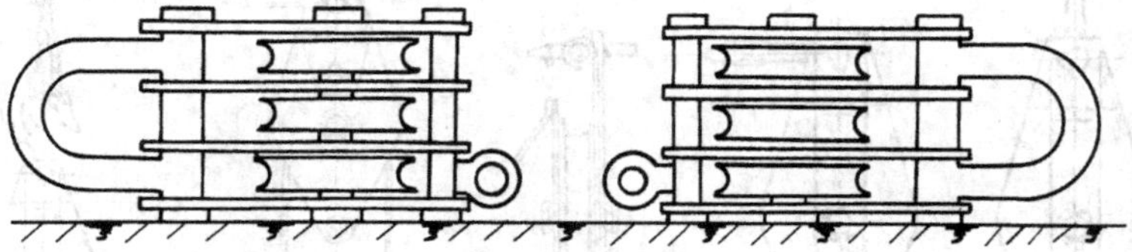

图 3-99　穿绕前的滑车放置

② 将钢丝绳的绳头从定滑车的第一个滑车槽中穿过，然后再穿入动滑车的第一个滑车槽中，如图 3-100a 所示。

③ 将从动滑车穿绕出来的钢丝绳头再从定滑车的第 2 只滑车槽中穿入，再把绳头从动滑车的第 2 只滑车槽中穿入，这样依次从定滑车穿至动滑车，直至穿到最后一只滑车（动滑车或定滑车），如图 3-100b 所示。

④ 将绳头固定在定滑车的架子上，如图 3-101 所示。绳头一般都采用钢丝绳卡来固定。

单跑头顺穿法常用于滑车组门数较少的情况下，如五门以下的滑车组。

2）双跑头顺穿法。双跑头顺穿法是指滑车组同时有两根跑绳，同时使用两台卷扬机进行工作。由于定滑车比动滑车多一门，在进行穿绕时是从定滑车中间的一个滑车开始，两个绳头同时由中间向两边按顺序穿绕。双跑头顺穿法的优点除了可以避免滑车架的歪斜外，还可以减少滑车的阻力，加快起吊速度；其缺点是要求所采用的两台卷扬机的卷扬线速度要一致，这样才能使定滑车中间的一只滑车不转动，滑车的两边受力相等。

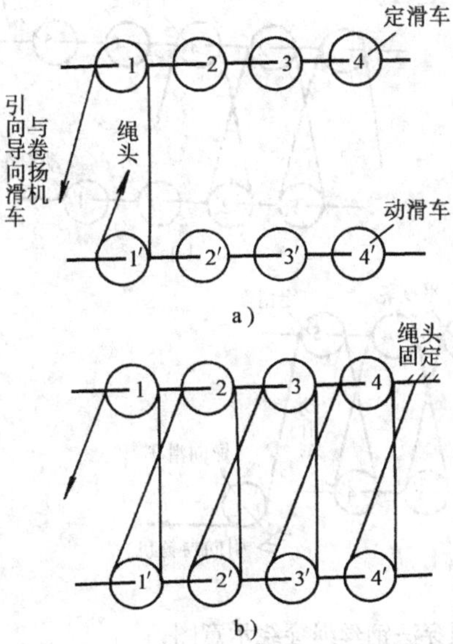

图 3-100 滑车组的穿绕

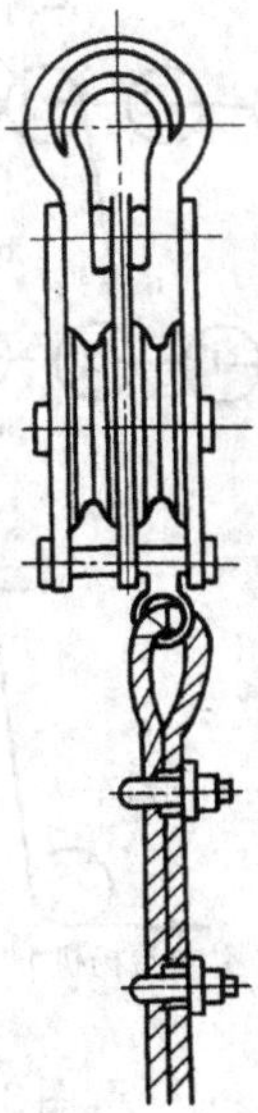

图 3-101 滑车绳头固定

双跑头顺穿法的步骤如下：

① 将两只滑车平放在地上，要求与单跑头顺穿法的①相同。

② 把钢丝绳的一个绳头 a 从定滑车中间的一个滑车 3 的槽中穿入，如图 3-102a 所示。

③ 将从定滑车 3 槽穿出的绳头 a 穿绕在动滑车 2′槽中，然后依次绕过定滑车 2，动滑车 1′及定滑车 1，从定滑车 1 槽中穿出后，绕过导向滑车，即可引向卷扬机，如图 3-102b 所示。

④ 将从定滑车 3 槽中穿出的绳头 b 穿绕在动滑车 3′槽中，然后依次绕过定滑车 4、动滑车 4′及定滑车 5，绳头从定滑车 5 槽中穿出后，绕过导向滑车，即可引向卷扬机，如图 3-102c 所示。

除用以上的双向穿绕法以外，还可以像单跑顺穿法一样，将其中一个绳头从定滑车边上的一只滑车 1 开始穿绕，依次穿绕动滑车，其顺序为：1→1′→2→2′→3→3′→4→4′→5，如图 3-102c 所示。然后把绳头绕过导向滑车后固定在卷扬机的卷筒上。用这种方法穿绕比双向穿绕方便。总之，采用哪一种穿绕方法，应根据作业现场的具体情况而定。

（3）导向滑车 导向滑车不像滑车组那样能起到省力的作用，导向滑车也不能改变绳索的速度，在起重运输作业中仅用来改变牵引绳索的方向。根据作业中的需要，导向滑车可以用一只也可以用几只来多次改变绳索方向。导向滑车一般都用一只单门滑车。

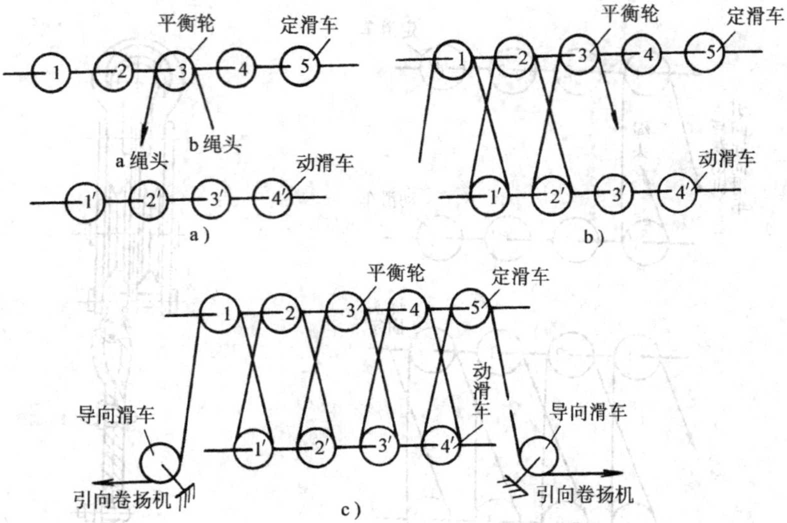

图 3-102　双跑头顺穿法钢丝绳穿绕示意图

导向滑车在工作时同样要受到绳索牵引力的作用；导向滑车的大小，应根据它在工作时所受到的力大小来选择。

（4）滑车的正确使用应注意以下几点

1）穿绕滑车或滑车组的钢丝绳必须符合滑车的要求。当选用钢丝绳直径超过滑车的要求时，会加剧滑车轮的磨损，同时也使钢丝绳的磨损加剧。一定起重量的滑车应配相应粗细的钢丝绳。

2）滑车所受力的方向变化较大时，或在高空作业中，不宜采用吊钩型滑车，以防脱钩。如吊钩口被封住，则使吊钩不能脱出（图 3-103a)；或采用带有卡索板的吊钩，这种吊钩使用更方便，在挂好吊钩时，卡索板在弹簧的作用下弹开，把吊钩口封住，如图 3-103b 所示。

3）在穿绕滑车组时，应注意钢丝绳在滑车槽中的角度。在任何情况下，钢丝绳在滑车槽的偏角不得超过 4°，如图 3-104 所示。钢丝绳偏角过大，滑车槽侧

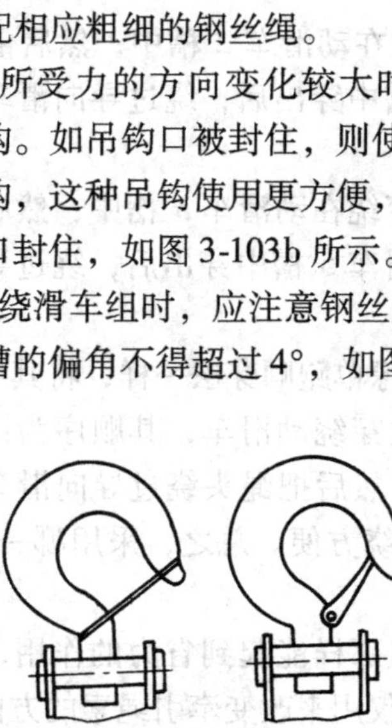

图 3-103　吊钩口的保护

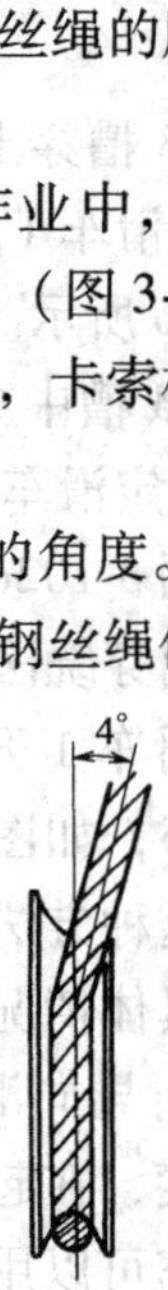

图 3-104　钢丝绳的偏角

面的磨损加剧；另一方面，钢丝绳易滑出绳槽，使起重作业不能正常进行，甚至发生事故。

4）若多门滑车在使用中只用其中几门时，则其起重量应经折算相应降低，不能仍按原起重量使用。

5）滑车组经穿绕后使用时，应先进行试吊，详细检查各部分是否良好，有无卡绳、摩擦或钢丝绳间互相摩擦之处，如有不妥之处，应经调整后才正式起吊。

6）滑车在拉紧后，滑车组两滑车轮的中心应保持一定的距离，其最小距离应不小于表3-21中的规定。

表3-21　滑车组在拉紧状态下定、动滑车的极限位置

滑车起重量/t	滑车轴中心的最小距离/mm	拉紧状态下的最小距离/mm
1	700	1400
5	900	1800
10	1000	2000
16	1000	2000
20	1000	2100
32	1200	2600
50	1200	2600

7）当滑车的滑轮有裂纹或缺损时，不得投入使用。当其他部位，如吊钩、轮轴、拉板等存在缺陷，不符合使用要求时，不准使用。

8）滑车不得超载使用。

2. 滑车的维护保养

在不使用滑车时，应将滑车的脏物清洗干净，上好润滑油，放在干燥的地方，并在其下部垫以木板。加润滑油的部位如图3-105所示。

当使用完毕拆下滑车时，不得将滑车从高空摔下，以免损坏滑车。

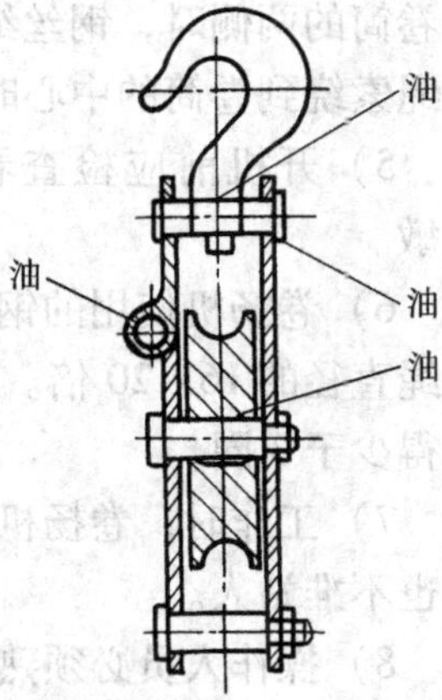

图3-105　滑车的润滑

训练12　卷扬机的使用与保养

1. 卷扬机的操作

1）牵引绳的固定及穿绕。牵引绳的穿绕从卷筒的下方绕入，绳头固定在卷筒的一边，固定时先将绳头穿过卷筒端面上的孔，然后用压板1将绳头固定在端面上，如图3-106所示。

2）操作时先把控制器手柄的指针对准“0”位，然后闭合开关，接通电源。按重物上升或下降要求，将控制器的手柄（可手轮）扳向左或右，重物便开始上升或下降；当需要使重物停在空中的，将手柄扳回到“0”位，电磁制动器便动作，将电动机轴上的制动轮牢牢抱住，实现自动制动。

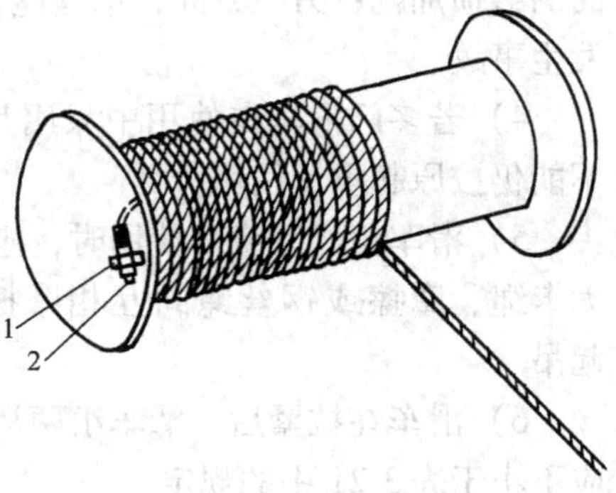

图 3-106　钢丝绳的固定及穿绕

1—压板　2—绳头

2. 电动卷扬机的使用注意事项

1）卷扬机应安装在平坦没有障碍物的地方，便于卷扬机操作人员和指挥人员观察。安装距离应在所吊距离 15m 以外，如用桅杆式起重机时，其距离不得少于桅杆的高度。为防止电动机及电气装置淋雨受潮，一般在卷扬机底座下垫以枕木，并设置雨棚。

2）卷扬机的电气控制装置要放在操作人员的身旁，所有电气设备应装有可靠的接地线，以防触电。电气开关需要保护罩。

3）卷扬机的固定必须牢靠、坚实、稳固，防止卷扬机在起吊重物时倾翻或滑移，并且能承受最大的卷扬拉力。

4）卷筒的中心至最近一个滑车的距离应大于卷筒长度的 20 倍，当绳索绕到卷筒的两侧时，钢丝绳的偏斜角不应超过 1.5°，跑绳应从卷筒的下方绕入，当绳索绕到卷筒的中心时，绳索应与卷筒的中心线垂直。

5）开机前应检查卷扬机各部分机件转动是否灵活，制动装置是否可靠灵敏。

6）卷扬机使用的钢丝绳必须与卷筒牢靠地固定，卷筒的最小允许直径为钢丝绳直径的 16～20 倍。当钢丝绳溜放到最大需要长度时，留在卷筒上的钢丝绳不得少于 3 圈。

7）工作时，卷扬机周围两米范围内不准站人，跑绳的两旁及导向滑车的周围也不准站人。

8）操作人员必须熟悉卷扬机的性能、结构，并具有一定的实际操作经验。

9）卷扬机运转时，动作应平稳均匀。起吊重物时应先缓慢吊起，当跑绳已拉紧时，严禁猛摇或突然起动加速，并应检查绳扣及物件的捆绑是否结实、牢靠。

10）操作人员必须事先与指挥人员联系好指挥信号（如旗语、手势等）。

11）卷扬机停止工作时，要切断电源，控制器要放回零位，用保险闸制动。

12）使用前应检查卷扬机各部分机件是否完好，传动部分是否灵活，制动装置是否准确灵敏，润滑是否良好。

• 训练13 电动葫芦的使用与检查

1）观察操作者行走范围内有无障碍物，运行轨道上是否有异常现象。

2）便携式控制器按钮操作是否灵敏可靠，葫芦起升、小车机构运转是否正常，电动葫芦空载运行无异常声响。

3）检查制动器是否灵活可靠。

4）检查吊钩在圆周和垂直方向转动是否灵活。

5）检查吊钩组的滑车转动是否灵活。

6）检查吊钩止动螺母防松是否有异常现象。

7）检查钢丝绳是否脱开滑车轮槽。

8）检查钢丝绳是否正确缠绕在卷筒绳槽内。

9）检查钢丝绳润滑是否良好，是否存在断丝、磨损、变形等影响钢丝绳使用安全的缺陷。

10）检查限位装置是否正常可靠。

复习思考题

1. 简单叙述白棕绳的构造和种类。
2. 白棕绳使用中应注意什么？
3. 钢丝绳应如何进行安全检查？
4. 钢丝绳应如何进行使用和保养？
5. 钢丝绳使用中常用的辅件有哪些？
6. 常用吊具有哪些？
7. 滑车应如何进行使用和保养？
8. 常用起重机具有哪些？
9. 白棕绳的绳扣有哪些？如何制作？
10. 钢丝绳的绳扣有哪些？如何制作？
11. 合成纤维吊带使用注意事项有哪些？
12. 卷扬机的使用注意事项有哪些？
13. 电动葫芦的使用与检查要求是什么？

第四章

使用起重机具吊运物件

培训学习目标　通过本章学习要求掌握起重作业中简单的受力计算，能够正确运用“十字”操作法，掌握绳扣的系结方法和绳索插接方法，熟悉常用起重水平运输的方法，了解桅杆的构造，学会一般脚手架和简单桅杆的立拆方法，掌握锚桩构造、埋设及简单计算，学会选择简单吊件的重心，掌握小型设备的吊装方法。

第一节　常用索具、工具的使用

一、吊装绳索的使用要求与简单受力计算

1）作绳索用的钢丝绳有 6×37 和 6×61 两种，这两种规格的钢丝绳强度高，又比较柔软、捆绑方便。按照绳索使用频繁的特点，通常用 6×61 的钢丝绳成对加工。

2）用绳索时，要考虑拆除是否方便，会不会损坏绳索。在绳索与物体棱角间要加垫块，以免损坏钢丝绳。绳索要挂在合适的位置上，两端连接时，要用卸扣将物体吊正和捆牢。

3）用两根绳索吊物体时，可避免在空间出现旋转状态，同时要求两根绳索不能并在一起使用。

4）使用多根绳索捆绑物体时，要在试吊过程中调整好各支绳，防止绳索由于长短不同而受力不均，导致事故的发生。

5）绳索的直径，要根据物体的重量、绳索的根数及绳索与水平面夹角大小来决定。当夹角越大，绳索受力越小，抗旋转、摇摆能力越差；反之，夹角越

小。受力越大，抗旋转、摇摆能力越好。同时水平分力还会产生较大的挤压力，如图4-1所示。因此，在起吊物体时，吊装绳索的水平夹角应不小于30°，通常在45°~60°比较合适，这样能减小绳索的拉力。

6）绳索承受拉力（图4-2）按下面公式进行计算

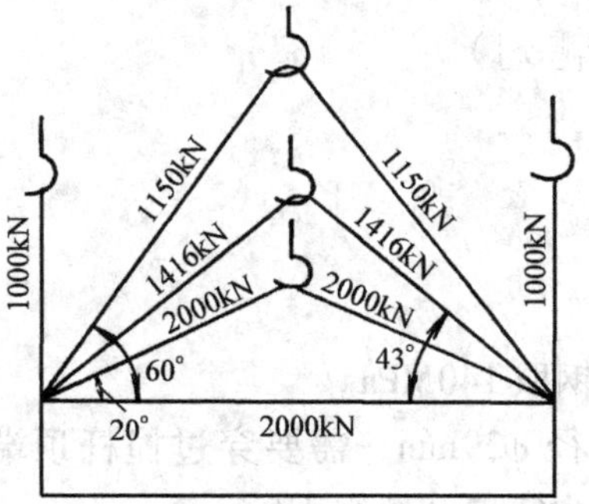

图4-1　绳索拉力与夹角变化关系

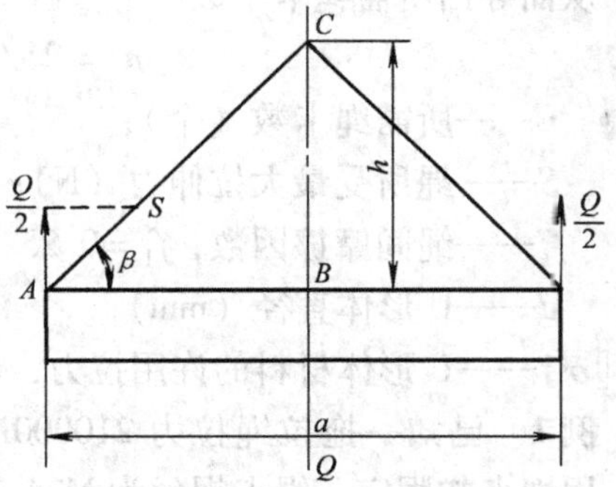

图4-2　绳索受力图

$$S = \frac{Q}{n\sin\beta}$$

式中　S——一根绳索承受的拉力（kN）；

Q——物体的重量（kN）；

β——绳索与水平面的夹角（°）；

n——吊索的根数。

绳索上受力大小，与绑扎方法有关。按上面计算，绳索绑扎越平缓（即 β 越小）则绳索受力就越大。根据求得的 S 值来选取绳索的直径。

二、绳卡的计算知识

在起重工作中，绳卡主要用于绳索末端连接时的固接。通过绳卡螺栓的拧紧，使钢丝绳间紧密接触，产生绳间的摩擦。如果绳间摩擦力 $S_{摩}$ 的大小足以和钢丝绳所受拉力 S 平衡，则绳就不会发生串移，从而达到固接的目的。

摩擦力 $S_{摩}$ 的大小取决于绳卡螺栓拧紧时产生的压力及绳之间的摩擦程度（即摩擦因数）

$$N = 0.5\pi d^2[\sigma]$$

式中　N——一个绳卡产生的压紧力（N）；

d——绳卡U形体直径（mm）；

$[\sigma]$——绳卡材料的许用拉力，对Q235钢取140MPa。

所以，绳卡拧紧时产生的摩擦力

$$S' = f_1 N = 0.5\pi d^2 f_1[\sigma]$$

式中 f_1——绳间摩擦因数，$f_1=0.25$；

S'——一个绳卡产生的摩擦力（N）。

如果用 n 个绳卡，则总摩擦力为

$$S_{摩}=0.5n\pi d^2 f_1[\sigma]\geqslant S$$

从而导出所需绳卡个数

$$n=2S/(\pi d^2 f_1[\sigma])$$

式中 n——所需绳卡数（个）；

S——绳所受最大拉伸力（N）；

f_1——绳间摩擦因数，$f_1=0.25$；

d——U形体直径（mm）；

$[\sigma]$——U形体材料的许用拉力，Q235钢取140MPa。

例1 已知一拖拉绳拉力210000N，直径ϕ39mm，需要穿过桅杆顶端的耳环，用绳卡扣固定，绳卡螺丝为M24，问最少需要几个绳卡？

解 根据公式

$$n=2S/(\pi d^2 f_1[\sigma])=2\times210000\text{个}/(3.14\times24^2\times0.25\times140)=6.63\text{个}$$

所以绳卡需要7个。

三、卸扣允许荷重估算

卸扣允许荷重估算公式为

$$Q=6d^2$$

式中 Q——许用载荷（N）；

d——卸扣弯曲部分直径（mm）。

这里需要强调说明的，这只是一个估算，只能作为参考。

第二节 常用起重操作

一、“十字”操作内容

起重作业基本上有10种操作法：抬、撬、捆、挂、顶、吊、滑、转、卷、滚，统称为“十字”操作法，灵活掌握这10种方法，将会获得事半功倍的效果。

（1）抬 在搬运小件机具、材料时，由于搬运距离较短或不便使用机械运输，可以采用抬的办法，由两人或多人共同进行。操作时，所用的杠棒和绳索必须结实适用，要求操作人员步调一致，听从统一指挥，负荷分配合理。

（2）撬　在起重量和起升高度都不大的情况下，可使用撬杠将重物撬起。撬是利用杠杆原理来达到省力的目的，因此，撬扛的支点应尽量靠近重物，且支点应坚硬一些。利用撬杠可以抬高构件，以便于下面垫木板或砖头等物，也可以多次反复撬和垫，而将重物抬高或用相反的方法将重物落下。

（3）捆　捆是指用绳索、链条捆绑需要吊装、搬移或固定物件的操作。根据起重量、物件的几何形状、重心位置、物件是否易变形以及吊装的工艺要求等因素，全面考虑捆绑方式和吊点。竖直起吊长大构件，应在物件重心上部捆绑；物件需水平位置吊装时，则应在重心两边对称捆绑。捆绑应结实牢固，各股绳应受力均匀。捆绑有棱角的物件时，应在棱角处用软物垫好。

（4）挂　挂是指物件捆绑好后进行挂钩的操作。一般挂钩方式有单绳扣挂钩、对绳中间挂钩、背扣挂钩、压绳挂钩、单绳多点起吊往复挂钩等。挂钩时，要注意吊件的中心位置和各股绑绳是否受力均匀。吊件在惯性力和其他外力作用下，绳索不应发生位移和相互挤压等现象。

（5）顶　顶是指用千斤顶将重物顶起来的操作。这种方法简便、易行、安全、省力，尤其对一些大型物件，在大型吊车难于施展或费用较高的情况下，更能发挥其优越性。

（6）吊　吊是指用起重桅杆、起重机械将重物吊起并放置到指定位置的操作。这是垂直运输中最常用的一种方式，其特点是起重量大，起升高，工作面宽，速度快，效率高。

（7）滑　滑是指将重物放在滑道上，用机械或人力牵引，使重物滑移的操作，一般用于短距离移动或设备卸车等场合。为了减少摩擦力，通常用钢轨作滑道，钢轨和重物之间放置滑板，并在钢轨上涂以润滑油。

（8）滚　滚是利用滚杠的滚动而移动重物的方法，通常用于短距离水平运输。

（9）转　转是将重物在平面内旋转一定角度的操作方法，可以利用重物下设置滚杠和滚道就地转动，也可以设置专门的转盘旋转重物。

（10）卷　卷是指用绳索套在圆形物体上，拉动绳索，使物件上滚或下放的操作方法，常用铸铁管、混凝土管或电杆的装车或卸车。

二、绳扣系结和绳索插接的要求和方法

1. 吊装常用的系结方法

在起重作业中，由于作业环境、施工工具、起重方法、重物形状、重物重量等不同，相应的系结重物方法也有很多。但最常用的系结重物方法主要有兜、锁、捆、卡、拴等五种，下面分别介绍。

（1）兜法　这种方法简单、实用。它用两根吊索，吊索绳端挂在吊钩上，

吊索直接兜在重物下面。使用这种方法，两吊索之间的夹角不应太大或太小，夹角太大容易滑动；夹角太小容易倾翻。一般两吊索之间的夹角以60°左右为宜，设备也不宜太重或太长。因此，此方法常用于装车、卸车和短距离的水平吊运，如图4-3所示。

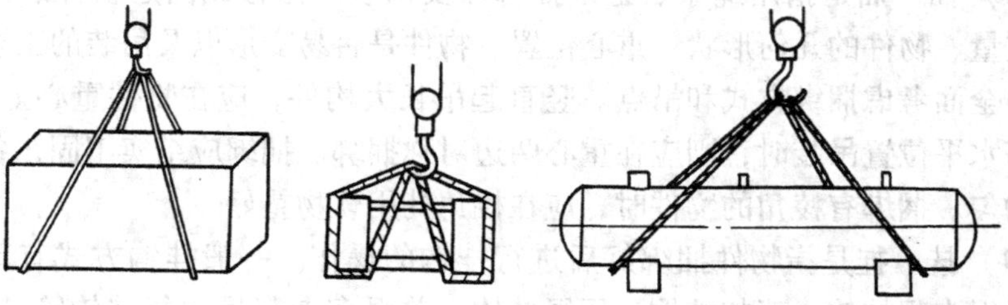

a)　　b)　　c)

图4-3　兜法系结设备

a）箱体兜法　b）双兜法　c）水平兜吊容器

（2）锁法　这种方法可吊装和吊运各种设备、构件和塔类物体，也是起重工作中广泛使用的方法。它可以吊长、大、重的物体，具有吊物越重越收得紧的特点。所以，特别适用于筒体、塔类设备的吊装就位，如图4-4所示。

（3）捆绑法　对于重量较大的物体，由于绳索的许用应力有限，因此需要多根绳索才能承受拉力。一般采用一根较长的钢丝绳多次绕在吊点上而形成多股，再利用卸扣连接进行吊装作业。此外，对于一些外形不规则和表面光滑的物体，也需要用钢丝绳进行捆绑，才能吊装就位，如行车整体吊装的捆绑，罐、槽的捆绑等。采用捆绑法吊运物体，特点是起吊重量大，安全可靠，不受物体外形的限制，如图4-5所示。

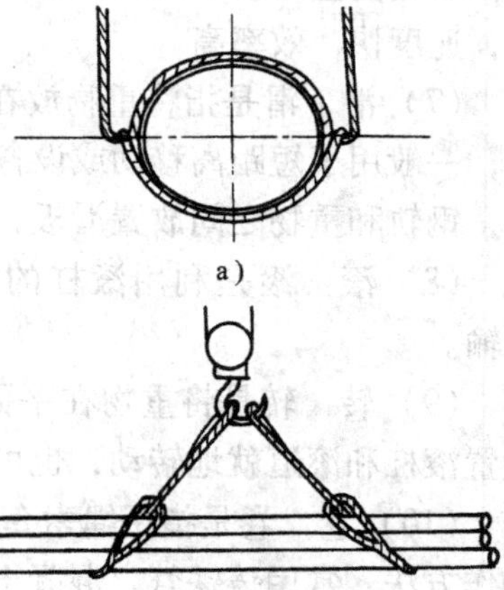

a)

b)

图4-4　锁法系结构件

a）筒体锁法系结　b）多根钢管锁法系结

（4）卡法　卡法就是用成对绳扣，再用卸扣将绳扣和设备卡接在一起的方法。此法简单方便，适用于有吊耳的设备和构件，如图4-6所示。

（5）拴法　当搬运轻便设备、零件、构件时，由于受到运输道路的限制，或存放地点过于狭窄，搬运路线又比较近时，可把麻绳拴在物体和抬杠上，通过人抬进行搬运，如图4-7所示。

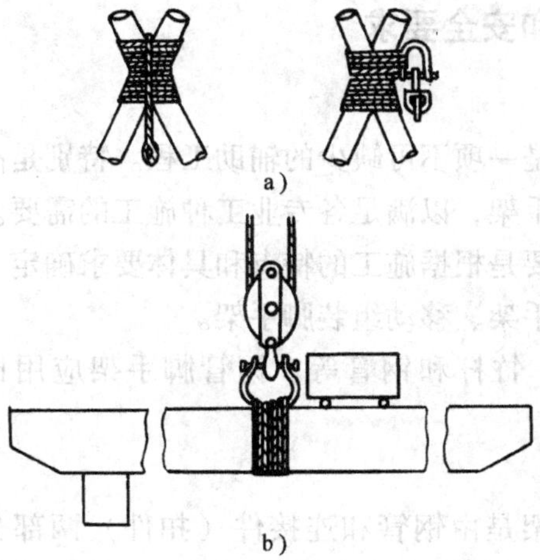

图 4-5　捆绑法系结物体

a）人字桅杆捆绑法　b）行车捆绑法

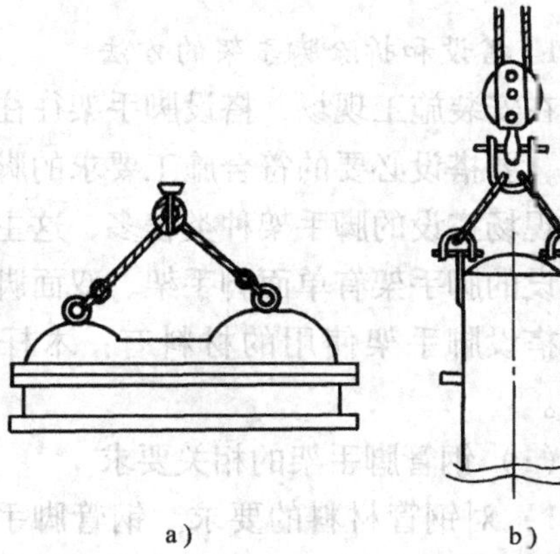

图 4-6　卡法系结设备

a）用卸扣卡结缸盖　b）用卸扣卡结罐体

2. 绳索插接的方法

钢丝绳插接是起重作业中经常遇到的一项工作，主要是插接吊索和连接钢丝绳等，插接质量直接关系到安全操作问题。因此，起重作业人员应该熟练掌握钢丝绳的插接方法。

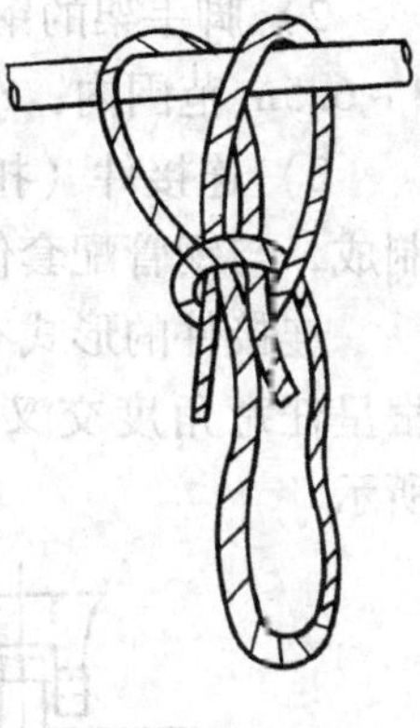

图 4-7　抬杠拴法

（1）吊索的插接　吊索也称千斤绳、对子绳或吊带等，一般用于将重物连接在吊钩、吊环上或用来固定滑车、卷扬机等。它的插接方法有一进一、一进二、一进三、一进四和一进五五种，最常用的是一进三插接法（即从第一道缝分别插入三股钢丝绳）。

（2）钢丝绳的连接　钢丝绳连接通常有小接法和大接法两种。小接法主要用于起重吊索的插接和钢丝绳环的连接，上述吊索绳扣的插接就是小接法形式之一；另外一种小接法是把钢丝绳的两端连接在一起，做成一个绳环。大接法主要用于卷扬机、滑轮组、起重机的钢丝绳连接或用来接长钢丝绳。大接法接头的质量高，能保证钢丝绳的接头断面与原来的钢丝绳断面相似，以使钢丝绳在使用中能平稳地通过滑车槽。

1）小接法。小接法与吊索绳扣插接的方法基本相同，插接时一般多采用一进三插法。插接长度约为钢丝绳直径的 50 倍。

2）大接法。大接法也称长接，其插接长度一般为钢丝绳直径的 800 ~ 1000 倍左右。在插接前需要将两个破头分别割掉三根，再将六个绳股的捻向分别缠好，最后进行压头和摔头处理。

三、搭设和拆除脚手架的方法和安全要求

1. 搭设和拆除脚手架的方法

在安装施工现场，搭设脚手架往往是一项不可缺少的辅助工程。特别是高空作业，要搭设必要的符合施工要求的脚手架，以满足各专业工种施工的需要。

现场搭设的脚手架种类较多，这主要是根据施工的特点和具体要求确定。一般搭设的脚手架有单面脚手架、双面脚手架、移动组装脚手架。

搭设脚手架使用的材料有：木杆、竹杆和钢管等。钢管脚手架应用比较普遍。

(1) 钢管脚手架的相关要求

1) 对钢管材料的要求。钢管脚手架是由钢管和连接件（扣件）两部分组成。钢管脚手架属于一种承重结构，因此，对钢管的要求其强度要符合标准的规定。通常使用的多为焊接钢管，规格为 ϕ48mm×3.5mm。钢管本身要有出厂证明，必须是合格产品，外观上不得有严重的锈蚀、弯曲、压偏、裂纹等缺陷。

2) 脚手架的钢管长度。对于立杆、大横杆、剪刀撑、斜撑等，一般长度在4~6.5m范围内；小横杆长度在2.5m左右。

3) 连接件（扣件）的要求。钢管的连接件通常用符合标准要求的可锻铸铁制成，与钢管配套使用。连接件出厂时也要有合格证明。

连接件的形式有：直角式，用于两根垂直交叉钢管的连接；旋转式，用于两根呈任意角度交叉的钢管的连接；对接式，用于两根钢管的连接，如图4-8所示。

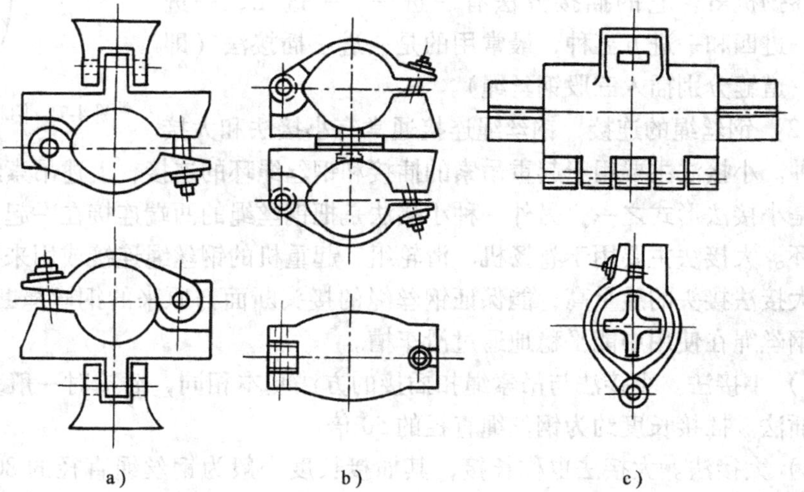

a)　　b)　　c)

图4-8　连接件

a) 直角式　b) 旋转式　c) 对接式

钢管脚手架的底座是用于承受立杆传递的荷载，它也是用可锻铁锻制成的。底坐有标准底座和焊接底座，如图 4-9 和图 4-10 所示。

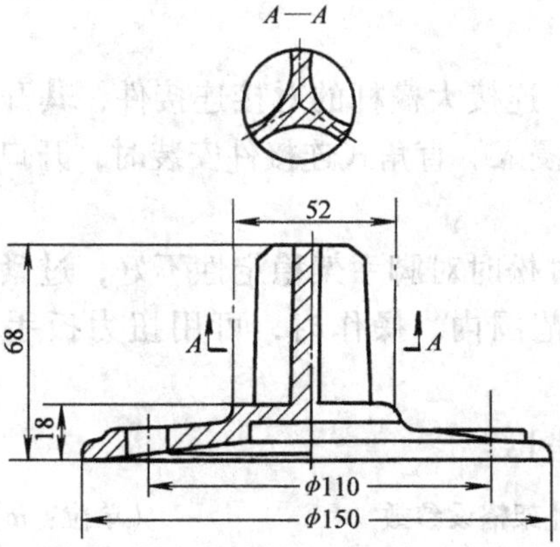

图 4-9　标准底座

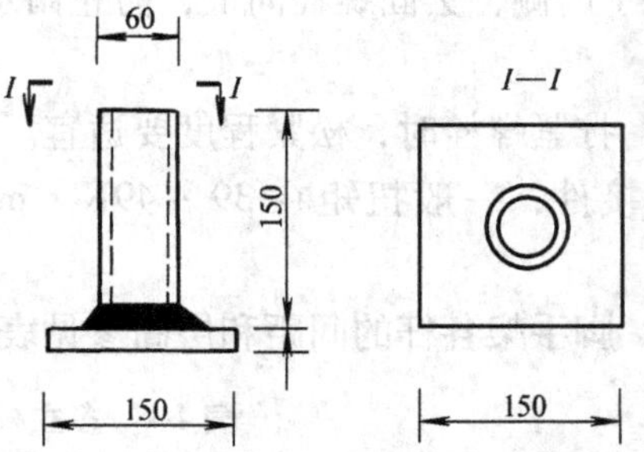

图 4-10　焊接底座

连接件的坚固程度，对脚手架的稳定性是至关重要的，也是考核脚手架安全与否的主要标志，因此，连接件必须拧紧，并保证不出现滑动现象。

（2）准备工作　脚手架搭设前准备好钢管和连接件，并检查其是否有缺陷，搭设地面要平整、坚实、无障碍物。

（3）搭设的步骤

1）处理好地面。

2）安放底座或垫板。

3）树立杆并设置扫地杆，并相互紧固。

4）装扫地杆上的小横杆并与立杆、扫地杆紧固。

5）安装第一步大横杆并与各立杆紧固。

6）安装第一步小横杆。

7）安装第二步大横杆。

8）安装第二步小横杆。

9）安装第三、四、五步大横杆和小横杆。

10）设剪刀撑、斜撑、加固撑；设护栏和低栏杆；铺设脚手架。

（4）搭设脚手架具体要求

1）安立杆时要垂直，其偏差为脚手架高度的 1/200，相邻立杆接头要相错 500mm，而且不要在同一步距内，以保证架子的稳定性。

2）大横杆要平直，纵向水平高度差要不超过 50mm，横杆的接头在同一步距内也应错开。

3）剪刀撑的搭设是一根斜杆紧固在立杆上，另一根斜杆紧固在小横杆的伸出部分，以防止钢管变形并保持其稳定性。斜杆两端连接件与立杆交点的距离要小于20cm，最下面的斜杆与立杆的连接点离地面不应超过50cm。

4）脚手架各种杆件相交伸出的长度，均应大于10mm，以避免出现滑脱现象。

5）连接件的安装，开口朝向要合适，连接大横杆的对接连接件，其开口应朝向架子内侧，紧固螺栓向上，防止雨水浸入。直角式连接件安装时，开口不得朝下。

6）拧紧螺栓时，松紧程度要适宜。过松时对脚手架稳定性不好，过紧时易损坏连接件，一般扭矩在39～49N·m范围内。操作时，可用扭力扳手进行控制。

7）脚手架各杆的间距和层高参见表4-1。

表4-1　多立杆外架搭设参数　　（单位：m）

用途	脚手架构造形式		里立杆离墙面距离	立杆间距		操作层小横杆间距	林横杆步距	小横杆挑向墙面的悬背
				横向	纵向			
砌筑架	扣件钢管	单排	——	1.2～1.5	2.0	0.67	1.2～1.4	——
		双排	0.5	1.5	2.0	1.0	1.2～1.4	0.4～0.45
装修架	扣件钢管	单排	——	1.2～1.5	2.2	1.1	1.6～1.8	——
		双排	0.5	1.5	2.2	1.1	1.6～1.8	0.35～0.45

注：1. 单排脚手架立杆横向间距指立杆离墙的距离。
2. 表中各参数仅适用于只有一步架上操作。若架高达20m，且同时在2或3步架上操作时，立杆的纵向间距应加密或使用双立杆。
3. 当砌筑石砌体时，应采用双排架。立杆横间距为2m，立杆间距应通过核算。
4. 在操作层上，小横杆间距可加大，即每隔一根抽掉一根，以利周转。
5. 小横杆的间距，还应根据采用的脚手板进行调整。

8）脚手板的铺设：

① 钢脚手板，厚度为2～3mm，长度为1.5～3.6m，宽度为23～25cm，肋高5cm，两端要有连接装置，板面有防滑孔或防滑条。

② 木脚手板，厚度要大于5cm，材质为杉木或松木，宽度20～30cm，板两端用8号镀锌铁丝缠绕2～4圈。

③ 竹脚手板，由竹片对称叠成，用螺栓紧固，螺栓间距50～70cm，板厚要大于5cm，连接宽度要大于40cm，长度2.2～2.3m。

对于有裂纹、扭曲、斜纹、破裂等缺陷的脚手板不得使用。

（5）脚手架的维护和保管　对脚手架用的钢管要经常维护，发现有弯曲、变形时应及时进行校直，并定期进行除锈和防腐处理，防止锈蚀。连接件用过后，应清洗和检查，并涂以防锈油脂。不符合要求的要及时清理，防止发生事故。

2. 搭、拆脚手架的安全要点

1）脚手架要求有稳定的结构和足够的承载能力，能保证施工期间在允许载荷的作用下不变形、不倾斜、不摇晃。

2）要把好材料关，对不合格钢管（木杆、竹片等）和连接件，不得使用，防止发生事故。

3）为保证脚手架搭设质量，地基要处理好，不准在未经处理的起伏不平和软硬不一的地面上进行搭设。

4）要严格按脚手架的结构尺寸进行搭设，控制好立杆的垂直偏差和横杆的水平偏差，并确保节点的可靠连接。

5）要严格控制使用载荷，确保有较大的裕量，一般要求安全系数不小于3。脚手架上面堆放重物每平方米不超过2700N，必要时要采取加固措施。

6）脚手架搭设过程中应及时设置斜撑杆、剪刀撑以及加固结构，防止在搭设中出现偏斜甚至倾斜事故。

7）通过高压线下的脚手架，要符合电力安全的有关规定，应与高压线保持安全距离。

8）在脚手架上拉设电源线，必须要有可靠的接地措施，在雷雨季节，高层钢脚手架要有防雷设施。

9）脚手架上面不准敷设起吊桅杆，同时不允许将起吊桅杆的缆风绳拴在脚手架上面。

10）在脚手架搭设时，钢管、连接件的传递要用绳索运送，不准抛扔，以免发生伤亡事故。

11）脚手架搭设完毕，要经过有关部门检查核定，并经现场技术负责人批准后，方可使用。

12）工程完工后，拆脚手架时，要划定工作区标志，禁止非作业人员进入。

13）拆脚手架，要按拆除顺序进行，由上向下，后拧紧者先拆，先拧紧者后拆。一般先拆栏杆、脚手板、剪刀撑，而后拆小横杆、大横杆、立杆等。

14）脚手架拆除时，指挥要统一，上下动作协调一致。

第三节 物件的水平运输

小型设备与构件（以下简称物件）的水平运输，根据运距、体重和外型尺寸以及运输距离的长短、道路、运输环境、人员情况、设备工具条件的不同，可有多种运输方式。当距离较长时可以将设备或构件装上火车、汽车、船舶等运输设备进行搬运；当水平运输距离较短时可以直接利用起重设备进行搬运；当设备或构件很轻时，可以采取人力或简单的起重工具进行搬运；当道路狭窄，机械化运输设备无法通过，或运输距离较短的单一设备时，且机械化的运输工具无法进入，或使用运输设备的成本较高，可以用滑移或滚杠来运输，虽然这种方式速度较慢，但成本较低，在目前还是一种简便易行的设备水平运输方法。本节主要介绍小型设备与构件短距离水平位移基本操作方法以及安全注意事项。

一、物件的滑移

1. *滑移的基本方法*

1）物件的滑移是指将物体放在滑道上，在机械或人力牵引下，克服滑动摩擦力，使物体沿一定方向移动的操作。一般用于物件的短距离搬运、装车或卸车等场合。由于物件不离开支承面，因此，滑移操作较安全。

2）若需搬运的物件较轻，且搬运的距离较短，地面平整、光滑，则可直接在地面上拖动。

3）如果需搬运的物件较重，且搬运距离又长，则可在现场制作拖排，将物件放在拖排上，牵引拖排使物件随着拖排一起滑动。也可用钢轨和枕木铺成走道，将拖排放在钢轨走道上，牵引拖排带动物件沿着钢轨滑移，如图4-11所示。为减少摩擦力，通常用钢轨作滑道，钢轨与物件之间放置滑板，并在钢轨上涂以黄油进行润滑。

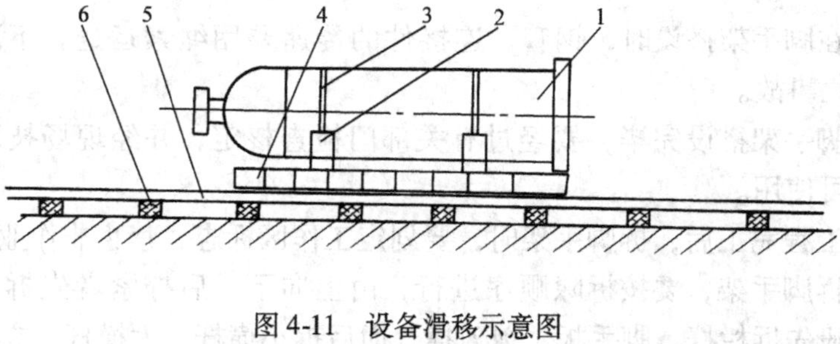

图4-11　设备滑移示意图

1—设备　2—鞍座　3—拉紧带　4—拖排　5—钢轨　6—枕木

2. *滑运物件牵引力计算*

（1）平地滑运物件牵引力计算公式　如图4-12所示，若要使物件向右滑移，则作用在物件上的力 S 必须克服物体与支撑面之间的摩擦力 F 物件才能移动，根据计算摩擦力的公式，平地滑移物件牵引力

$$S \geqslant F = \mu N = \mu Q = \mu mg$$

式中　S——牵引力（N）；

μ——滑动摩擦因数；

N——设备对支撑面的压力（N）；

Q——设备的重量（N）；

m——设备的质量（kg）；

g——重力加速度（m/s^2），$g=9.8m/s^2$。

（2）斜坡滑运物件牵引力计算公式　如图 4-13 所示，当物件在斜坡上滑运时，还要考虑重力在斜面平行方向上的分力，则滑运物件牵引力

$$S \geqslant \mu mg\cos\alpha \pm mg\sin\alpha$$

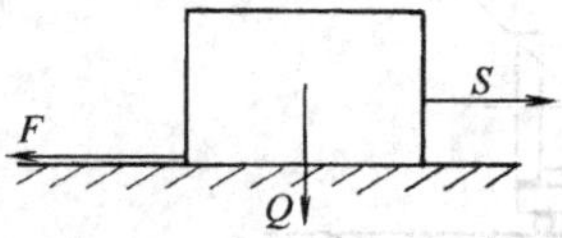

图 4-12　平地滑运设备受力分析示意图

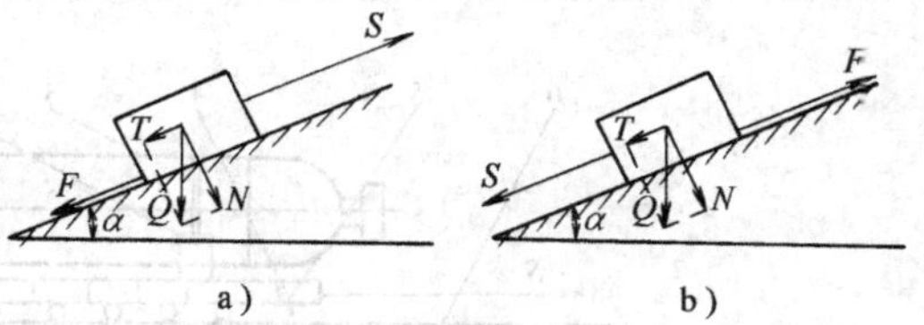

图 4-13　滑运设备受力分析示意图

a）斜面上滑　b）斜面下滑

当坡度很小时，$\cos\alpha \approx 1$，$\tan\alpha \approx 1/n$，（$1/n$ 为坡度，上坡为正，下坡为负），上式简化为

$$S \geqslant mg\left(\mu \pm \frac{1}{n}\right)$$

由于地面不平，在计算滑移牵引力 S 时还应考虑地面不平系数 K_b 和起动附加系数 $K_{起}$（起动时的静摩擦力要大于设备运动时的滑动摩擦力）。一般取地面不平系数 $K_b=1.2\sim1.5$；起动附加系数 $K_{起}=2.5\sim5$。则上式为

$$S \geqslant K_b K_{起}\, mg\left(\mu \pm \frac{1}{n}\right)$$

木拖排在雪地上滑动，$\mu=1$；木拖排在水泥地上滑动，$\mu=0.5$；木拖排在土地上滑动，$\mu=0.55$；钢板撬在雪地上滑动，$\mu=0.1$；钢板撬在水泥地上滑动，$\mu=0.4$；钢板撬在土地上滑动，$\mu=0.42$；钢排在钢轨上滑动，加油时 $\mu=0.04$，不加油时 $\mu=0.1$。

3. 滑移的安全注意事项

1）选择的道路要平整、畅通，路上的障碍物要事先清除掉。

2）指挥人员必须和操作人员密切配合。

3）设备牵引时，操作应平稳、缓慢，控制好速度。

4）牵引设备的绳索位置不要过高，为避免搬运高大设备时出现摇晃或倾倒，可适当增加几根拖拉绳来增加设备的稳定性。

5）搬运过程中遇有上下坡时，要用拖拉绳对设备加以牵制。

二、物件的滚杠运输

1. 滚杠运输的基本方法

1）在物件水平搬运中，当物件较笨重时，把物件放在滚杠上滚要比滑省力，这是因为滚动摩擦力远小于滑动摩擦力。滚杠搬运物件就是利用滚动摩擦的原理，达到省力的目的。滚杠搬运在起重作业中，特别在短距离的运输作业中应用较多。利用滚杠来搬运物件时需要的机具有滚杠、拖排、牵引设备和滑轮等。通常将物件放在拖排上，在拖排的下面铺设滚杠，如图4-14所示。

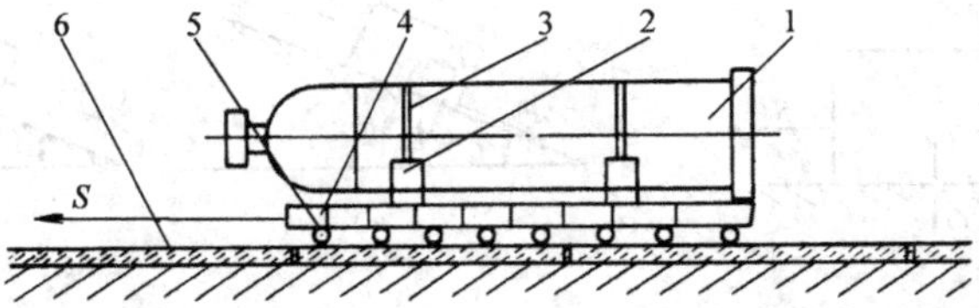

图4-14　滚杠搬运示意图

1—设备　2—鞍座　3—固定设备的拉紧带　4—拖排　5—滚杠　6—枕木

2）当物件搬运的沿线地面为平整的水泥路面，物件的底面为光滑、平整的金属面，而且在搬运过程中物件将不会产生变形时，可以将物件直接放在滚杠上，然后通过牵引物件，使物件在滚杠上向前滚运。

3）如果物件有包装箱，且包装箱底板有一定的强度，则可以将滚杠放置在包装箱与水泥路面之间进行滚运物件，见图4-15。

图4-15　滚杠直接放置在物件与水泥地面之间

4）当路面不坚实时，可以在地面铺上木板、枕木或钢板作为走板，防止滚杠陷入路面中影响滚运。无论是木板、枕木走板还是钢板走板，在两块走板的搭头处应交叉一部分，以免滚杠掉在走板的间隙中，如图4-16所示。

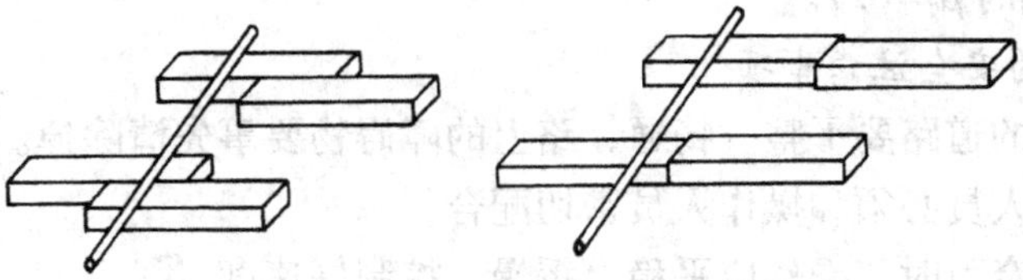

正确摆放　　错误摆放

图4-16　走板的摆放

5）当被搬运的物件底面虽然为金属面，但底面高低不平时，则应将物件放置在拖排上，物件与拖排绑扎固定在一起，拖排下面放置滚杠，牵引拖排，使物件向前滚运，如图 4-17 所示。

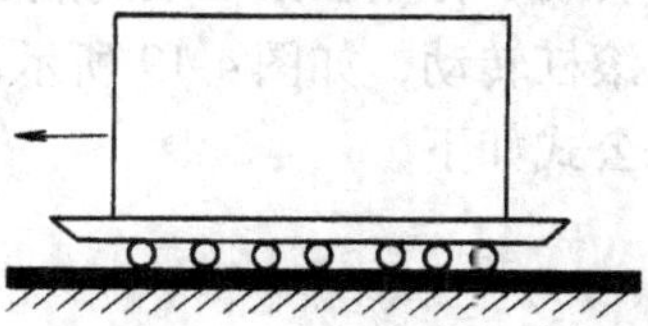

图 4-17 滚杠放置在物件与走板之间

6）滚杠的选择应由被搬运物件的重量、外形尺寸等情况决定。滚杠的粗细、数量以及间距与被搬运物件的重量有关。一般被搬运物件的重量较大，应选用较粗的滚杠。滚杠的长短应视被搬运物件的外形尺寸而定，一般滚杠的长短以其两端伸出物件底面 300mm 左右为宜，且滚杠的长短、粗细应基本一致。一般搬运重量在 30t 以下物件时选用 ϕ76mm × 10mm 的无缝钢管；搬运物件重量在 30 ~ 50t 时选用 ϕ108mm × 12mm 的无缝钢管；搬运物件重量在 50t 以上时要在 ϕ108mm × 12mm 的无缝钢管内灌满砂子，捣实后将管子的两端封住，或在钢管内灌满混凝土。

7）滚杠的摆设方向应与物件走向一致，滚杠的端头放整齐。当直线运动时，滚杠垂直于走向。当拐弯时，滚杠应摆成扇形，并随时改变移动的方向。转弯半径较大时，则滚杠间的夹角应小一些，转弯半径较小时，则滚杠间的夹角应大一些。在物件搬运过程中发现滚杠不正时，可以用大锤敲击滚杠以调整转弯角度，如图 4-18 所示。

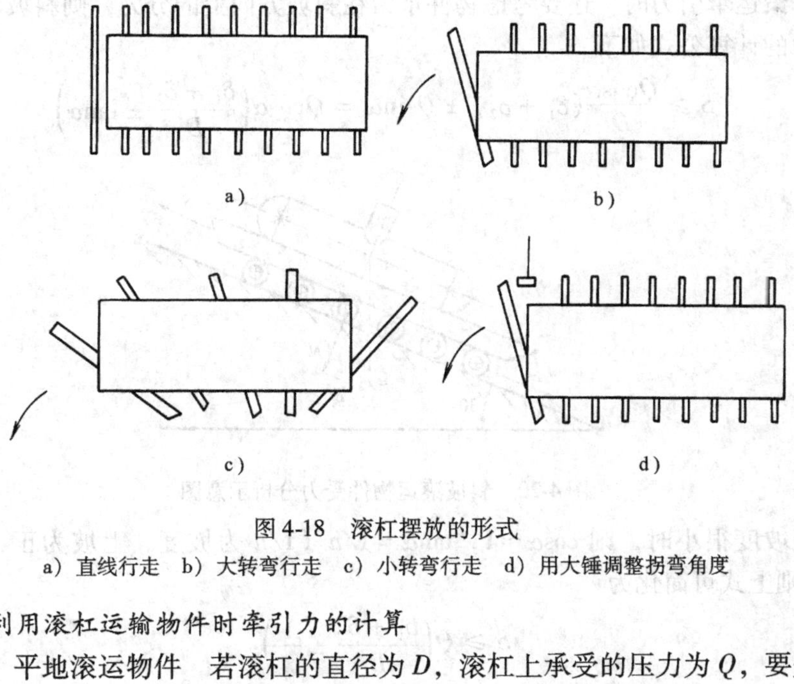

图 4-18 滚杠摆放的形式

a）直线行走 b）大转弯行走 c）小转弯行走 d）用大锤调整拐弯角度

2. 利用滚杠运输物件时牵引力的计算

（1）平地滚运物件 若滚杠的直径为 D，滚杠上承受的压力为 Q，要是滚杠转动，作用在滚杠最高点的牵引力 S 必须克服滚杠上、下的滚动摩擦力矩才能时滚杠转动，如图4-19所示，则平地滚运物件时，滚杠上所需的牵引力 S 的计算公式如下

$$SD \geqslant Q(\delta_1 + \delta_2)$$

$$S \geqslant \frac{Q}{D}(\delta_1 + \delta_2)$$

式中 S——牵引力（N）；

Q——物件作用在滚杠上的力（N）；

D——滚杠的直径（mm）；

δ_1——滚杠与滚道之间的滚动摩擦因数（mm）；

δ_2——滚杠与拖排之间的滚动摩擦因数（mm）（如果物件底面直接放在滚杠上时，δ_2 为滚杠与物件底面之间的滚动摩擦因数）。

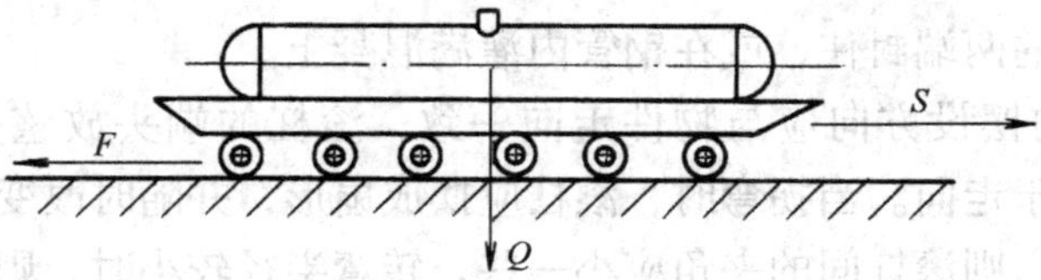

图4-19 平地滚运物件受力分析示意图

（2）斜坡滚运物件牵引力的计算 如图4-20所示，当物件在斜坡上滚运，在计算滚运牵引力时，还要考虑物件重力在斜坡方向上的分力，则斜坡滚运物件牵引力的计算公式如下

$$S \geqslant \frac{Q\cos\alpha}{D}(\delta_1 + \delta_2) \pm Q\sin\alpha = Q\cos\alpha\left(\frac{\delta_1 + \delta_2}{D} \pm \tan\alpha\right)$$

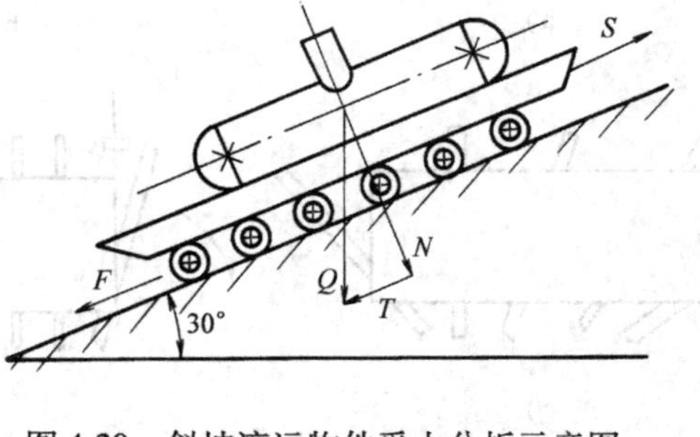

图4-20 斜坡滚运物件受力分析示意图

当坡度很小时，则 $\cos\alpha \approx 1$，$\tan\alpha = 1/n$（$1/n$ 为坡度，上坡为正，下坡为负），则上式可简化为

$$S \geqslant Q\left(\frac{\delta_1 + \delta_2}{D} \pm \frac{1}{n}\right)$$

但是，起动时的牵引力要大于设备滚动时的牵引力，所以在计算时还要乘上起动附加系数 $K_{起}$。上式可转化为

$$S \geqslant K_{起} Q\left(\frac{\delta_1+\delta_2}{D} \pm \frac{1}{n}\right)$$

一般在钢滚杠对钢轨时 $K_{起}=1.5$；钢滚杠对枕木时 $K_{起}=2.5$；钢滚杠对土地时 $K_{起}=3\sim5$。

3. 滚杠允许载荷的计算

滚杠在受压后不应产生变形，而应保持其圆形截面，根据经验，滚杠的允许载荷计算公式为

$$W = 4d \sim 53d$$

式中　W——滚杠每毫米承压长度上的许用载荷（N/mm）；

d——滚杠的直径（mm）。

常见滚杠允许载荷如下：

1）松木滚杠为 $W=4d\sim4.5d$。

2）硬木滚杠为 $W=6d$。

3）厚壁无缝钢管滚杠为 $W=35d$。

4）厚壁无缝钢管滚杠（充填混凝土）为 $W=40d$。

5）锻钢滚杠为 $W=53d$。

根据要搬运物件的重量和所选用滚杠的型号规格，搬运物件所需滚杠的根数可按以下公式计算

$$m \geqslant \frac{Q_{计}}{WL}$$

式中　m——滚杠的根数（根）；

$Q_{计}$——计算载荷，即被搬运物件（含拖排）作用与滚杠上的力（N）；

L——每根滚杠上有效承压长度（mm）。

在计算滚杠数量时，要考虑到起动因素和超载因素。另外，滚杠前后倒运要多准备 3~5 根。因此，滚杠搬运物件所需滚杠的根数计算如下

$$m = \frac{K_1 K_2 Q_{计}}{WL} + (3 \sim 5)$$

式中　K_1——动荷系数，一般取 1.1；

K_2——超载系数，一般取 1.1。

4. 使用滚杠时的安全注意事项

1）选择的道路要平整、畅通，路上的障碍物要事先清除掉。

2）在运输过程中必须有一个人统一指挥，有专人放置滚杠。放置滚杠时不准戴手套，以防将手套绞入压伤手指。手拿滚杠时应把大拇指放在滚杠孔外，其

余四指放在孔内，不能一把抓住滚杠，以免压伤手指。添放滚杠的人员应站在被滚运物件的两侧面，不准站在物件倾斜方向的一侧，滚杠应从侧面插入。

3）滚杠有弯曲、较大面积的凹陷时必须经整形后方可投入使用，有裂纹的滚杠不得投入使用。

4）应加强对滚杠的维护与保养，滚杠使用完后应清除粘在滚杠外表面的泥砂，保持其清洁。不同规格的滚杠应分开堆放。对两端面有毛刺、卷边的滚杠应进行修整，以防扎伤手指。

5）牵引设备的绳索位置不要过高，为避免搬运高大设备时出现摇晃或倾倒，可适当增加几根拖拉绳来增加设备的稳定性。

6）搬运过程中遇有上下坡时，要用拖拉绳对设备加以牵制。

三、滑运（或滚运）物件牵引拉力的估算

由于运输道路的坑洼不平，地面铺设的木板、枕木或钢板（走板）不平，滚杠的不圆、弯曲等多种因素，在确定物件拖运拉力时，理论计算的结果与实际情况不相吻合，实际的拖运拉力比理论计算值要大得多。在生产实践中，总结了一些经验公式，在物件搬运时，可以利用设备重量乘以阻力系数 K 这一经验公式估算平地滑运或滚运物件时所需的拉力，即 $S = Kmg$，具体数值参见表4-2和表4-3。

表4-2　使用钢排平地滑运设备所需拉力的估算　　（单位：kN）

设备重量	在土地面上	在水泥地面上	在钢轨上
	$K=0.65$	$K=0.60$	$K=0.20$
50	32.5	30	10
100	65	60	20
150	97.5	90	30
200	130	120	40
250	162.5	150	50
300	195	180	60
350		210	70
400		240	80
500		300	100
600			120
800			160

表 4-3　使用钢管平地滚运设备所需拉力的估算　　（单位：kN）

设备重量	在水泥地上	在木头上	在钢轨上
	$K=0.25$	$K=0.3$	$K=0.15$
50	12.5	15	7.5
100	25	30	15
150	37.5	45	22.5
200	50	60	30
250	62.5	75	37.5
300	75	90	45
350	87.5	105	52.5
400	100	120	60
500	125	150	75
600			90
800			120
1000			150

四、圆筒物件滚运和原地翻滚

1. 圆筒物件的滚运

圆筒物件滚运常用于圆筒物件的装卸车和短距离的挪动。滚运时在物件的下面用道木铺设滚运道。铺设道路时要根据物件的具体情况而定，以保证物件在滚运过程中的安全。牵引钢丝绳在物件重心位置缠绕数圈，其自由端拴固在物件身上，另一端从物件上表面水平伸引到卷扬机上，当牵引绳受拉时，物件就向前滚运。

圆筒物件采用滚运方法进行装卸时，应考虑其强度和刚度，根据物件的直径、长度、壁厚、质量等条件来搭设滚道。滚道的坡度不宜过大，一般不超过20°，滚运长物件时，滚道的数量和宽度应适当加大。滚运时速度不宜过快，在物件运动的相反方向应有制动措施。

2. 圆筒物件的原地翻滚

圆筒物件的原地翻滚常用于物件分段组对和物件调整方位。原地翻滚是在物件两侧用斜楔木挤紧，并在运动方向的斜楔木斜面（即为物件的接触面上）垫一块涂有黄油的厚钢板（也可以在适合的鞍座上或滚胎上），在物件重心位置上用绳索缠绕数圈，自由端固定在物件自身上，另一端沿物件壳体切向方向垂直向上牵引。引伸的牵引绳应在垫涂油钢板的对侧。当绳索牵引时，物件就在钢板面上滑动，从而实现物件的原地翻滚。

牵引力 $S \geqslant Qf$，约为物件重力的四分之一。

在牵引绳索拉力的作用下，保证物件的安全翻滚，防止物件受到破坏，可用

下式进行校核

$$\sigma_{max} = \frac{SD}{(D-\delta)\delta t} \leqslant [\sigma]$$

式中 σ_{max}——物件受到的应力（MPa）；

S——牵引索上拉力（N）；

D——物件直径（mm）；

δ——物件壁厚（mm）；

t——缠绕在物件上钢绳间距，可近似取为绳的直径（mm）；

$[\sigma]$——物件材料的许用应力（N/mm^2）。

因为 $D/(D-\delta) \approx 1$，则上式可简化为 $S \leqslant [\sigma]\delta t$。令 $[S] = [\sigma]\delta t$，所以，当牵引索的拉力 S 小于许用拉力 $[S]$ 时，物件滚运才安全。

例2 在某建设工地有一圆筒物件，需要原地转动进行组对。该物件的质量为10t，壁厚16mm。物件材料的许用应力 $[\sigma] = 160MPa$。现用直径为 $\phi 17mm$ 的钢绳牵引使其进行翻滚，问物件的强度是否满足要求？

解 因为物件的质量为10t，所以物件的重力为100kN，原地翻滚所需的拉力约为重力的1/4，即 $S = 100kN/4 = 25kN$

许用拉力 $[S] = [\sigma]\delta t = 160MPa \times 16mm \times 17mm = 43520N = 43.52kN$

所以 $S < [S]$，故该方法安全可行。

五、物件的转向

在物件的搬运过程中，有时根据起重吊装的需要，将重物水平转动一个角度，对于在有起重机具时，一般将物件悬吊起来在空中进行。如没有起重机具或无法使用起重机具时可采用以下方法进行转向：

1. 用撬杠拨动

当重物较轻时，可以使用撬杠将重物撬起再横向摆动撬杠的尾部，使重物绕支点移动，从而进行重物的移动或转向。当重物移动的距离较长和变换的角度都较大时，可进行多次操作来完成。拨动可一人或多人操作，多人操作时动作要协调一致，防止发生事故。

2. 转盘法

基本步骤如下：

1）在物件两端用千斤顶将其顶起，在物件的重心位置下面搭设木垛，木垛的底面积大小应能承受物件的全部重量，并不会使物件倾斜。

2）在木垛上面放置三层厚度不小于10mm的钢板，钢板要平整，中间一块要稍小于上下两块，并在钢板的接触面上涂满黄油。

3）在钢板与物件之间再放一层道木，拿掉千斤顶。

4）用人力或卷扬机在物件端头牵拉，物件即可转到需要的角度。转动时要注意保持木垛及钢板水平，绝对不能倾斜。

3. 利用拖板滚杠旋转法

其方法有以下两种：

（1）绕中心旋转法　在需要转向的物件四角设置拖板滚杠，两对角拖拉，使重物围绕其本身中心旋转，如图4-21所示。

（2）绕角旋转法　在需要转向的物件三个角设置拖板滚杠，一个角拖拉，使重物围绕不设拖板滚杠的角旋转，如图4-22所示。

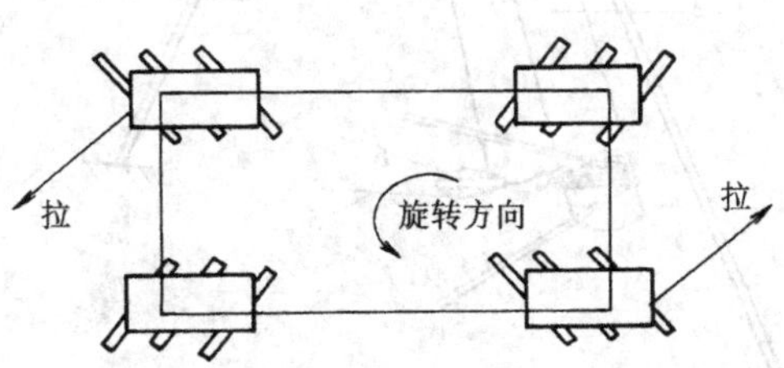

图4-21　重物绕中心旋转

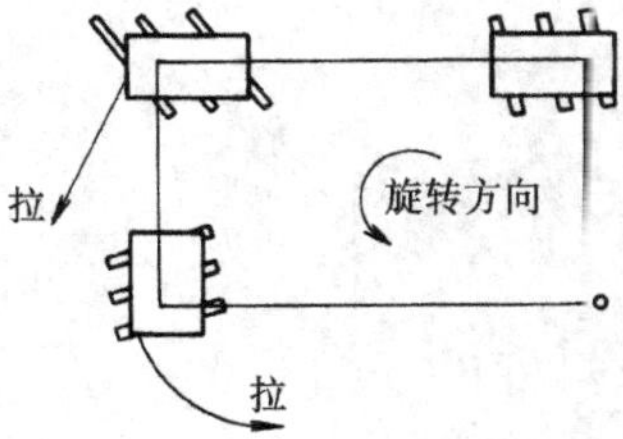

图4-22　重物绕角旋转

第四节　设备的吊装

一、独脚桅杆、人字架和三脚架的结构及立拆方法

1. 独脚桅杆

独脚桅杆又称独脚扒杆、独杆式桅杆起重机等。在各种起重吊装作业中，独脚桅杆是各类起重机械中最简单的一种。它由一根圆木或金属杆和滑车组、缆风绳及导向滑车组成，木制的独脚桅杆如图4-23所示。

由图可见，在桅杆的顶部系有缆风绳，系挂滑车组用的系紧绳及横木，在底部设有导向滑车，用以改变跑绳的方向。在导向滑车的相反方向、桅杆根部系结有固定桅杆的缆绳。有时为了便于移动，桅杆的底部可设置一个支座。

独脚桅杆是用缆风绳来固定的。缆风绳一般为4～6根，缆风绳之间的夹角应比较均匀，使缆风绳在桅杆起吊重物时受力均匀，绳与地面间的夹角一般不大于45°，只有在特殊的情况下才增大至60°。因为缆风绳与地面的夹角增大，会使桅杆、桩锚和缆风绳的受力增大，降低桅杆的起重量。因此，在作业现场条件许可的情况下，缆风绳与地面间的夹角应尽量小一些。

用作独脚桅杆的材料可为圆木和金属，用圆木作为桅杆的材料时，通常选用

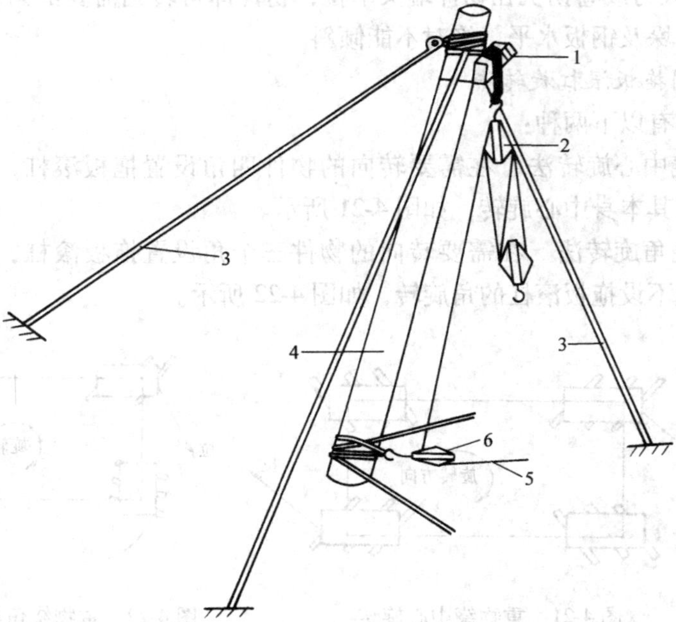

图 4-23　独脚桅杆

1—横支撑木　2—滑车组　3—缆风绳

4—木桅杆　5—跑绳　6—导向滑车

笔直而结实的松木或杉木。木材的径缩率在每米0.9cm以内，桅杆截面可为圆形或方形，一般使用圆形的截面较多。用金属作桅杆材料时可用无缝管或角钢组合，金属桅杆的起吊高度和起重量均比木桅杆大。金属桅杆有管式桅杆、格构式桅杆等。

独脚木桅杆的起吊高度一般为8~12m，起重量一般为3~5t，当起吊高度超过12m，起吊重量大于5t时，可采用组合桅杆。组合桅杆可采用两根或三根坚固的圆木搭接起来组成一根桅杆，或在桅杆的中部绑上一根加强杆，以提高桅杆的强度和稳定性。

管式桅杆是由无缝钢管加工制成，如用有缝钢管应用角钢加强。为了拆装方便和起升高度的需要，独脚管式桅杆一般可制成几段，连接时，有用法兰的，也有焊接的。法兰连接时，钢管内部加插管；对接焊缝的钢管外壁用角钢进行加固，如图4-24所示。

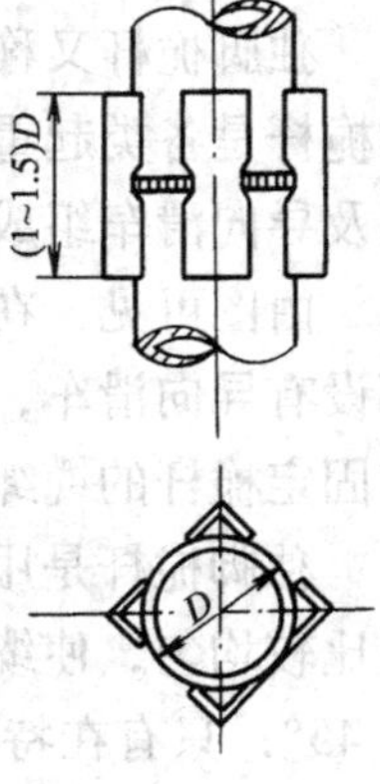

图 4-24　管式桅杆焊接联接

管式桅杆技术性能见表4-4，用角钢加强的独脚管式桅杆技术性能见表4-5。

表 4-4 管式桅杆技术性能

起重量/t	高度/m					
	8	10	15	20	25	30
	管子截面尺寸（外径/mm×壁厚/mm）					
3	152×6	152×6	219×8	299×9	351×10	426×10
5	152×8	168×10	245×8	299×11	351×11	426×10
10	194×8	194×10	245×10	299×13	351×12	426×12
15	219×8	219×10	273×8	325×9	351×13	426×12
20	245×8	245×10	299×10	325×10	377×12	426×14
30	325×9	325×9	325×9	325×12	377×14	426×14

表 4-5 角钢加强的独脚管式桅杆技术性能

规格		高度/m	双面吊重/t	单面吊重/t
管子外径/mm×壁厚/mm	角钢边长/mm×壁厚/mm			
377×8	75×8	10	50	30
377×8	75×8	13	50	26
377×8	75×8	15	48	25
377×8	75×8	17	34	22
377×8	75×8	20	30	21
377×8	75×8	25	20	15
273×8	75×8	10	38	21
273×8	75×8	13	29	17.5
273×8	75×8	15	26	16
273×8	75×8	17	19	14
273×8	75×8	20	16	11.5
273×8	75×8	25	10	8
273×8	63×8	10	38	20
273×8	63×8	13	29	17
273×8	63×8	15	25	13
273×8	63×8	17	17	11
159×4.5	50×4	6	14	5.2
159×4.5	50×4	8	9	4.5
159×4.5	50×4	10	6.5	3.6
159×4.5	50×4	12	4.5	3

格构式桅杆是一种起重量较大的金属桅杆，起吊高度可达70m，起重量在100～350t，其结构主要为角钢焊接成的正方形截面，技术性能见表4-6。

表4-6　格构式桅杆技术性能

种类	主截面/m	两端截面/m	主肢角钢/mm	斜缀条角钢/mm	起重量 Q/t 桅杆高度 H/m 自重 G/t				
1	1.2×1.2	0.8×0.8	200×200×16	100×100×8	Q H G	100 40 21			
2	1.2×1.2	0.8×0.8	150×150×12	65×65×6	Q H G	50 45 15	55 40 13		
3	1.2×1.2	0.8×0.8	130×130×12	65×65×6	Q H G	45 40 14	50 35 13	55 30 11	60 25 11
4	1.0×1.0	0.7×0.7	100×100×12	50×50×5	Q H G	25 40 11	30 35 10	35 30 9	40 25 8
5	0.9×0.9	0.6×0.6	90×90×12	50×50×5	Q H G	20 40 10	25 32 9	27 30 8	29 25 7
6	0.75×0.75	0.45×0.45	100×100×12	50×50×5	Q H G	30 30 5.4	36 22 4.4	38 15 3.3	
7	0.65×0.65	0.45×0.45	75×75×12	50×50×5	Q H G	15 30 4.4	20 25 3.7	25 20 3.0	30 15 2.3

2. 人字桅杆

人字桅杆又称为人字架、“两木杆”和“两木搭”，它是由两根圆木或无缝管交叉捆绑人字形而成，如图4-25所示。在两根圆木顶部的交叉处，一般搭成25°～30°的夹角，在交叉处用一定粗细的钢丝绳绑扎（起重量较小也可用麻绳绑扎），并在交叉处系结缆风绳和系挂一副起重滑车组，利用人力或卷扬机来起吊重物。在两根圆木中的一根根部装一个导向滑车，使起重滑车组绳索的引出端经导向滑车引向卷扬机。在桅杆两肢之间，用绳索连接固定，防止桅杆在起吊重物时两脚向外滑移。如桅杆需倾斜起吊重物时，应注意在倾斜方向前方的桅杆根部用绳索固定两脚，以免桅杆受力后向后滑移。

圆木人字桅杆与独脚木桅杆相比，虽然在构造上比独脚木桅杆多一根圆木，但具有横向稳定性好，架设和移动方便，起吊能力大，可起吊较大体积的重物等优点，而且能改变桅杆的竖立角度，使被吊重物可在水平方向移动一小段距离。因此，在起重作业中，人字桅杆应用的比较广泛。它适用于检修设备，作临时性吊装工作及装卸车等。

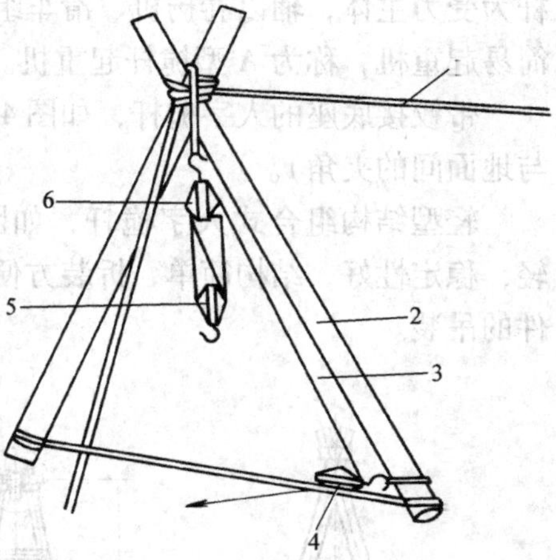

图 4-25　人字桅杆

1—缆风绳　2—桅杆　3—跑绳

4—导向滑车　5—动滑车　6—定滑车

人字桅杆在使用时应注意以下几点：

1）人字桅杆的夹角一般在 25°～35°之间，夹角不宜过大，以免桅杆受力过大，减少起重量。

2）用作人字桅杆的圆木有弯曲时，需将弯度向外，不能用腐朽的木材做桅杆。

3）人字桅杆的缆风绳一般为四根，在吊重方向的前后各为两根，并应与人字桅杆的纵向中心线对称。

4）人字桅杆的两脚间应有连接绳，防止桅杆脚受力时向外滑移。

5）在设有导向滑车的桅杆根部，应当设置与跑绳受力方向相反的系紧绳，以防止受力时桅杆移动。在斜吊时，应在倾斜方向的前方用绳索固定桅杆的根部。

金属人字桅杆主要有两大类：金属格构式人字桅杆和管式人字桅杆。其中管式人字桅杆较为常用。

根据起重量、吊装工艺的具体要求，钢管人字桅杆结构形式多种多样。可做成整体式的，也可做成组装式结构。

普通人字桅杆用两根直径和长度相同的钢管绑扎而成，如图 4-26a 所示。其交叉部分长度在 600～900mm 之间，夹角约 25°～35°，交叉部位用细钢丝绳捆绑数十圈。其使用时的注意事项与圆木人字桅杆相同。此类桅杆常用于建筑安装工地，多为就地取材现场绑扎，经济实用。

组合式 A 型人字桅杆，又称为 A 型桅杆，用于大吨位起重作业，如图 4-26b 所示。A 型人字桅杆一般设计为组合结构，为增加稳定性，在人字桅杆的两根桅杆间加设可拆卸的水平、斜向连接杆，形成了一种独特的人字桅杆。以 A 型桅杆为受力主体，辅以卷扬机、滑车组、缆风绳等起重机具，形成具有起重能力的简易起重机，称为A型桅杆起重机。

带铰接底座的人字桅杆，如图4-26c所示。此种桅杆在吊装时可变幅（改变与地面间的夹角）。

轻型结构组合式人字桅杆，如图4-26d所示。此种桅杆起重量较大，自重轻，稳定性好，结构简单，拆装方便，运输便利，常用于野外施工作业或零星物件的吊装。

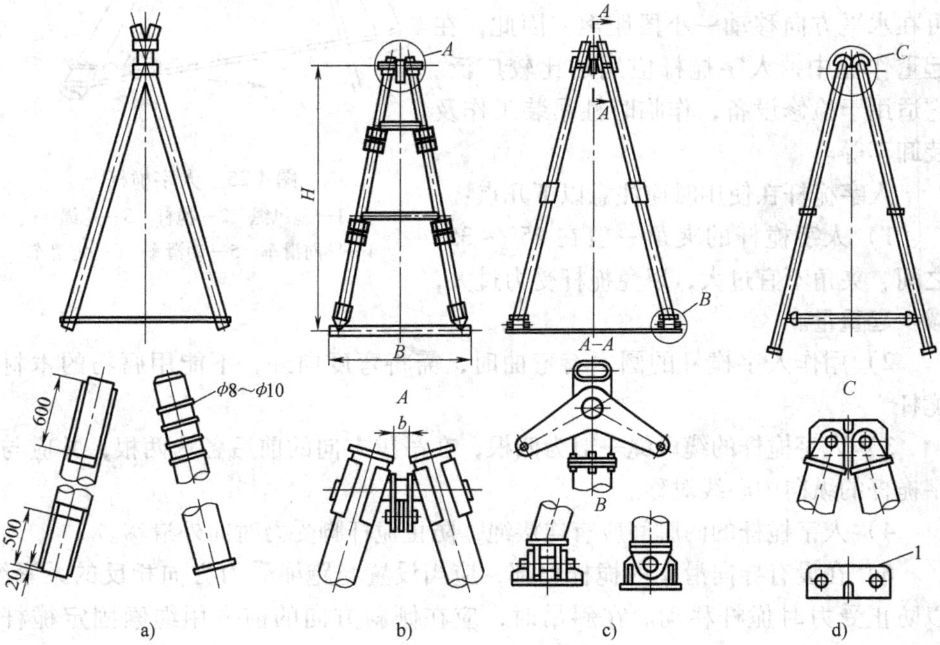

图4-26　钢管人字桅杆

3. 三脚架（三脚桅杆）

在起重作业中，除使用独脚桅杆和人字架外，根据作业的情况还使用三脚桅杆和三角架，三脚桅杆是人字桅杆的变形发展。三脚桅杆或三角架架设比较方便、灵活、稳定性好，不需要设置缆风绳。

(1) 三脚桅杆的绑扎方法　三脚桅杆是用三根圆木或钢管在其一端用绳索捆扎而成。在捆扎三脚桅杆时，将两根圆木（或钢管）放在下面，在其上面放一根，在需要绑扎的一端用枕木或其他物件将其垫高，然后在其中一根圆木的绑扎部位打一个系木结，在捆扎的部分绕上十几圈。绕时松紧要适度均匀，在绕最后几圈时，连续打几个扒扣，最后将绳头用铁丝固定或用铁钉固定。

另一种方法是先将两根圆木（或钢管）交叉成一定的角度放在枕木上，然后在上面放一根。在交叉的地方按绑扎人字桅杆第一、二步方法绕上十几圈，再在两个交叉处的上下各绕上 2～3 圈，最后将绳索固定。

（2）三角架 三角架桅杆是由三根无缝钢管将其顶部连在一起组成的。三角架顶部的连接方式一般为铰接式，其结构形式见图 4-27 所示。

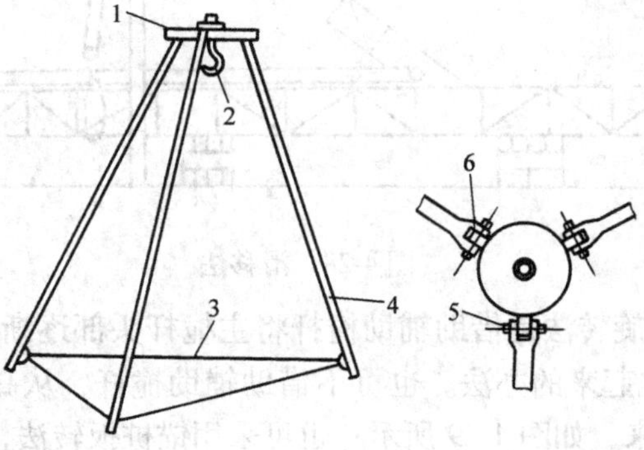

图 4-27 三角架桅杆

1—圆盘 2—吊钩 3—固定绳 4—无缝钢管 5—轴销 6—吊耳

铰接式三角架桅杆主要由圆盘、吊耳、轴销、无缝钢管等组成。吊耳焊接在圆盘上，接头通过轴销与吊耳联在一起，接头可直接插在无缝管内，或将接头与无缝管焊接在一起成为一体。在顶部圆盘的中间开一个孔，吊钩穿过小孔并固定在圆盘上。无缝管的直径一般为 70～100mm，无缝管的长度为 5m 左右。三角架的起吊重量一般不超过 2t。

（3）三脚桅杆及三角架的使用注意事项 三脚桅杆与三角架一般在施工现场无电源，缺乏其他合适的起重设备，且起重量比较小的情况下使用。根据起重量的大小选择圆木或钢管的三脚桅杆或三角架。选择的原则是起重量较小时使用圆木绑扎成的三脚桅杆或三角架，起重量大时则选择钢管的三脚桅杆或三角架。在架设时，桅杆三只脚之间的距离应近似相等，桅杆与地面间夹角一般在 60°～70°之间，可根据起重量的大小和桅杆的大小调整角度，夹角增大时，重量减少，反之起重量增加。在架设时桅杆三只脚的距离需用绳索固定，以免在吊重时桅杆脚向外滑移而发生危险。在土质疏松的地面上架设三脚桅杆时，可以在杆脚下垫木板以增加杆脚与地面的接触面积，防止在吊重时杆脚下陷。吊重时三脚桅杆的三只脚应受力均匀，重物的重心应在三脚桅杆的中心线上。

4. 桅杆的立、拆方法

桅杆的竖立通常有三种方法：滑移法、旋转法、扳倒法。

（1）滑移法 滑移法是借助辅助桅杆将主桅杆头部逐渐抬起，主桅杆根部随之逐渐向前滑移而竖立起来的办法，如图 4-28 所示。其拆卸与竖立过程相反。

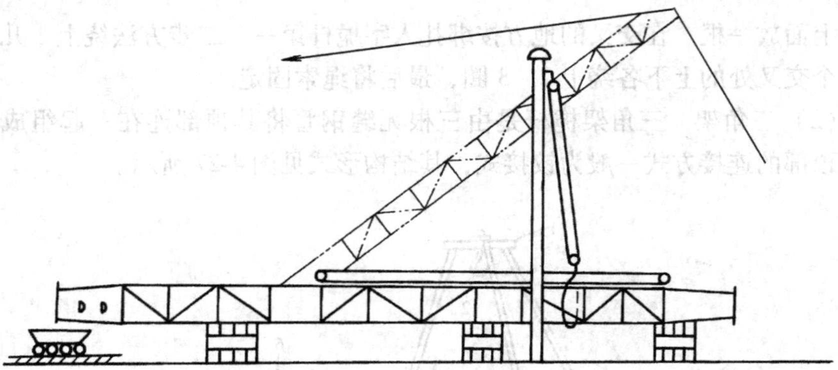

图4-28 滑移法

(2) 旋转法 旋转法是借助辅助桅杆将主桅杆头部逐渐抬起，主桅杆根部以原位旋转90°而竖立起来的办法。也可不借助辅助桅杆，从高处将桅杆头部拉起，从而将桅杆竖立起来，如图4-29所示；也可采用锚桩扳转法，如图4-30所示。

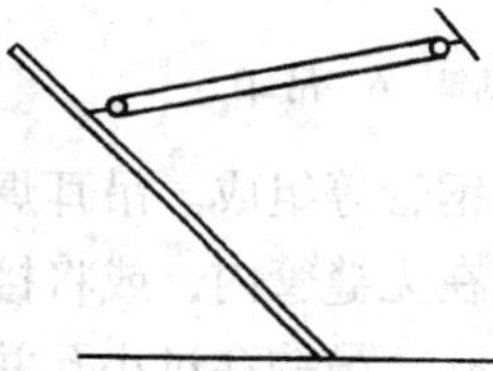

图4-29 旋转法

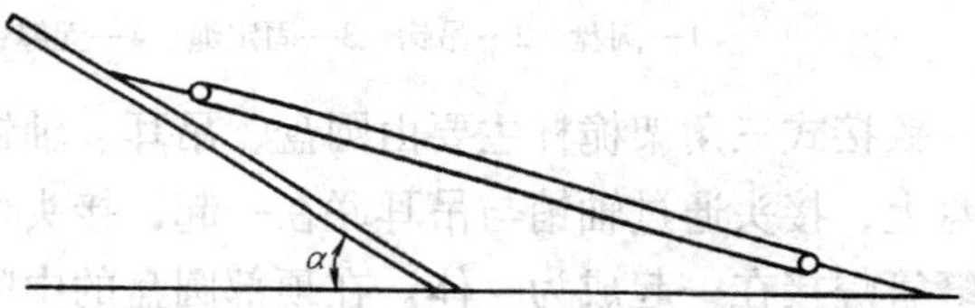

图4-30 锚桩扳转法

(3) 扳倒法 扳倒法是把需竖立的主桅杆平卧在地面上，在其根部竖一辅助桅杆，两桅杆组成一直角，两桅杆上端用绳索连接起来，扳倒辅助桅杆而将主桅杆竖立起来的办法，如图4-31所示。

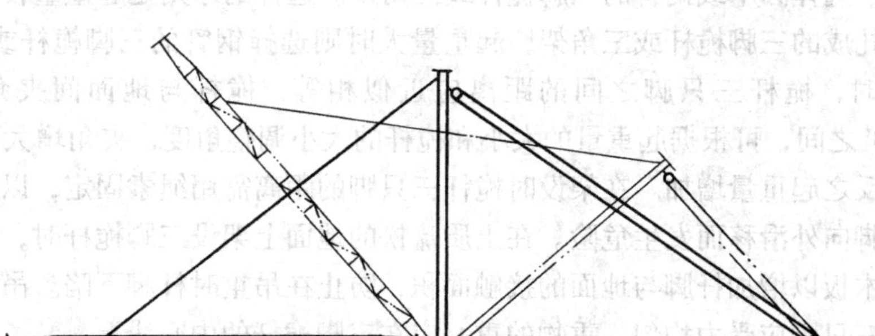

图4-31 扳倒法

二、锚桩的种类、结构、简单计算和埋设要求

锚桩是固定卷扬机、滑车及拖拉绳、缆风绳用的，所以，不管是自然的还是

人二的，只要能起固定作用的，都可以称为锚桩。锚桩种类很多，一般有立式锚桩、卧式锚桩、混凝土锚桩、活动锚桩等。锚桩结构如图 4-32 ~ 图 4-35 所示。

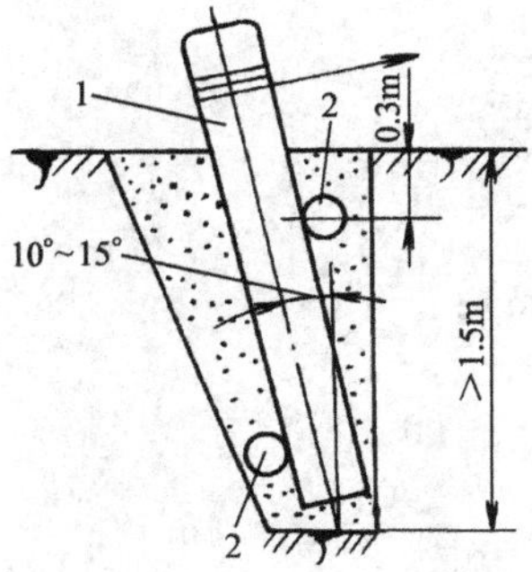

图 4-32 立式锚桩

1—锚柱 2—挡木

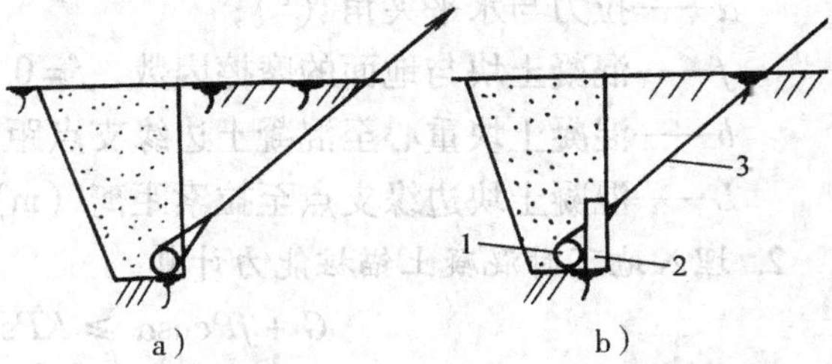

图 4-33 卧式锚桩

a）无挡木 b）有挡木

1—横木 2—挡木 3—引出钢丝绳

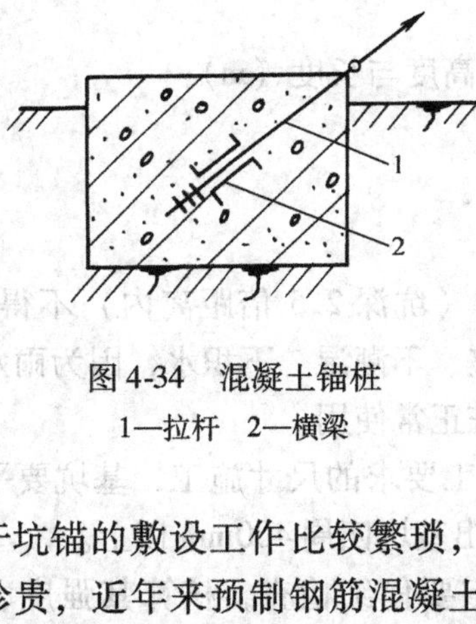

图 4-34 混凝土锚桩

1—拉杆 2—横梁

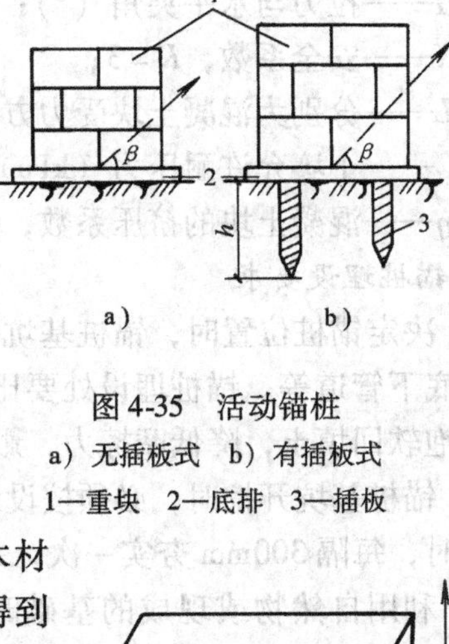

图 4-35 活动锚桩

a）无插板式 b）有插板式

1—重块 2—底排 3—插板

由于坑锚的敷设工作比较繁琐，而且木材也比较珍贵，近年来预制钢筋混凝土锚桩得到普遍的使用。混凝土锚桩既可以当作活动锚桩又可以挖坑放在里面当作坑锚使用。它的敷设较为简单，而且受拉力也很大，投资一次可以用很长时间。下面介绍不同形式混凝土锚桩的能力计算，受力如图 4-36 所示。

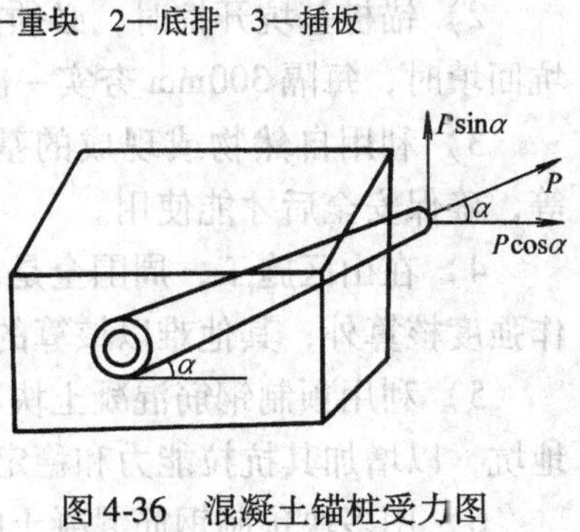

图 4-36 混凝土锚桩受力图

1. *混凝土活动锚桩能力计算*

$$G \geqslant KP\sin\alpha$$

$$G_1 f \geqslant KP\cos\alpha, G_1 = G - P\sin\alpha$$

$$Gb \geqslant 1.4PL\cos\alpha$$

式中　G——混凝土块重力（kN）；

G_1——混凝土块受外拉力后的对地面垂直压力（kN）；

K——安全系数，$K=3$；

P——混凝土块所受外拉力（kN）；

α——拉力与水平夹角（°）；

f——混凝土块与地面的摩擦因数，$f=0.6$；

b——混凝土块重心至混凝土边缘支点距离（m）；

L——混凝土块边缘支点至拉索距离（m）。

2. 埋入地下时混凝土锚桩能力计算

$$G + fP\cos\alpha \geqslant KP\sin\alpha$$

$$hL\sigma_{\mathrm{H}}\eta \geqslant KP\sin\alpha$$

式中　G——混凝土块重力（kN）；

f——混凝土块与地面的摩擦系数，$f=0.6$；

P——混凝土块所受外拉力（kN）；

α——拉力与水平夹角（°）；

K——安全系数，$K=3$；

h、L——分别为混凝土块受力方向上的高度与长度（m）；

σ_{H}——土壤允许耐压力（kPa）；

η——混凝土块的挤压系数，$\eta=0.7$。

3. 锚桩埋设要求

1）决定锚桩位置时，锚桩基坑的前方（坑深2.5倍距离内）不得有地沟、电缆、底下管道等。锚桩埋设处要比较平整、不潮湿、不积水，因为雨水渗入基坑内会泡软回填土，降低摩擦力，影响锚桩正常使用。

2）锚桩基坑开挖时，必须按设计或施工要求的尺寸施工，基坑要平整。基坑回填时，每隔300mm夯实一次，并要高出基坑四周400mm以上。

3）利用自然物或现成的基础时，一定要仔细检查，核算其强度、稳定性等，确保安全后才能使用。

4）在山区施工，周围全是岩石，采用凿孔灌注混凝土时，除对灌入的拉环作强度核算外，其他难以核算的能力，应进行实测。

5）利用预制钢筋混凝土块和铸铁块做活动锚桩时，应在其放置地点挖一个地坑，以增加其抗拉能力和稳定性。

6）用多块预制钢筋混凝土的组合体做锚桩时，对组合体可采取凹凸形式或其他形式连接成一个稳固的整体。

7）预制混凝土块时，对水泥的标号一定要提出明确要求，确保混凝土的强度。对混凝土锚的拉环也要经过能力核算；预制混凝土块时要预制出吊耳以利于混凝土块的装卸运输。

三、一般机械设备和物件重心的计算与估测方法

任何物体都要受到地球的引力作用，物体内部的各点都受到重力的作用，各点重力的合成就是物体的重量，合力的作用点就是物体的重心。在起重吊装作业中，经常要考虑到物体的重心，比如：设备的起吊、翻转、吊点位置和吊装索具的受力分配，都要根据物体的重心来布置。如果没有考虑物体的重心位置，吊点位置就不易安排正确，在起吊过程中容易发生物体倾斜、吊索滑脱、钢丝绳断裂或重物坠落的危险。形状规则的重物，其重心是显而易见的，通常重心位置就是形心位置。对于形状比较规则的重物，其重心位置可以通过组合形状的每一部分重心位置，采用计算的方法得到。而对于非常不规则形状的重物，则采用估测、估算和称重的方法处理。常见的机械设备须按其特点进行重心估测。

1. 形状比较规则物件重心的计算

对于形状比较规则物件重心的计算，常采用将组合物件的各部分重心找出，利用力矩平衡的原理，计算出整个物件的重心位置。

例 3 如图 4-37 所示一根变径长轴，试计算出整个变径长轴的重心位置。其中：$G_1=5000\text{N}$，$G_2=15000\text{N}$，$G_3=3000\text{N}$，$G_4=4000\text{N}$；C 为总重心距 A 点的距离，单位为 mm。

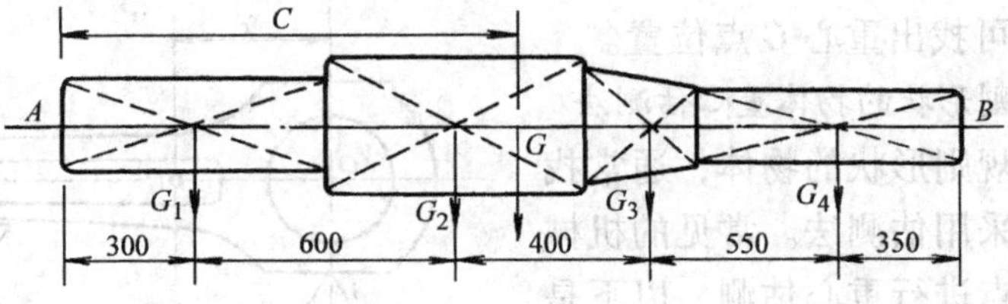

图 4-37 变径长轴重心位置

解 总重量：$G=G_1+G_2+G_3+G_4$

$$=5000\text{N}+15000\text{N}+3000\text{N}+4000\text{N}=27000\text{N}$$

对 A 点取矩，根据力矩平衡原理得

$$300G_1+(300+600)G_2+(300+600+400)G_3+(300+600+400+550)G_4-GC=0$$

简化得 $C=(300G_1+900G_2+1300G_3+1850G_4)/G$

$$=(1500000+13500000+3900000+7400000)\text{mm}/27000$$

$$=26300000\text{mm}/27000=974\text{mm}$$

所以，总重心 G 距 A 点距离 $C=974\text{mm}$。

2. 不规则形状物体重心的悬挂法

形状复杂的薄板重心，首先将薄板悬挂在某一点 A（图4-38a），根据二力平衡条件，重心应在通过悬挂点的铅垂线上，在板上画出铅垂线；再将此板悬挂另一点 B（图4-38b），再画出通过 B 点重心的另一根铅垂线；两线相交点 C 就是所求重心位置。

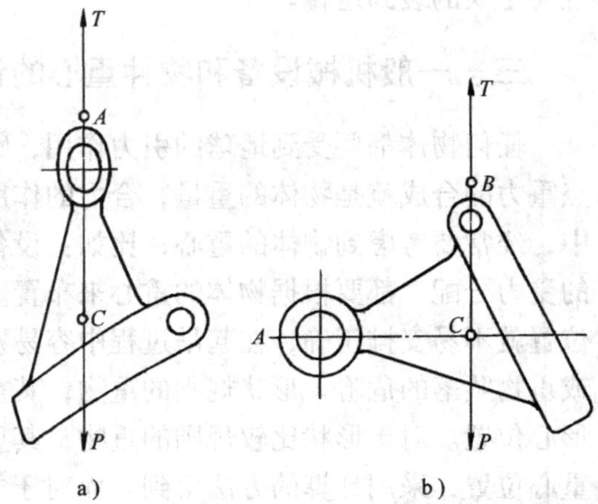

图4-38　悬挂法确定物件的重心

3. 不规则形状物体重心的称重法

如图4-39所示，首先用磅秤称出吊件的总重量 Q；然后将吊件的一端支于支点 A，另一端放于磅秤上，磅秤上便有读 P，测量出 AB 间的水平距离 l，物件处于平衡状态，则有

$$\Sigma M_A = 0$$

$$-x_c Q + lP = 0$$

$$x_c = lP/Q$$

再通过 A 点作吊件水平轴线的垂线，并和水平轴线相交于 O 点，使 $OC = x_c$，则可找出重心 C 点位置。

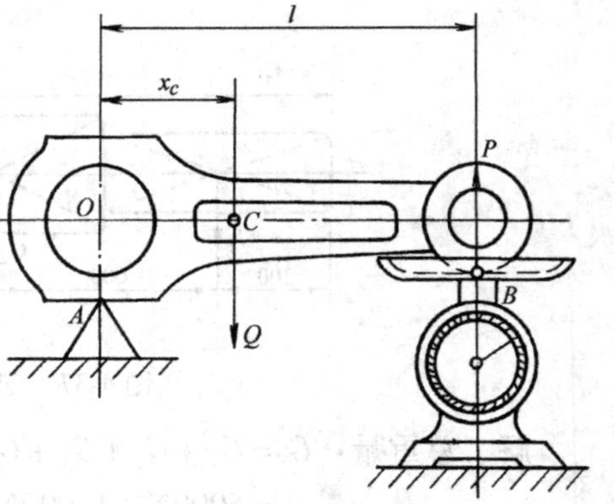

图4-39　称重法确定物体的重心

4. 不规则形状的物体重心估测法

对于不规则形状的物体，通常找重心的方法采用估测法。常见的机械设备按其特点进行重心估测。以下是凭经验估测几种常见机械设备或物件类别重心的方法。

（1）车床类　车床的主轴箱一侧偏重，因为电动机、变速箱、卡盘都在这一侧，所以车床类机械设备的重心是靠近主轴箱的地方。

（2）机泵类　常见的机泵类机械设备为电动机驱动，可以从电动机铭牌上查得电动机重量，与机泵总重量比较，若电动机重量所占比例较大，证明电动机较重，重心是靠近电动机的地方。若电动机重量所占比例较小，说明电动机较轻，重心是靠近泵体的地方。

（3）卷扬机　卷扬机的重心一般都是在靠近电动机和减速机的地方。但在卷筒有钢丝绳时，有可能重量分布比较对称，需要估测卷筒上钢丝绳的重量，才能较准确估测出整个卷扬机的重心位置。

(4) 空压机　常用空压机有电动机驱动和柴油机驱动，功率比较大时，重量也比较大，所以空压机类机械设备的重心是靠近驱动机的地方。

(5) 机车类　通常在施工现场使用的机车是柴油机或汽油机驱动，所以发动机功率比较大时，重量也比较大，一般重心位置都是在靠近发动机一侧。若机车带有配重或其他结构，可以先估测出配重或其他结构的重量和重心，然后才能估测出整体机车的重心位置。

(6) 工具房　在施工现场常见装工具的工具房，一般是用钢板和型钢（钢管）制成，也有标准集装箱，它的重量分布通常在进门的门口两侧比较集中和进门的最里面比较集中，必要时应从门或窗口看清楚工具房内的重量分布情况。

四、小型设备吊装方法

小型设备一般可按以下步骤进行吊装：

(1) 准备起重机具　根据吊装方案准备桅杆及其他起重机具，应注意桅杆的稳定性，锚桩应牢固可靠。

(2) 捆绑设备　对设备进行捆绑时，要合理选择捆绑点，即吊点，其主要依据是设备的重心。当用一根绳索起吊设备时，绳子的绑扎点应在与重心成一条垂直线的上方，方能使设备平稳起吊；用两根以上绳索时，绳索的会合点（即吊钩），应在物体重心的垂直线的上方。有吊耳或吊环的设备，要利用设备所带吊点进行吊装。

(3) 设备挂绳　起吊钢丝绳的长度要适当，吊索之间夹角一般不应超过60°，对薄壁及精密设备，吊索之间的夹角应更小。

(4) 起吊　设备在吊运过程中应始终保持平衡，不得倾斜，绳索不应在吊钩上滑动。

(5) 设备就位　设备应安放在正确的位置上，初步就位后，可用撬棍调整纵横向位置，并用垫铁调整其标高。

第五节　用起重机具吊运物件技能训练实例

训练1　运用起重工“十字”操作法进行现场作业

1. 抬

抬可以是两人抬、四人抬、六人抬，甚至更多的人抬，但最常用的是两人抬。

(1) 两人抬　当重物重量较轻，体积较小，且搬运路线又较短时，可采用两人抬运。抬运时，要选择好重物的重心，保持重物的稳定。

(2) 四人抬　当重物重量和体积较大，两人无法抬动，则可采用四人抬。操作时，用一根比较结实的长木棍，穿入重物的捆绑绳内，再在长木棍的两端用绳索系上两根短木棍，然后四人抬起短木棍搬运重物。

(3) 六人抬　它与四人抬方法相似，先将结实的长木棍穿入重物的捆绑绳内，并使长木棍的1/3段处与重物重心位置重合，然后在长木棍的两头各系上一根短木棍，再在距重物重心近的一头短木棍上系上两根短木棍，一切准备完毕后，由六人抬起短木棍搬运重物，如图4-40所示。

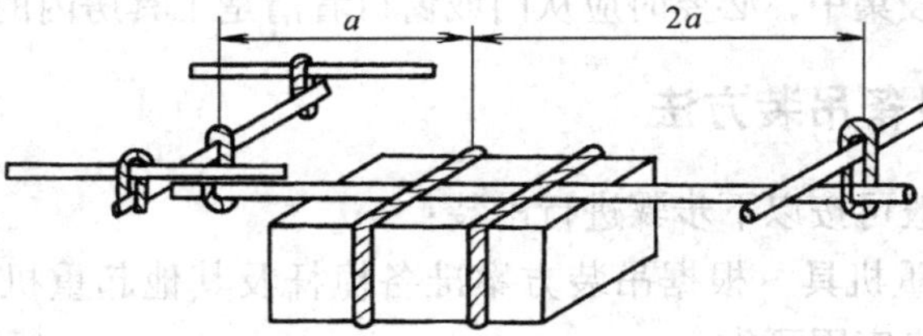

图4-40　六人抬

2. 撬

1）撬就是用撬棍撬起和移动重物，使其到达所需的位置。这种方法一般适用于重物重量较轻的、移动距离较短的、起升高度较低的作业。作业时，可以用单根撬棍作业，也可以用几根同时作业，以加大撬动的力量。

2）撬的操作是杠杆原理的具体运用。当支点、力点和重力点的相对位置不同时，产生的效果也就不同。

当对撬棍尾部向下用力时，就能使重物升高，支点越靠近重物，也就是力臂越长，就越省力。

当将撬棍斜插在重物底下，用力抬起撬棍尾端时，重物将升高或向前移动。很明显，如果要抬起重物时，撬棍与地面的夹角应取最小值；如果要向前移动重物时，夹角取最大值。此时，若在重物下垫以滚杠，那就更省力了。

3）用撬棍作业时，在外力和重力的作用下，撬棍会产生弯曲和变形。因此，撬棍应有较好的刚度和强度，它通常采用工具钢制作。但在施工条件不具备时，也可用钢管和圆木代替。

4）撬动作业时应注意下列事项：

① 撬动重物时，应尽量在尾部施力，这样力臂长，可以省力。

② 撬棍头部插入重物底下不宜过短，以防损坏重物边缘和撬棍滑出反弹伤人；对机械设备的精加工面，不能用撬棍直接接触。

③ 用撬棍抬高重物时，一次抬高的距离不宜过大，应该分多次操作完成。在亘物底下垫物时，不准将手伸入，应借助其他工具进行操作。

④ 在向带有坡度的地面撬动重物时，要有防止下滑的措施，以免意外伤人和损坏设备。

⑤ 用圆木代替撬棍时，要仔细检查其质量，防止操作过程中突然断裂，造成事故。

⑥ 用几根撬棍同时进行操作时，要有专人统一指挥，保证动作协调、用力一致。

3. 捆

在捆绑时要合理地选择绑扎点，即要考虑设备或重物的重心位置。

4. 挂

一般挂钩方式有单绳扣挂钩、对绳中间挂钩、背扣挂钩、压绳挂钩、单绳多点起吊往复挂钩等。挂钩时，要注意吊件的中心位置和各股绑绳是否受力均匀。吊件在惯性力和其他外力作用下，绳索不应发生位移和相互挤压等现象。

5. 顶

1）顶就是通过千斤顶顶杆行程的改变，使重物升起、下落或水平移动。这种方法操作比较简单，且起重能力强，操作安全，因此在起重作业中常被用于重物装卸和设备安装就位找正等作业。

2）千斤顶作业时可一台单独使用，也可以多台同时进行操作，具体操作方法视重物的重量和外形尺寸而定。

3）在顶升操作中，当重物需要的顶升距离超过千斤顶的行程限度时，可采用多次连续顶升操作的方法。即当千斤顶升至满程时，将重物搁于枕木垛上，落下千斤顶顶杆，再将千斤顶垫高，继续进行第二次顶升。依此方法，直至重物被顶升到所需要的位置。另外，也可使用多台千斤顶进行交换顶升，直至重物到达预期的位置。

4）进行顶升操作时，一般注意下列事项：

① 千斤顶不得超载操作，单台顶升时，其承载能力必须大于重物的全部重量，以免发生危险。

② 液压千斤顶不宜在高温和低温的环境中进行作业，以免液压油受温度影响而导致千斤顶不能正常工作。

③ 用千斤顶进行作业时，其摆放位置要选择正确，重物的顶升部位要有足够的强度和刚度。同时，在千斤顶头部与重物接触部位之间要垫以木板，防止操作时滑动。放置千斤顶的地面应该坚实和平整，防止操作过程中出现倾斜、失稳等情况。

④ 多台千斤顶同时作业时，要有专人统一指挥，顶升速度要一致，操作要

同步。

⑤ 顶升过程中，不得将手、脚放在重物下面，以免发生人身伤害事故。

6. 吊

1）吊也就是提，是具体起重作业中最普遍、最常用的一种操作方法，它是利用各种起重机械（如起重机、桅杆、葫芦等），将重物吊运至所需要的位置。在设备或构件安装中，通常分整体吊装、分体吊装和综合吊装。

2）吊的操作方法，常用的有直接吊装法和滑移吊装法两种。

① 直接吊装法主要是用吊装机械起吊和搬运重物。这种方法操作简单方便，时间短，一般不需要附加设备，可直接将设备和构件吊装在指定的位置上。

② 滑移吊装法主要用在设备、构件外形尺寸大、重量大的吊装作业中。特别是一些细高的圆形容器和构件的安装就位，常采用滑移吊装法。在吊装过程中，使用滑车组提升设备，并用其他辅助设备进行牵引和溜放。同时，在被吊设备的尾部设置拖排和控制绳，使设备（或构件）顺利滑移到安装所需的位置。

3）提升作业应该尽量采用机械化施工，以提高工作效率。在机械化作业条件不具备的情况下，也可以采用半机械化和手工操作相结合的方法进行吊装。

7. 滑

1）滑就是在人力、卷扬机或其他外力的作用下，使重物沿着牵引方向移动到需要的位置。这种方法常用于现场设备的搬运，由于滑运时重物离不开支撑面，所以操作比较安全。

2）作业中，对体积不大、重量较轻、不怕磨损且运距较近的设备，可以直接在地面上进行滑运。

3）对比较笨重的设备，可将其放在特制的拖排上进行滑运，也可在枕木、钢轨铺成的滑道上滑运。

4）当直接在地面上滑移设备时，应先将地面打扫干净；当采用滑道滑移时，可先在滑道上涂一些润滑脂，以减小摩擦力。

8. 转

1）转就是借助外力，使重物沿一轴心就地转动一个角度达到所需的方位。转主要适用于一些容器设备的整体安装。在工程中，有时由于设备在搬运时放置的方位与安装要求的方位不一致，这时就需要通过转动，使其满足安装要求。

2）当设备进场后，放置方位与安装方位相差不大时，则可在设备上捆绑吊索，使起重滑车组上的吊点偏移一定的角度，然后吊起设备，即可使其转到所需的位置。

3）当设备方位与安装要求方位相差较小，而进行精确调整找正时，可使用千斤顶转动设备进行找正。

4）当设备方位与安装要求方位相差很大，安装时可采用特制转排转动找正。即将设备放在转排上，并绕好钢丝绳，然后用卷扬机或手拉葫芦在转排切向牵引钢丝绳，使其慢慢转动到所需的位置。

5）安装中，当设备需要调头做水平方向转动时，一般可在设备两头用钢丝绳牵引，使其转动到所需的位置。当需要调头的设备大而重时，可使用钢转盘来调头。钢转盘通常由上、下两个钢盘及转轴或滑道组成。操作时，设备在转盘上必须放置稳定，然后慢慢转动转盘。当旋转刚性较差的设备时，必须在转盘上放置较大的底座或对设备进行加固，以防转动中设备发生变形和损坏。

6）当有大型起重机械配合安装时，可用起重机械直接吊起设备，悬空将设备旋转到安装所需的位置，然后就位找正。

9. 滚

滚就是将重物放在做好的木排上，下面铺设滚杠进行移动的一种搬运方法。由于这种方法是重物随着滚杠的滚动而向前移动，能减少牵引力，所以在工程上搬运一些重而大的设备或构件时多采用此法。

滚动时，可采用人力或机械牵引。对于重量较轻、运距近的设备，可采用人力滚动进行搬运；对于大而重、运距长、途中又有坡度的设备，可用卷扬机等机械进行牵引滚动搬运。

当使用两台卷扬机牵引滚动搬运设备时，卷扬机的速度应基本相同，并由专人统一指挥；当道路凹凸不平时，应用枕木或型钢铺设滑道，以保证设备滚动平稳、安全。

10. 卷

对于圆形容器、管道等，在不影响其直径和外形尺寸变化的情况之下，可用自身滚动的方法，来改变其位置。将一根长管放到陡坡上，操作时，先将绳索的一端固定在锚点上，然后用绳索兜住长管，或在长管上缠绕一两道，当慢慢放松绳索的另一端时，即可将长管平稳地卷至坡下。为了便于长管卷动和减少摩擦，还可以在其下面用圆木、道木、钢轨等铺设滑道。

• 训练2　运用绳索插接方法进行现场作业

1. 吊索的插接

吊索的插接方法有一进一、一进二、一进三、一进四和一进五五种，最常用的是一进三插接法（即从第一道缝分别插入三股钢丝绳）。一进三插接法操作步骤为：

(1) 工具准备　插接工具一般有扁头锥子、锤子和錾子等，如图4-41所示。其中扁头锥子的作用是能比较方便地插入钢丝绳缝内，并能在扭转的过程中将钢丝绳缝撑大，使得钢丝绳的一股绳头能够通过。操作时，一手握着扁头锥子手柄（用力的手），另一手扶正钢丝绳将扁头锥子顺缝插入，并注意让开绳芯。

然后将扁头锥子转90°，撑开钢丝绳缝道，把一股绳头穿入。在扁头锥子再回转90°拔出时，同时将穿入的绳股用力拉紧，并用锤子敲打绳股，使插好的绳股顺直、密贴和表面平整。类似进行多次后即可完成吊索的插接工作。

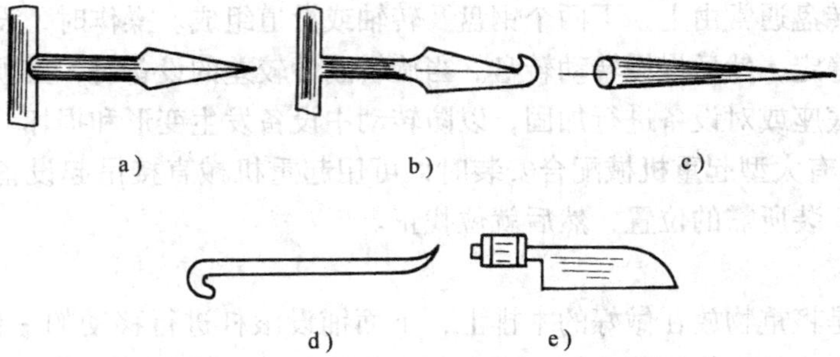

图4-41　插接用工具

a）扁头锥子　b）扁钩锥子　c）圆锥子　d）弯锥子　e）小刀

(2) 吊索各部分尺寸的确定　插接吊索绳扣时，首先要把长的钢丝绳切割为一定长度的短钢丝绳，图4-42所示为吊索各部分尺寸关系图。

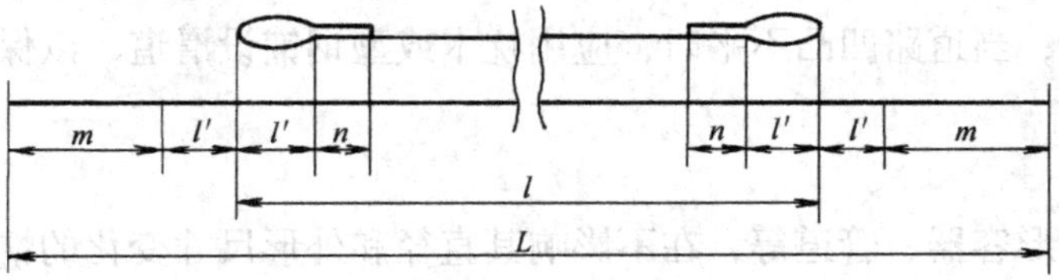

图4-42　吊索各部分尺寸关系图

根据吊装的工作需要确定吊索长度 l，根据钢丝绳直径 d 可在表4-7中查得破头长度 m 和绳扣长度 l'，然后利用下面的关系式可求出所要切割的钢丝绳总长度 L

$$L = l + 2l' + 2m$$

确定插接吊索绳扣各部分尺寸可查表外，也可以采用经验尺寸，即插接长度 n 为钢丝绳直径的20~24倍，破头长度 m 为钢丝绳直径的45~48倍，绳扣长度 l'为钢丝绳直径的18~24倍。有时，绳扣长度 l'还需要根据不同的用途决定。

(3) 吊索绳扣一进三插接

1) 准备工作。将切断的钢丝绳分别在 m 和 l'及 l'和 n 的分界线上用细铁丝绑扎牢；把 m 长度钢丝绳各股破开，并在其各股顶端用黑胶布包扎好，以防钢丝松散；l'和 n 分界线即作为插接时的起点（第一锥），如图4-43所示，将被插钢丝绳缝和破开的各股绳头分别加以编号。

表 4-7 钢丝绳插接吊索各部分尺寸 （单位：mm）

钢丝绳直径 d	破头长度 m	绳扣长度 l'	插接长度 n
8.7	400	200	200
11～13	450	250	250
15.5～17.5	600	300	300
19.5	700	350	400
21.5	800	400	450
24～26	900	450	500
28～30	1300	500	750
32.5～39	1500	600	850
52	2100	900	1050

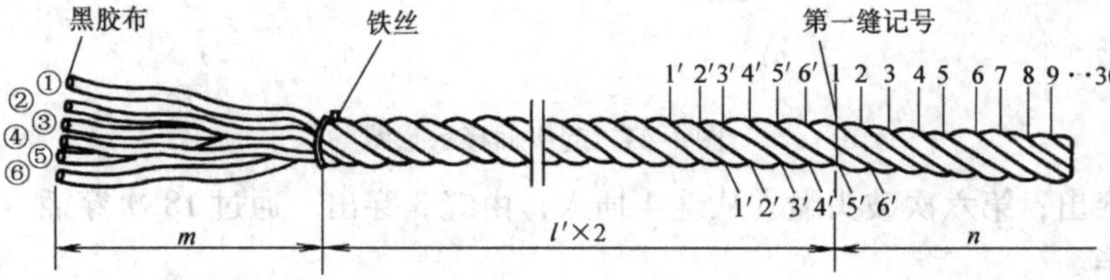

图 4-43 绳扣插接前编号示意图

2）插接过程。分为起头插接、中间插接和收尾插接三步。

① 起头插接。如图 4-44 所示，起头插接共需要穿插 6 次：第一次破头绳①从缝 1 插入，由缝 4′穿出；第二次破头绳②从缝 1 插入，由缝 5′穿出；第三次破头绳③从缝 1 插入，由缝 6′穿出；第四次破头绳④从缝 2 插入，由缝 1 穿出；第五次破头绳⑤从缝 3 插入，由缝 2 穿出；第六次破头绳⑥从缝 4 插入，由缝 3 穿出。通过 6 次穿插，第一步起头插接完毕。

② 中间插接。中间插接共需要穿插 18 次，它有两种穿插方法。一种是将穿插的破头绳在相邻的前一缝插入，向后相隔 1/6 的钢丝绳节距在原来的钢丝绳缝口穿出，即每个破头绳绕单股钢丝 3 圈。另一种为将穿插的破头绳在相邻的前二缝插入，向后相隔 1/3 的钢丝绳节距在原来的钢丝绳缝中穿出，即每个破头绳绕两股钢丝 3 圈。无论哪种方法，它们的起头插接和收尾插接完全相同。下面分别介绍两种中间插接的方法。

第一种方法如图 4-45a 所示，第一次破头绳①从缝 5 插入，由缝 4 穿出；第二次破头绳②从缝 6 插入，由缝 5 穿出；第三次破头绳③从缝 1 插入，由缝 6 穿出；第四次破头绳④从缝 2 插入，由缝 1 穿出；第五次破头绳⑤从缝 3 插入，由

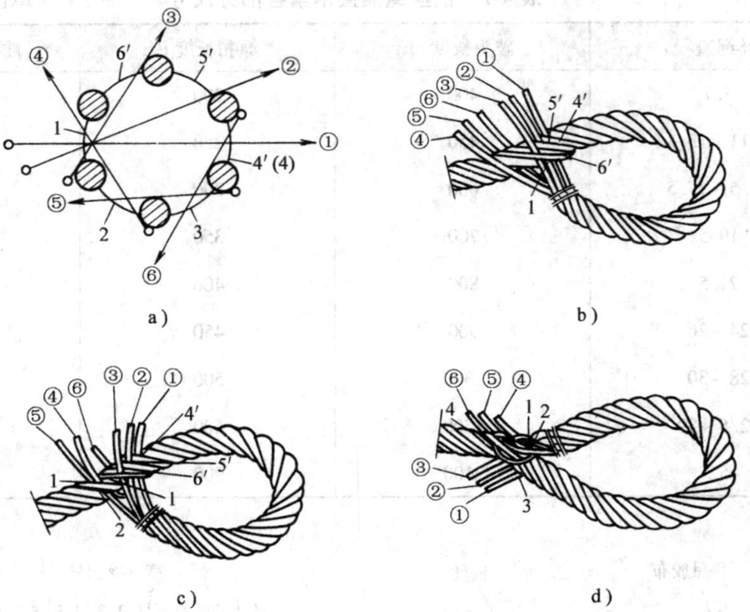

图 4-44　起头插接示意图

缝 2 穿出；第六次破头绳⑥从缝 4 插入，由缝 3 穿出。通过 18 次穿插，中间插接完毕。

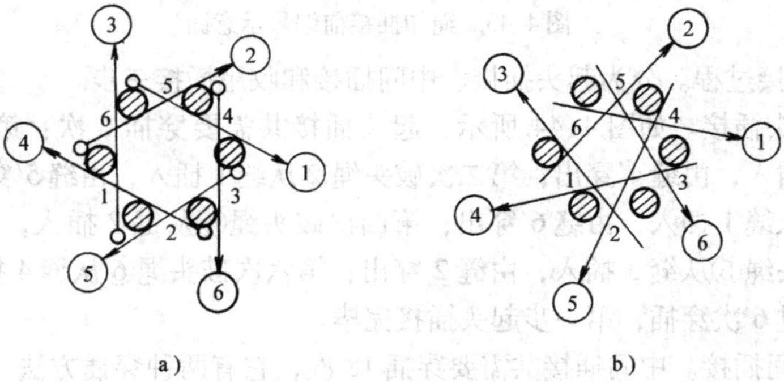

图 4-45　中间插接的两种方法示意图
a）第一种方法　b）第二种方法

第二种方法如图 4-45b 所示，第一次破头绳①从缝 6 插入，由缝 4 穿出；第二次破头绳②从缝 1 插入，由缝 5 穿出；第三次破头绳③从缝 2 插入，由缝 6 穿出；第四次破头绳④从缝 3 插入，由缝 1 穿出；第五次破头绳⑤从缝 4 插入，由缝 2 穿出；第六次破头绳⑥从缝 5 插入，由缝 3 穿出。通过 18 次穿插，中间插接完毕。

③ 收尾插接。收尾插接只需要穿插 3 次，其中破头绳①、③、⑤不穿插，只要穿插②、④、⑥。即第一次破头绳②从缝 6 插入，由缝 5 穿出；第二次破头绳④从缝 2 插入，由缝 1 穿出；第三次破头绳⑥从缝 4 插入，由缝 3 穿出。

以上通过起头插接、中间插接和收尾插接三步一共 27 次穿插后，才算完成吊索绳扣的插接。

最后，将每股绳头留 30mm 左右，多余部分割掉，并用锤子轻轻敲打插接部位，使其顺直、平整。

2. 钢丝绳的连接

钢丝绳连接通常有小接法和大接法两种。

（1）小接法　小接法与吊索绳扣插接的方法基本相同，插接时一般多采用一进三插法。插接长度约为钢丝绳直径的 50 倍，具体步骤如图 4-46 所示。

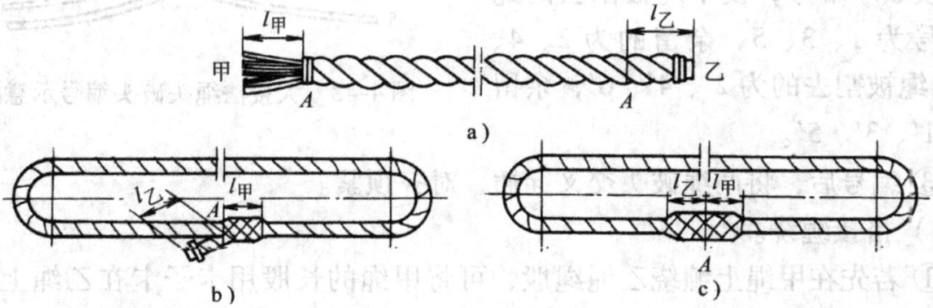

图 4-46　小接法操作步骤图

a）钢丝绳破头绑扎示意图　b）甲端破头插接示意图　c）乙端破头插接示意图

1）在距甲端 $l_甲$ 处用细铁丝绑扎牢，破开甲端钢丝绳各股并用胶布包扎好。

2）将甲端破头各股从 A 点开始往乙端插接，插接完毕后才能把乙端绳头破开。

3）同样，将乙端破头各股从 A 点开始往甲端插接，插接完毕后，对两端进行压头、掉头、割去多余部分。

4）用锤子轻轻敲打插接部位，将其理顺。

（2）大接法　大接法也称接长法，其插接长度一般为钢丝绳直径 d 的 800 ~ 1000 倍左右。在插接前需要将两个破头分别割掉三股，再将六个绳股的捻向分别缠好，最后进行压头和摔头处理。其具体操作步骤如下：

1）工具准备。插接所需要的工具，扁头锥子用来插入钢丝绳的绳股之间缝隙；扁钩锥子用来钩出绳芯；圆锥子用来插绳扣、赶绳扣和绑绳扣等；弯锥子用来抠出绳芯；小刀用来割断绳芯。

2）准备绳头。

① 如图 4-47 所示，在距离绳子右端 400d 处用细铁丝绑扎好长约 100mm 的

绳头结，在绳头结左边处10d处用卡具卡牢；用同样的方法将乙绳也准备好。

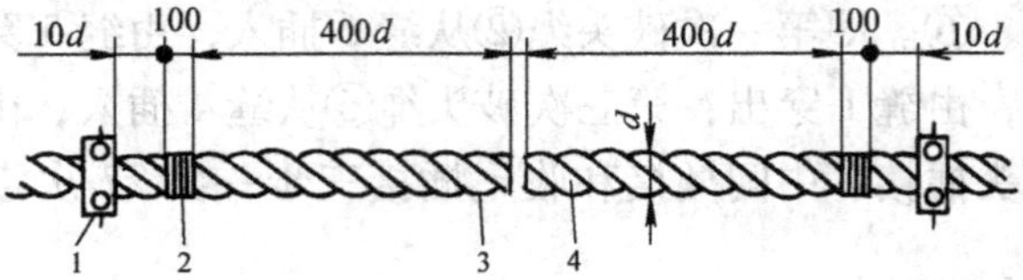

图4-47　大接法绳头绑扎示意图

1—卡具　2—绳头结　3、4—甲、乙绳头

② 如图4-48所示，将甲、乙两绳头分别破开，割去绳芯，并把绳头从末端各间隔割去三股破头。然后将绳股按顺序编号，设甲绳被割去的绳股编号为1、3、5，余留的为2、4、6，乙绳被割去的为2′、4′、6′，余留的为1′、3′、5′。

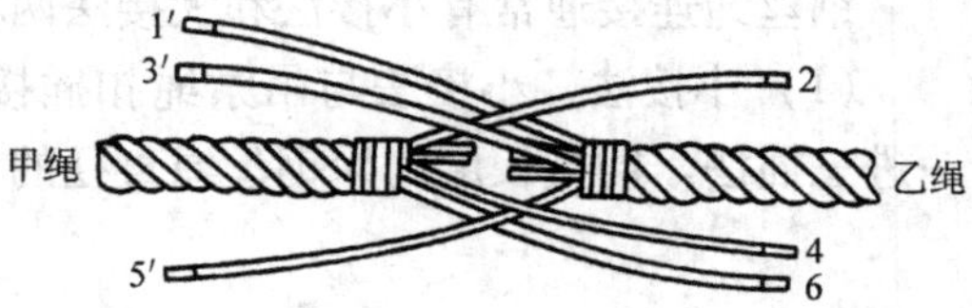

图4-48　大接法绳头破头编号示意图

③ 编号后，将两绳破头交叉穿插，对齐顶紧。

3）搭接缠绕。

① 若先在甲绳上缠绕乙绳绳股，可将甲绳的长股用卡子卡在乙绳上，使其不松动，然后拆掉甲绳的绳头结，并将卡具移装至接口后面的400d处。

② 将甲绳的短股1向后掀起，同时将乙绳的长股1′压进甲绳短股1退出的空槽内，直至离接口约360d处。此时乙绳长股1′剩下长度为40d，甲绳短股1反而变长，将它保留40d长，其余割去。

③ 将留下的40d长的两股1和1′整直，并分别自两股端部100mm处开始用麻绳缠绕扎紧，使其直径与绳芯直径相同，以便压入绳芯位置，代替绳芯。

④ 用同样的方法，将乙绳长股3′代替甲绳短股3，压入至离接口约240d处；乙绳长股5′代替甲绳短股5，压入至离接口约120d处；每股保留的长度均为约40d，并用麻绳缠绕扎紧，压入绳芯位置。上述绳股缠绕压头，如图4-49所示。

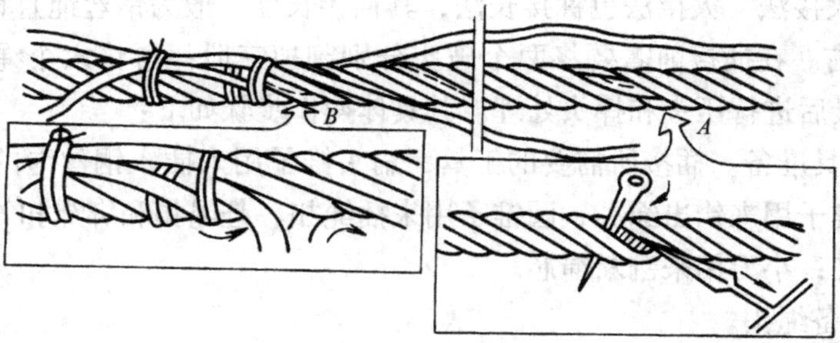

图4-49　绳股缠绕压头示意图

乙绳绳股缠绕完毕后，再用同样的方法在乙绳上缠绕甲绳绳股。

绳股缠绕后的位置如图 4-50 所示。绳股压芯后，绳股与绳芯的分布情况如图 4-51 所示。

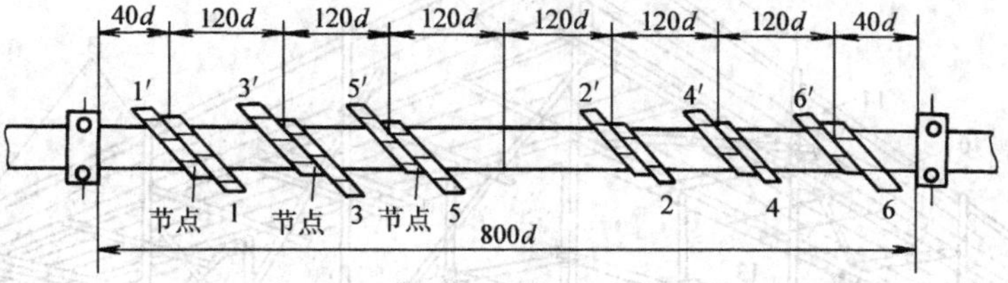

图 4-50　绳股缠绕后的位置示意图

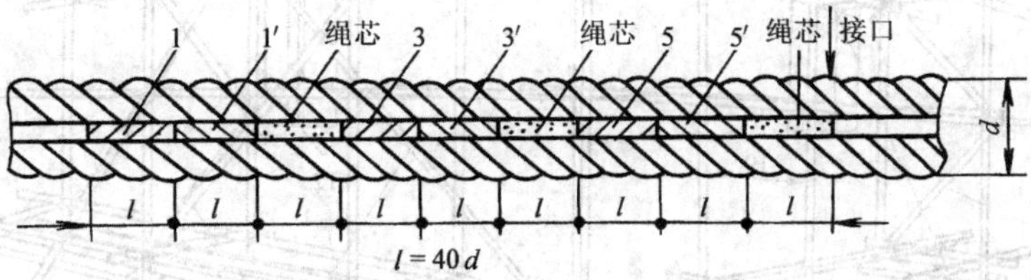

图 4-51　绳股压芯后绳股与绳芯分布示意图

● 训练 3　搭设和拆除一般脚手架

脚手架是安装工程施工中广泛使用的空中作业设施，用于使操作人员在高空不同部位进行作业。脚手架必须要有足够的坚固性和稳定性，要求施工期间不摇、不晃、不倾斜、不沉陷、不倒塌，确保操作人员的人身安全。

脚手架的种类很多，按所用材料的不同，可分为钢架子、木架子和竹架子等，这里以多立杆外脚手架为例，介绍扣件式钢管脚手架搭设与拆除的方法。

扣件式钢管脚手架的构造如图 4-52 所示。

1. 多立杆扣件式钢管外脚手架的搭设

1）搭设前，对搭设材料、配件进行检查，不合格品不能使用，合格的构、配件按品种、规格、使用顺序堆放整齐。搭设现场应清理干净，夯实基土，并使排水畅通。

2）放线和铺垫板。根据要求尺寸进行放线、定位、铺设垫板和安装底座。

① 搭设的排距一般为 1.2～1.5m，柱距为 1.5～2.0m，按此要求进行立柱定位。

② 垫板和底座应铺平稳，不得悬空，如基土土质良好，可不用底座，而垫以木板或钢板。双管立柱应采用双管底座或点焊在一根槽钢上。

3）竖立杆。

① 在竖立第一步架时，必须先校正立杆的垂直度误差，其偏差应不大于架

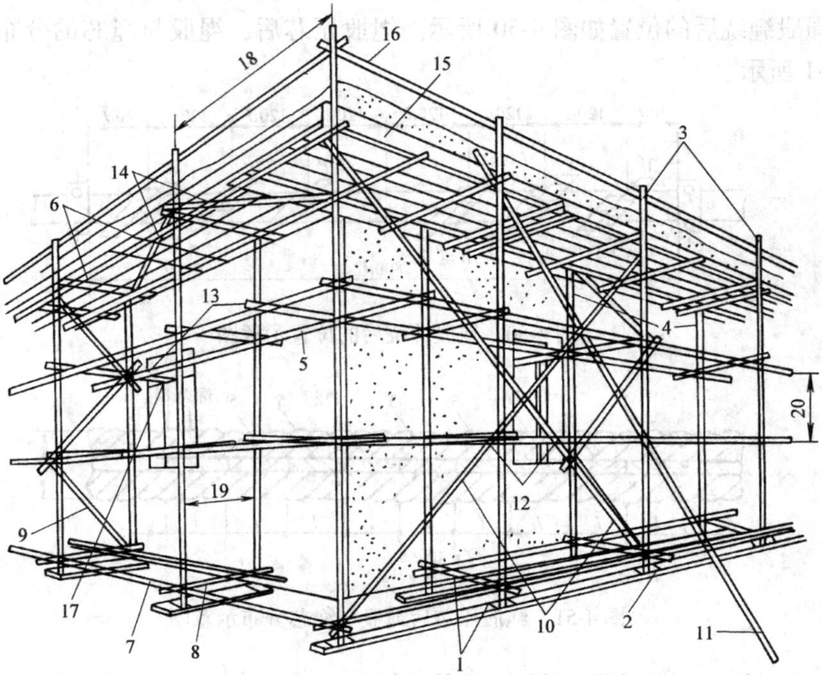

图 4-52　扣件式钢管脚手架构造

1—垫板　2—底座　3—外立柱　4—内立柱　5—纵向水平杆　6—横向水平杆　7—纵向扫地杆　8—横向扫地杆　9—横向斜撑　10—剪刀撑　11—抛撑　12—旋转扣件　13—直角扣件　14—水平斜撑　15—挡脚板　16—防护栏杆　17—连墙固定件　18—柱距　19—排距　20—步距

高的 1/200，如 6m 的立杆，垂直偏差不得大于 3cm。先校正两端头立杆，中间立杆以端头立杆为准竖立。

② 在搭双排脚手架时，第一步架最好有 6~8 人互相配合操作，1 人将立杆插入底座中，内外排立杆同时竖起，及时拿大、小横杆用直角扣件与立杆连接扣件，然后，按一定间距绑上临时抛撑。

③ 立杆一般用单根管，当脚手架很高，负荷较重时，可采用双根管。单管立杆的接长，可采用对接扣件连接，但在顶层应采用搭接。各立杆的对接扣件应交错布置，在高度方向错开距离不小于 500mm。

4）安放大横杆（纵向水平杆）。

① 大横杆应安放在立杆的内侧，置于小横杆之上，用直角扣件与立杆连接。

② 大横杆宜用对接扣件接长，也可用搭接。搭接时，搭接长度不小于 1m，并用 3 个扣件固定，接头应错开。

5）安放小横杆（横向水平杠）。

① 每一主节点必须设一根小横杆，并用直角扣件和大横杆固定。

② 操作层非主节点处的小横杆宜根据脚手板的需要等间距设置，最大间距不应大于柱距的1/2。

③ 当采用竹板作脚手板时，小横杆应用直角扣件固定在立杆上。

④ 大、小横杆的接点不得在同一步架或同一跨间内，并要求上下错开连接。

6）绑扎扫地杆。扫地杆有纵向扫地杆和横向扫地杆，一般距底座约200mm高。

7）铺脚手板。脚手板应铺满、铺稳。对头铺设的脚手板，接头下面设两根小横杆，板端悬空部分应为100～150mm。搭接铺设的脚手板，接头必须在小横杆上，搭接长度为200～300mm，板端挑出小横杆100～150mm。

8）绑扎斜撑。

① 横向斜撑应在1～2步距内，由底至顶呈“之”字形连续布置，与地面夹角为45°～60°，并用旋转扣件与立杆或大、小横杆相连接。

② 剪刀撑应用旋转扣件与立杆或大、小横杆相连接，扣件中心线与主节点距离不应小于150mm。

9）绑扎剪刀撑。

① 每隔6根立杆应设一道剪刀撑，每道剪刀撑的宽度不小于4跨，且不小于6m，斜杆与地面夹角为45°～60°。

② 剪刀撑应用旋转扣件与立杆或大、小横杆相连接，扣件中心线与主节点距离不应小于150mm。

③ 随着架子的升高，每搭7步架后，要及时安装剪刀撑。剪刀撑一般采用搭接，搭接长度在500mm以上，搭接位置应错开500mm以上。

④ 剪刀撑两端的扣件距邻近连接点距离不宜大于200mm。最下一对剪刀撑与立杆的连接点距地面不宜大于500mm，以确保架子稳定。

10）连墙杆的设置。脚手架倒塌事故大部分都是由于连墙杆设置不当而造成，因此，连墙杆的设置直接影响到脚手架的安全使用。连墙杆有柔性连墙杆和刚性连墙杆两种，如图4-53a和图4-53b所示。

① 柔性连墙杆。将连墙杆（可利用小横杆）一头顶住墙面，并用8号铁丝绕过主杆与墙上的预埋吊环绑扎牢固。这种做法只能用于高度24m以下的脚手架。

② 刚性连墙杆。将连墙杆穿过墙杆，并在墙体的里、外侧用扣件将连墙杆夹住。在窗洞处，可用两根钢管竖向或横向将墙体夹住，并与连墙杆用扣件连接牢固，如图4-53c所示。

11）绑扎封顶杆。扣件式钢管脚手架应随着结构的升高而升高。在脚手架封顶时，对于平屋顶，立杆宜高出女儿墙1m；对于坡层顶，立杆宜高出檐

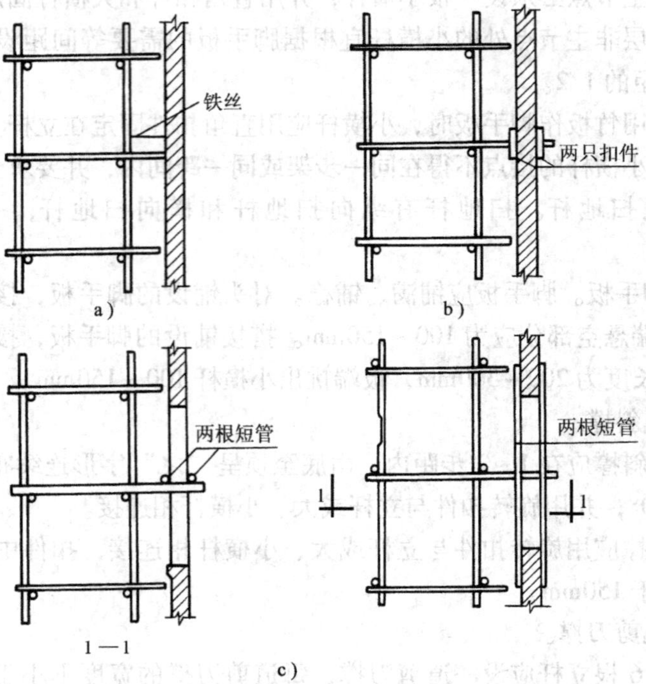

图4-53 连墙杆的设置示意图

a）柔性连墙杆 b）刚性连墙杆 c）窗洞处用两根钢管夹墙

口1.5m。

12）绑扎护身栏杆和挡脚板。绑扎两道护身栏杆，一道180mm高的挡脚板。

13）挂安全网。

2. 多立杆扣件式钢管脚手架的拆除

脚手架拆除作业的危险性大于搭设作业，必须按规定要求认真操作。

1）按先搭后拆，后搭先拆，由上而下逐件、逐层地拆除，严禁上下同时拆除，分层拆除高度不应大于两步。

2）所有连墙件应随脚手架逐层拆除，严禁先将连墙件整层拆除后拆除脚手架。

3）拆除较长、较重或两端连接的构件时，要两人或多人作业。拆除水平杆时，松开连接件后，用手水平托住；拆除立杆时，先把稳上端，再松开下端连接件，取下构件。

4）因拆除上部或一侧的连墙杆而使架子不稳时，应加设临时支撑。

5）拆下的构配件应往下顺放，严禁随意抛扔。运至地面的构配件应按要求及时检查、整修与保养，并按品种规格堆码存放，置于干燥处，防止锈蚀。

训练4　利用拖板运输一般设备

某工地有一台16t重的锻锤，要用钢板橇在土地上用卷扬机从仓库滑运到车间，路面坡度为6°，求起动时的牵引力，并选择相应的钢丝绳和卷扬机大小。

1. 计算牵引力

已知质量 $m=16\text{t}$，路面坡度 $\alpha=6°$，滑动摩擦因数 $\mu=0.42$，取地面不平因数 $K_b=1.2$，起动系数 $K_{起}=2.5$，则起动时牵引力

$$S=K_bK_{起}\ Q\left(\mu+\frac{1}{n}\right)=1.2\times2.5\times16\times9.81\times(0.42+\tan6°)\text{kN}$$
$$=247.26\text{kN}$$

从计算结果来看所需的牵引力较大。考虑把钢排放在用槽钢铺成的轨道上并涂油滑运，这时滑动摩擦因数 $\mu=0.1$，则牵引力为

$$S=K_bK_{起}\ Q\left(\mu+\frac{1}{n}\right)=1.2\times2.5\times16\times9.81\times(0.1+\tan6°)\text{kN}=96.58\text{kN}$$

可以看出牵引力将大大降低。

2. 选择钢丝绳直径

选用抗拉强度为1700MPa，直径 $D=24\text{mm}$ 的 $6\times37\text{mm}$ 钢丝绳，查钢丝绳的规格和性能表得：其破断拉力为358kN，当安全系数取3.5时，其许用拉力为

$$[S]=P/K=358\text{kN}\div3.5=102.28\text{kN}>96.58\text{kN}$$

所以，所选钢丝绳可用。

3. 选择卷扬机

根据起动时的牵引力 $S=96.58\text{kN}$

可以选用起重能力为100kN的卷扬机。

训练5　利用滚杠运输一般设备

某单位有一台质量为15t的设备需从仓库运到安装现场，道路为土路，途中有10°上坡，由于条件的限制，需滚杠运输，制定滚杠运输的具体方案。

1. 选择滚杠

30t以下的设备一般选用 $\phi76\text{mm}\times10\text{mm}$ 无缝钢管。

2. 计算拖拉力

查表可知钢与木材间的滚动摩擦系数 $\delta_1=0.1\text{cm}$，钢与土地间的滚动摩擦系数 $\delta_2=0.15\text{cm}$，取起动附加系数 $K_{起}=3$，则拖拉力

$$S=K_{起}\ Q\left(\frac{\delta_1+\delta_2}{D}+\frac{1}{n}\right)=3\times15000\times9.81\times\left(\frac{0.001+0.0015}{0.076}+\tan10°\right)\text{N}$$
$$=92361\text{N}=92.361\text{kN}$$

3. 选择滑车组

选用16t的3-3滑车组，其型号为H16-3G型，轮底直径为185mm，适用钢丝绳直径为$\phi17 \sim \phi20$mm。

4. 计算牵引力

假设滑车组外用一个导向滑车，则工作绳数$n=6$，导向滑车数$k=2$，载荷系数$\alpha=0.199$，则牵引力

$$T = S\alpha = 92.361 \times 0.199\text{kN} = 18.38\text{kN}$$

5. 选择钢丝绳直径

选用6×37型，抗拉强度$\sigma_b=1550$MPa，直径为$d=17.5$mm，钢丝绳的破断拉力为172.50kN，计算安全系数

$$n = 172.50/18.38 = 9.38 > 5$$

故钢丝绳选择可行。

6. 选择卷扬机

根据牵引力$T=18.38$kN，选用单卷筒的起重能力为30kN的卷扬机。

7. 计算滚杠根数

一般木排子下面用两根25cm宽的硬木做成，所以木排子与滚杠接触部分的有效承压长度为$L=50$cm，厚壁无缝钢管滚杠的允许载荷为$W=35d$kg/cm，则滚杠数为

$$m \geqslant \frac{Q_{计}}{WL} = \frac{15000}{35 \times 7.6 \times 50} = 1.13(根)$$

运输过程中排子下面有两根滚杠够用了，但要考虑到滚杠要前后倒运，实际上要准备5~7根才能满足使用要求。

训练6　简单单立柱桅杆的立、拆作业

1. 简单单立柱桅杆的绑扎

桅杆的绑扎有以下两个方面：

（1）缆风绳的系结

1）将桅杆平放在地上，桅杆的头部用枕木垫起，以便系结缆风绳。

2）将中部打有双“8”字结的足够长的钢丝绳套在桅杆的顶部；缆风绳的根数一般为4~6根，其长度要保证在桅杆架设后，缆风绳与地面夹角不大于45°，特殊情况下不超过60°。缆风绳的系结如图4-54所示。

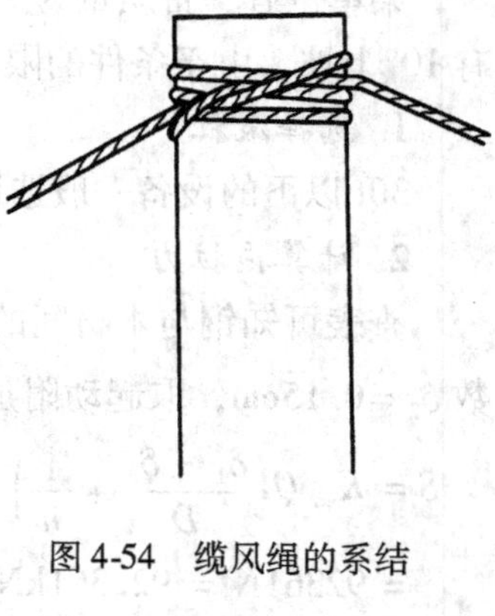

图4-54　缆风绳的系结

(2) 起重滑车组的系挂

1）把一根两端都带有绳环的吊索用“8”字结系结在缆风绳结的下面，两绳结间的距离越近越好，以防止桅杆的横向弯曲，如图4-55a所示为不正确的系挂方法。为使起重滑车组与桅杆间存在一定的距离，便于起吊重物，一般在系挂滑车组的吊索与桅杆间系一横木。

2）将起重滑车组的吊钩挂在吊索的绳扣中，或用卸扣把吊索与起重滑车组联在一起。使用吊钩时，挂钩后必须把吊钩口用铁丝扎紧，以防脱钩。

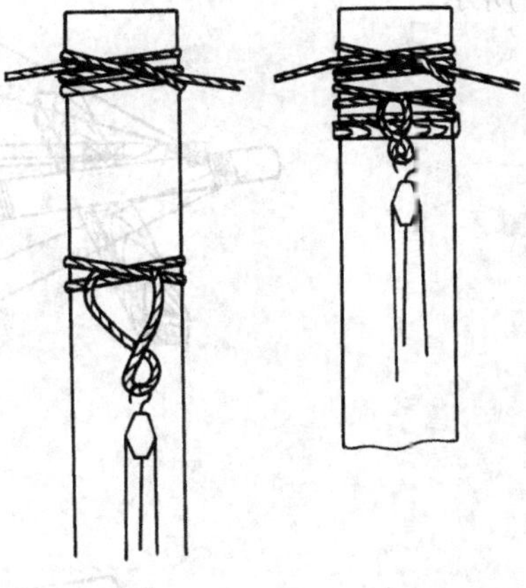

图4-55　起重滑车组的系挂
a）错误　b）正确

2. 简单单立柱桅杆的架设

简单单立柱桅杆的架设方法有几种。有条件的场合，可以采用其他起重机械来架设；在没有起重机械时，则可以采用卷扬机与辅助桅杆架设；对于起重量较小的桅杆，可直接用人力进行架设。用辅助桅杆架设桅杆的方法如下所述。

(1) 滑移法　滑移法是利用辅助桅杆使起重桅杆的一头滑移而竖起的一种方法，其操作步骤如下：

1）将桅杆的小头垫起，使桅杆的重心在安装位置上，系结缆风绳，并系挂起重滑车组，如图4-56所示。

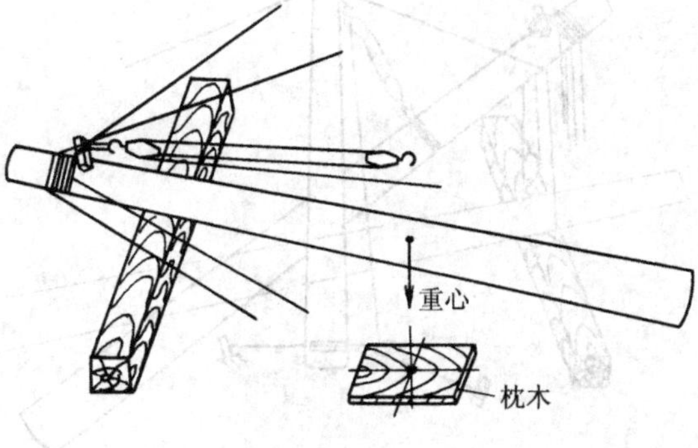

图4-56　在桅杆上系结缆风绳与滑车组

2）在起重桅杆上距桅杆顶1/3处，系结起吊桅杆的滑车组（动滑车），如图4-57a所示。

3）在起重桅杆安装点的旁边，竖立吊装用的辅助桅杆，其高度为起重桅杆的3/4左右。辅助桅杆重量较轻，可直接用人力竖立。

竖立前，在辅助桅杆的顶部系挂起吊滑车组的定滑车及缆风绳，如图4-57b所示。

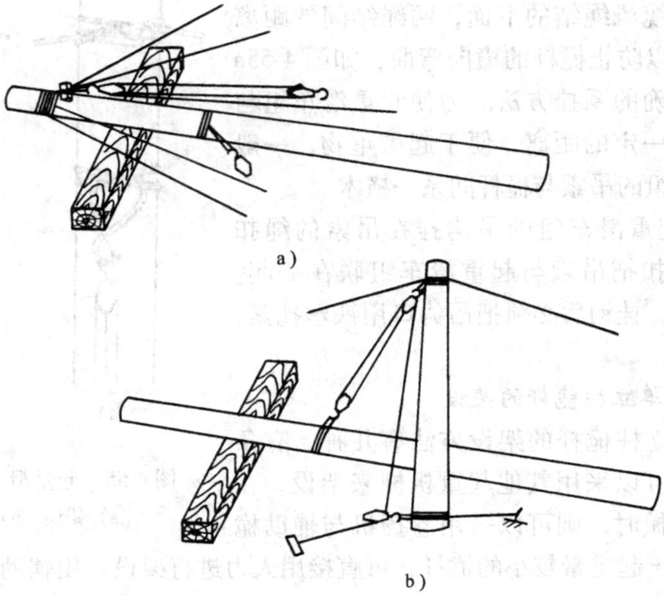

图4-57 竖立辅助桅杆

4）固定辅助桅杆的缆风绳。

5）利用卷扬机竖立桅杆。在辅助桅杆滑车组的跑绳收紧的过程中，起重桅杆的顶部逐渐升起，而其根部逐渐滑向安装点，如图4-58所示。

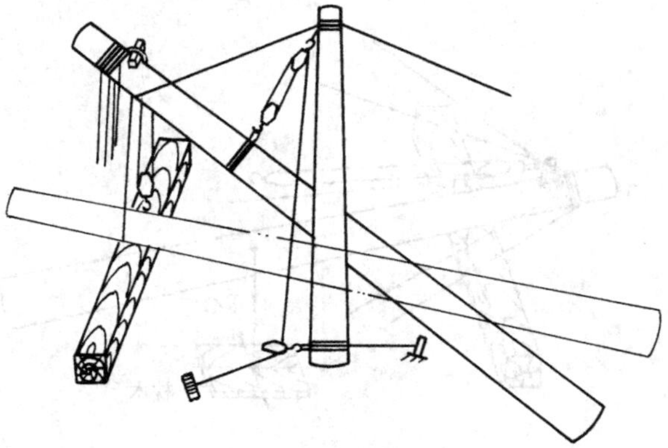

图4-58 桅杆竖立

6）当桅杆逐渐竖立与地面的夹角超过60°时，即可收紧缆风绳，使桅杆竖起。

7）校正桅杆的垂直度，然后固定缆风绳。

8）拆卸辅助桅杆。

（2）旋转法 旋转法是利用辅助桅杆、卷扬机、滑车竖立桅杆的一种方法。在竖立桅杆过程中，其根部一端的位置固定不动，桅杆绕其根部旋转而逐渐竖立起来。其操作步骤如下所述：

1）将桅杆横放在地上，其顶部的一端搁放在枕木上，其根部放在安装点上。

2）在桅杆顶部系好缆风绳及起重滑车组；在根部系结固定绳，使桅杆在竖立过程中不移动位置。

3）在距桅杆顶端约三分之一处系挂竖立桅杆用的滑车组。

4）竖立辅助桅杆。竖立前在桅杆顶部系挂滑车组及缆风绳，辅助桅杆的位置应靠近桅杆的根部，如图4-59所示。

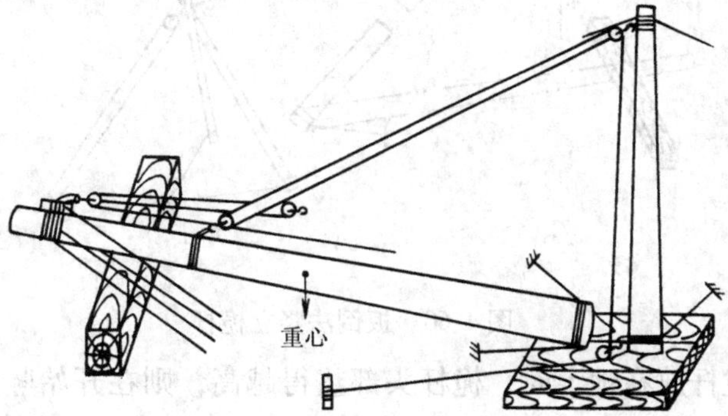

图4-59 旋转法竖立辅助桅杆

5）开动卷扬机，桅杆以其根部为旋转中心逐步竖起。当桅杆竖立到60°以上时，即可利用缆风绳将其扳立至垂直位置，经校正后，固定缆风绳。

6）拆卸辅助桅杆。

（3）扳倒法 扳倒法是利用辅助桅杆并以其根部为支点向后扳倒将起重桅杆竖起的一种方法。在竖立桅杆的过程中，辅助桅杆与起重桅杆间的系紧长度不变。

竖立桅杆的操作过程基本上与前两种方法相同，如图4-60所示。

辅助桅杆竖起后，将待扳倒的辅助桅杆的定滑车固定在锚桩上（或其他可利用的构筑物上）。当收紧跑绳时，辅助桅杆即向后逐渐倒下，同时，桅杆将扳起；当桅杆被扳至与地面的夹角超过60°，卷扬机就可停止开动；此时，可利用桅杆上的缆风绳把桅杆扳至垂直位置。

（4）竖立桅杆时的注意事项

1）在采用任何一种方法竖立桅杆时，都应随时注意桅杆的歪斜情况。当出现歪斜时，可利用桅杆上的两根缆风绳由两人从两侧来控制。

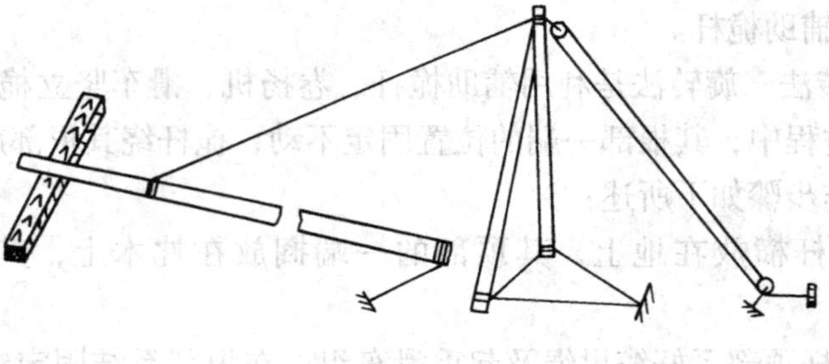

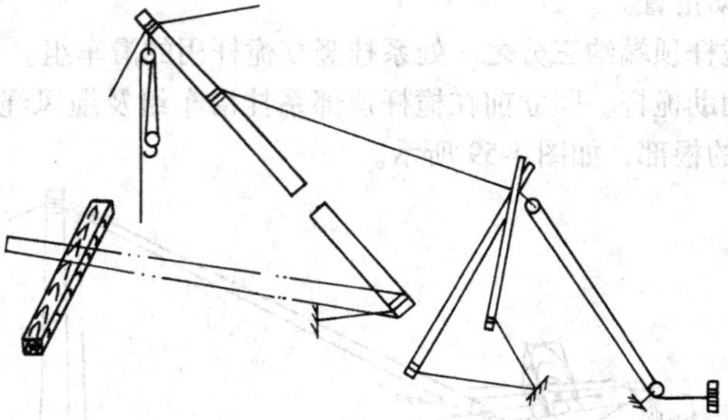

图4-60　扳倒法竖立桅杆

2）当将桅杆放在地上时，桅杆头部垫得越高，则在开始竖立桅杆时，滑车组上受力就越小；反之，滑车组上受的力就越大。因此，在条件许可的情况下，应尽可能把桅杆垫得高一些。

（5）桅杆的拆卸　桅杆的拆卸过程与竖立过程相反。

训练7　简单人字架的立、拆作业

1. 简单人字架的绑扎

（1）绑扎前的准备

1）根据被起吊重物的重量、体积、起吊高度，选择桅杆的规格。

2）根据起吊重量选择起重滑车组、钢丝绳、卸扣及卷扬机等。

（2）简单人字架绑扎的操作

1）将两根钢管或圆木的头部（小头）交叉放在垫木上。交叉的角度一般在25°～35°之间，交叉点距小头60～90cm，如图4-61所示。

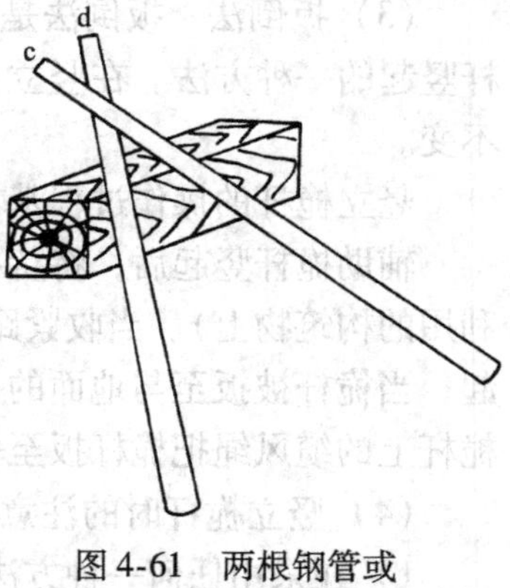

图4-61　两根钢管或圆木头部放在枕木上

2）把绑扎绳的一端在下面杆d的头部打一个

木结，如图 4-62a 所示。

3）围绕 c、d 杆的交叉处连续绕 10 圈以上，如图 4-62b 所示。

4）绑扎绳围绕 c 杆绕一圈，绳头需从本次绕绳底下穿出（即绳头被压绳下），如图 4-62b 所示。

5）围绕 c、d 两杆交叉处之间上、下绕 3～4 圈（又称打围脖），如图 4-62c 所示。

6）最后将绕出的绳头在围脖上打倒扒扣，并将绳头用粗铁丝绑紧或用铁钉钉牢，如图 4-62d 所示。

如果绳头不采用在围脖绳上打倒扒扣的形式，可采用以下的形式：交叉处绕过 3～4 圈后再绕一圈，并将绳头在本次绕绳下穿出，穿出的绳头在 c 杆或 d 杆上绕两圈，每次绳头都在本次绕绳下穿出（即倒扒扣），最后把绳头按上法固定，如图 4-63 所示。

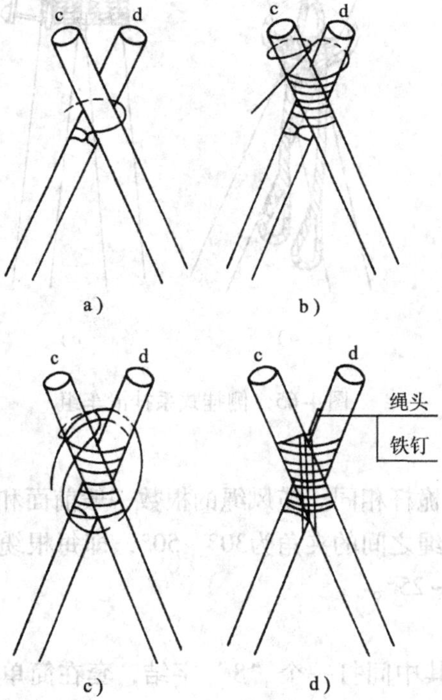

图 4-62　人字架绑扎

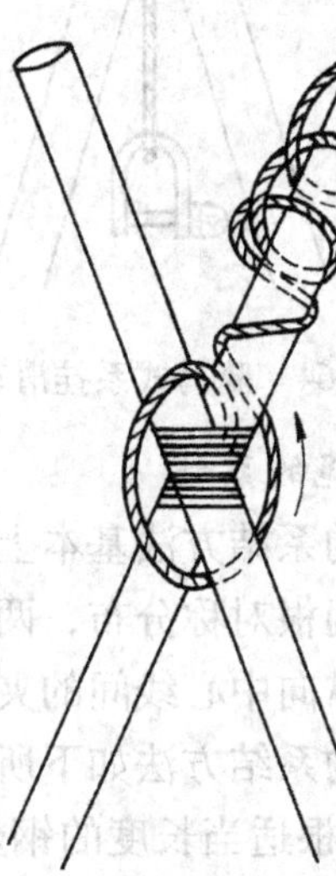

图 4-63　绳头的另一种固定法

2. 起重滑车组的系挂

简单人字架滑车组的系挂有两种方式：骑马式和侧挂式。

（1）骑马式系挂法　采用骑马系挂法系挂起重滑车，操作简单方便，只需将一根两端有绳扣的钢丝绳从桅杆顶交叉处骑跨在两桅杆中间，两绳扣垂向下，用卸扣把起重滑车与钢丝绳连接在一起即可，如图4-64所示。

（2）侧挂式系挂法　用侧挂法系挂起重机的方法有以下两种，按具体情况选用。

1）用两端都带有绳扣的钢丝绳在简单人字架的交叉处绕一圈，两绳头从交叉处穿出，并压在绕绳下，两绳从简单人字架的交叉处垂直引向侧面，用卸扣把滑车组与绳扣连接在一起，如图4-65a所示。

2）用适当规格的卸扣，在绑扎桅杆时直接绕在绑扎绳内，其操作方法为：钢丝绳在简单人字架交叉处的缠绕方法、打围脖及绳头的固定方法与原有方法一样，只是钢丝绳在交叉处绕了几圈后，其余的几圈把卸扣直接绕在中间，卸扣的横销朝下，如图4-65b所示。

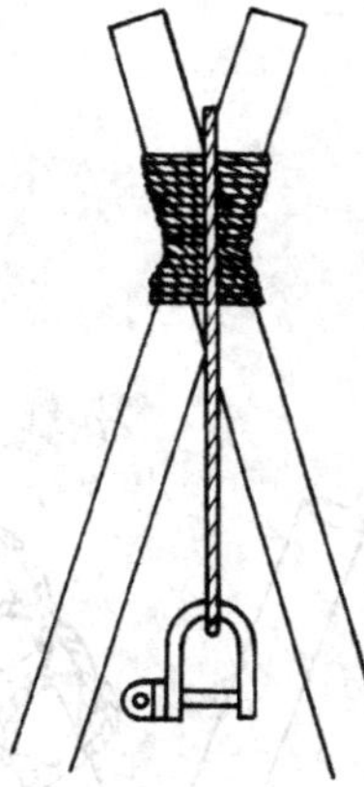

图4-64　骑马式系挂滑车组

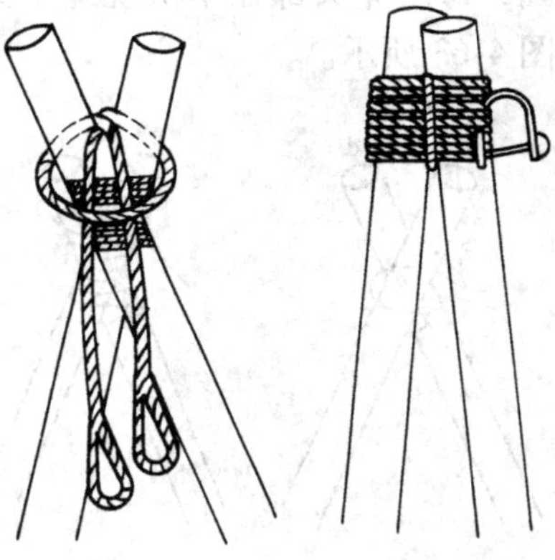

a） b）

图4-65　侧挂式系挂滑车组

3. 缆风绳的系结

缆风绳的系结方法基本上与独脚桅杆相同。缆风绳的根数一般前面和后面各设置两根，两根对称分布，两根缆风绳之间的夹角为30°～50°，即每根缆风绳与简单人字架纵向中心线间的夹角15°～25°。

缆风绳的系结方法如下所述：

1）将一根适当长度的钢丝绳在其中间打一个“8”字结，套在简单人字架的交叉处，如图4-66a所示。

2）将绳头A分别绕c、d杆一圈，使绳在c、d杆之间，并从本次绕绳底部穿出（即绳头压在下面），如图4-66b所示。

3）将绳头B同样分别绕在c、d杆一圈，使绳在c、d杆之间，将绳头压在下面，如图4-66c所示。

4）将绳头固定在设置好的锚桩上，或固定在其他可靠的建筑物上或构架

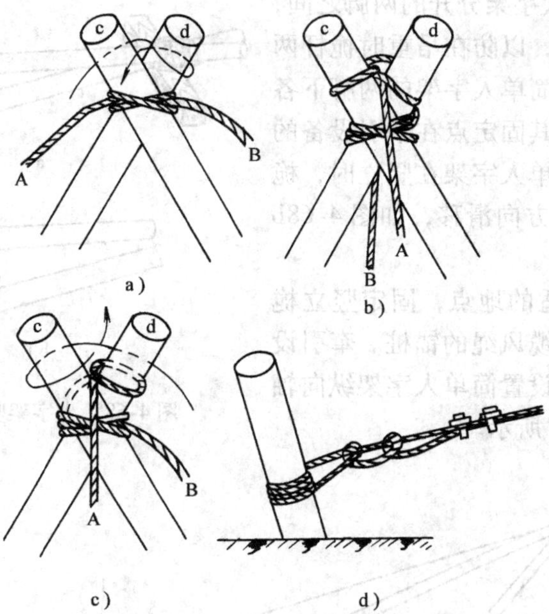

图 4-66　缆风绳的系结

上；绳头的固定可采用拴柱结，如图 4-66d 所示。

5）在设置斜立简单人字架时，可采用可调节缆风绳来调节简单人字架的倾斜角度，如图 4-67 所示。缆风绳的固定点应在简单人字架纵向轴心线。

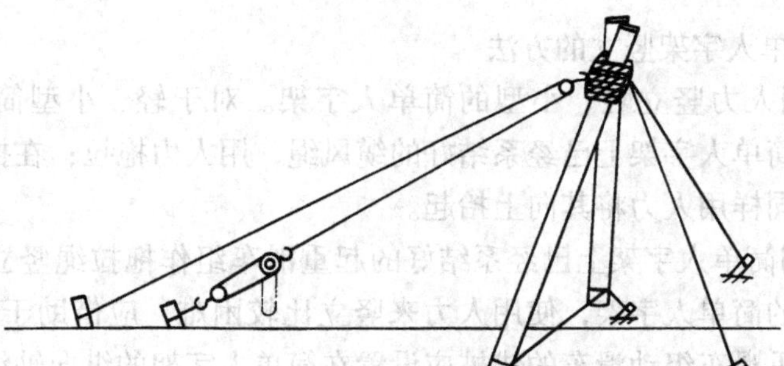

图 4-67　缆风绳的调节

4. 简单人字架的竖立方法

(1) 简单人字架竖立前的准备工作

1）将已绑好的简单人字架放在安装位置上，两脚分开，两杆脚放在安装点上。桅杆的头部用枕木垫高，其高度一般在 1m 左右；垫得越高，则在竖立桅杆时，牵引绳所受的力也就越小，如图 4-68a 所示。

2）在简单人字架分开的两脚之间，用绳索连接起来，以防在吊重时桅杆两脚向外滑移。在简单人字架的两脚下各系一根系紧绳，其固定点在牵引设备的相反方向，使简单人字架在竖立时，桅杆脚不致向牵引方向滑移，如图4-68b所示。

3）选择合适的地点，固定竖立桅杆的牵引设备和缆风绳的锚桩。牵引设备的导向滑车应设置简单人字架纵向轴线上，如图4-69所示。

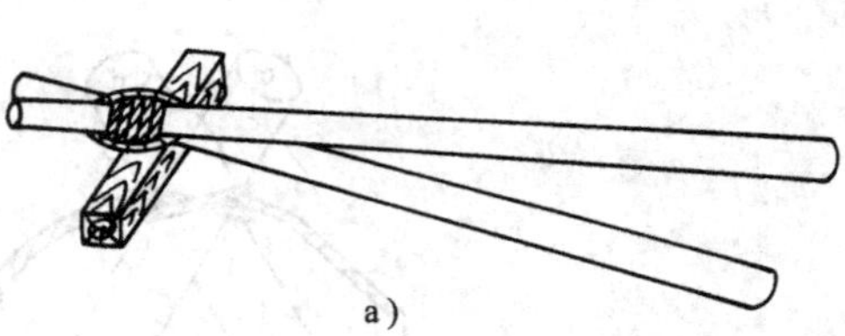
a）

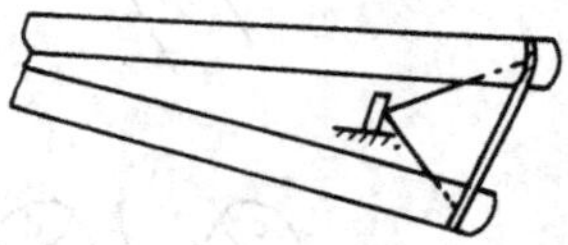
b）

图4-68　人字架竖立前的准备

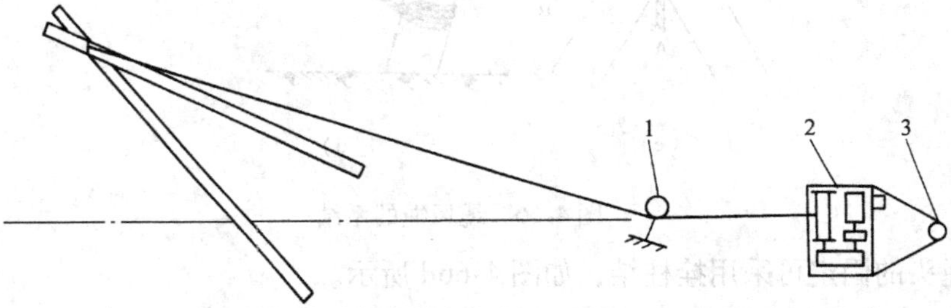

图4-69　牵引设备固定

1—导向滑车　2—卷扬机　3—锚桩

（2）简单人字架竖立的方法

1）利用人力竖立轻、小型的简单人字架。对于轻、小型简单人字架的竖立，可利用简单人字架上已经系结好的缆风绳，用人力拖拉；在拖拉的同时，在桅杆的头部同样用人力将其向上抬起。

2）利用简单人字架上已经系结好的起重滑车组作拖拉绳竖立桅杆。对于一些重量较重的简单人字架，使用人力来竖立比较困难，应借助于卷扬机来竖立。固定桅杆起重滑车组动滑车的锚桩应设置在简单人字架的纵向轴线上；同样，卷扬机前方的导向滑车也设置在纵向轴线上；跑绳穿过导向滑车后引向卷扬机，如图4-70所示。

3）利用高空桥式起重机或其他构筑物竖立桅杆。

① 利用桥式起重机竖立桅杆时，捆绑绳直接系结在桅杆的交叉处，吊钩在升起的同时作水平移动，直至桅杆竖立。

② 利用高空构筑物竖立桅杆时，可以直接利用桅杆上的起重滑车组，把动滑车悬挂在高空构筑物上，把跑绳穿过导向滑车后引向牵引设备。

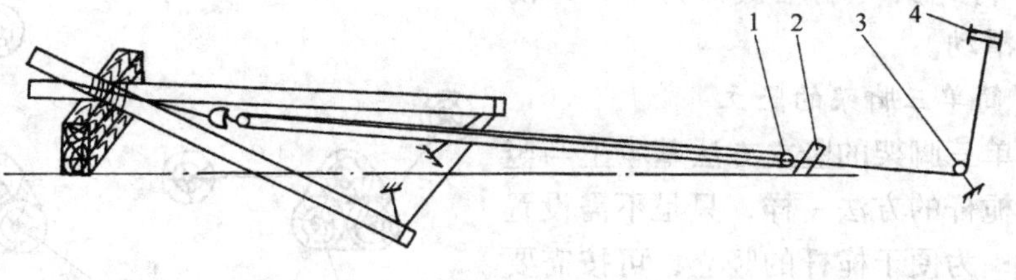

图 4-70　利用人字架上的起重滑车组竖立桅杆
1—滑车　2—锚桩　3—导向滑车　4—卷扬机

• 训练 8　简单三角架的立、拆作业

简单三脚架在起重作业中与独脚桅杆和人字桅杆相比用得较少。在修理设备时，对于小重量的零部件，常用简单三脚架来起吊。简单三脚架是人字桅杆的发展，其架设方便，稳定性好，不需设置缆风绳。

1. 简单三脚架的绑扎

三肢桅杆有两种形式：铰接式和捆绑式。

（1）铰接式简单三脚架　铰接式三角架是由三根圆木（或无缝钢管）在顶部采用铰接方式组合而成。

（2）捆绑式简单三脚架　捆绑式简单三脚架是用圆木或无缝钢管，在其头部用捆绑绳绑扎而成。

1）绑扎前的准备工作

① 根据起重量选用合适的桅杆。起重量较小时可选用圆木；起重量较大时可选用无缝钢管。圆木和钢管的长度根据起吊高度及设备的体积而定。

② 准备绑扎绳。起重量较小时，可选用麻绳绑扎；起重量较大时，则需采用钢丝绳绑扎。

③ 准备好手拉葫芦、起重索具、吊具等起重用具。

2）绑扎步骤

① 将三根圆木或钢管的根部对齐，头部放在垫木上，如图 4-71a 所示。

② 将一头带有绳扣的钢丝绳在距桅杆小头约 300 ~ 400mm 处绕 5 ~ 8圈，如图 4-71b 所示。

③ 将绳头穿过绳扣后折回，然后在绑扎绳上打扒扣，如图 4-71c 所示。

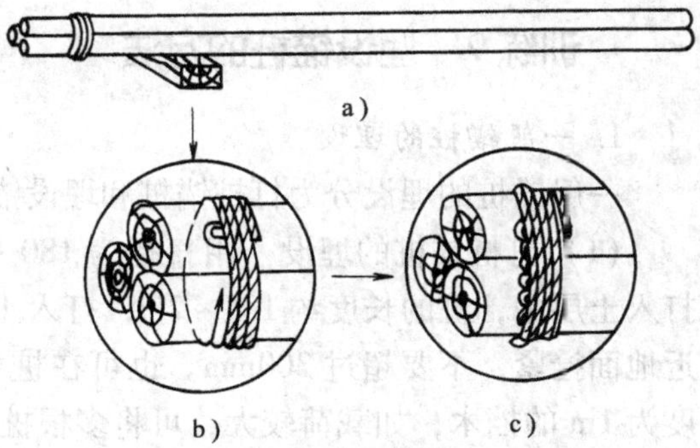

图 4-71　三脚架绑扎

④ 将绳头终端用铁钉钉牢，以防钢丝绳滑动。

2. 简单三脚架的竖立

简单三脚架的竖立方法基本上与竖立独脚桅杆的方法一样，只是不需设置缆风绳；为便于桅杆的竖立，可按需要设置几根拖拉绳。桅杆竖立后，把桅杆的三只脚等距离分开，如图4-72所示。

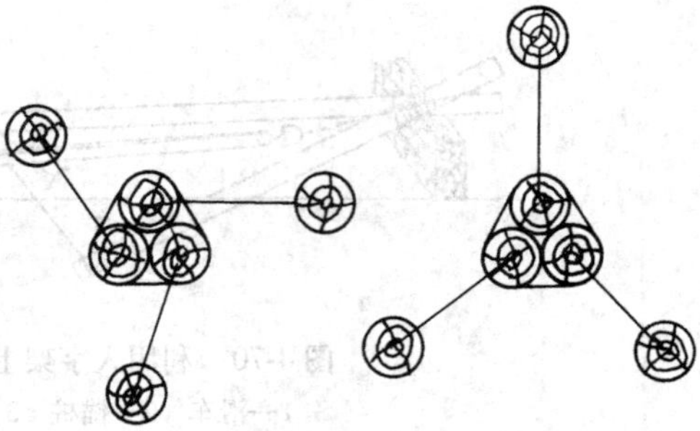

a)　　b)

图4-72　三脚架三只脚分开方法

a) 正确的方法　b) 错误的方法

3. 简单三脚架起重葫芦的系挂

将一根两头都带有绳扣的钢丝绳吊索在桅杆顶部的交叉处，并使吊索压住两根桅杆（不允许骑跨在一根桅杆上），如图4-73a所示；然后把手拉葫芦与吊索连在一起，如图4-74所示。

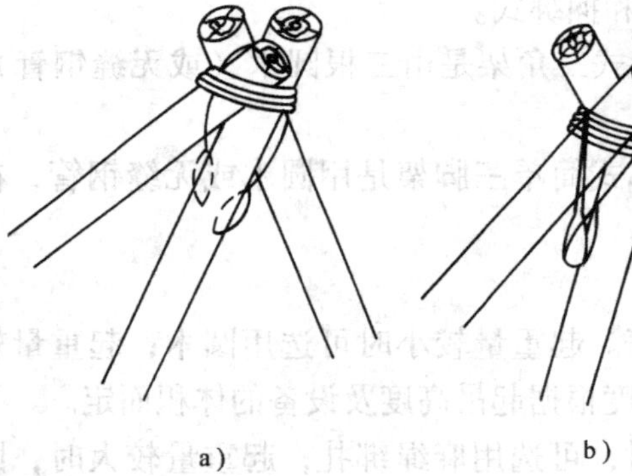

a)　　b)

图4-73　吊索在桅杆上放置方法

a) 正确的方法　b) 错误的方法

图4-74　吊索与手拉葫芦连接

训练9　埋设锚桩的方法

1. 一般锚桩的埋设

一般锚桩的埋设分为打桩锚桩和埋设锚桩两种。

(1) 打桩锚桩的埋设　用直径为180～300mm的圆木或钢管倾斜10°～15°打入土层中，桩的长度约1.5～2m，打入土层深度为1.2～1.5m，钢丝绳尽量靠近地面拴紧，不要超过300mm。也可在桩木前方埋设一根直径与桩木相同，长度为1m的挡木，如载荷较大，可将多根桩连接在一起，形成联合桩锚，如图4-75所示。

(2) 埋设锚桩的设置 将圆木或枕木倾斜放入先挖好的锚坑中，并横放圆木或枕木，作为上挡木和下档木，将木桩卡住，然后，填埋夯实，如图4-75所示。

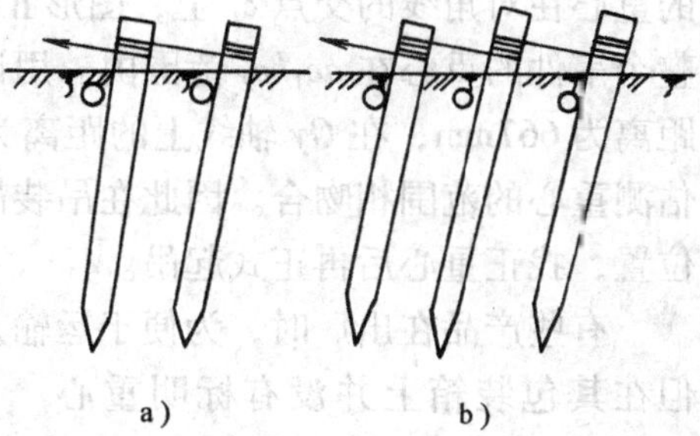

图4-75 联合锚桩埋设示意图

2. 特殊锚桩的埋设

(1) 锚碇的埋设 根据锚碇长短，先挖一个锚坑，深度为1.5～3.5m，将钢丝绳系结在锚碇中间一点或对称系结两点，横放在坑底，钢丝绳在坑前部倾斜引出地面，倾斜角度在30°～50°之间，然后，用于土和碎石回填夯实。横木绑拉索处，四角用钢或半圆形钢管架固。

(2) 混凝土锚桩的埋设 用型钢和拉杆作成锚碇，埋入锚坑中，然后灌注混凝土。

(3) 活动锚桩的设置 将底排的爪插入土层中，再将铁锭、混凝土等重物压上。

• 训练10 选择简单吊件重心

吊件的重心可以用数学方法求得。规则形状吊件的重心位置较易确定，如正方形或长方形吊件，其重心位置在对角线的交点上；圆棒的重心在其中间截面的圆心上；三棱体的重心在其中间截面三角形的三条中线的交点上。但对于由几个规则形状组成的吊件或不规则形状的吊件来说，其重心位置需经过数学计算才能确定。

起重作业的对象大都是由几个规则形状组成一个吊件，但在起重作业中，完全通过计算确定吊件的重心是不现实的。一般可先求出各规则形状吊件部分的重心，然后根据估计出的吊件重心分布区，并在试吊时调整吊索各分支的长度来确定重心，使吊钩的垂线通过被吊吊件的重心。例如，有一吊件的形状尺寸如图4-76所示，材料为45钢。从图形看，此吊件由两个规则的图形组成。图形Ⅰ

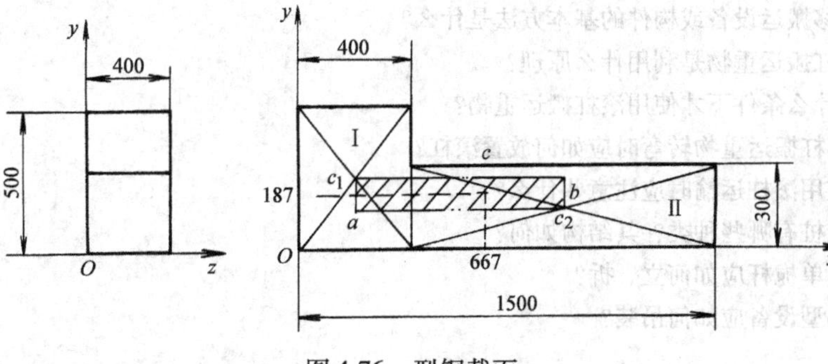

图4-76 型钢截面

的重心在对角线的交点 c_1 上，图形Ⅱ的重心同样在其对角线的交点 c_2 上，因此整个吊件的重心在 ac_1bc_2 范围内。用计算法求得的重心 c 的位置在 Ox 轴线上的距离为667mm，在 Oy 轴线上的距离为187mm，在 Oz 轴上的距离为150mm，与估测重心的范围相吻合。因此在吊装吊件时，可在此范围内仔细调整吊钩的吊心位置，找正重心后再正式起吊。

有些产品在出厂时，为便于运输及保护其不受损坏，一般都装在包装箱内，但在其包装箱上并没有标明重心位置。此时，可采用实测的方法初步确定重心位置，然后在试吊时仔细找正重心。如图4-77所示为包装箱放在一根圆钢上，调整圆钢的位置，使包装箱处于基本平衡的状态，即在包装箱的一端加上很小的力，就能使包装箱偏向另一端。此时，包装箱的重心基本上在圆钢所在搁置的垂直平面上。试吊时，只需在另一个方向上调整钢丝绳的长短，即可找正重心，平稳起吊包装箱。

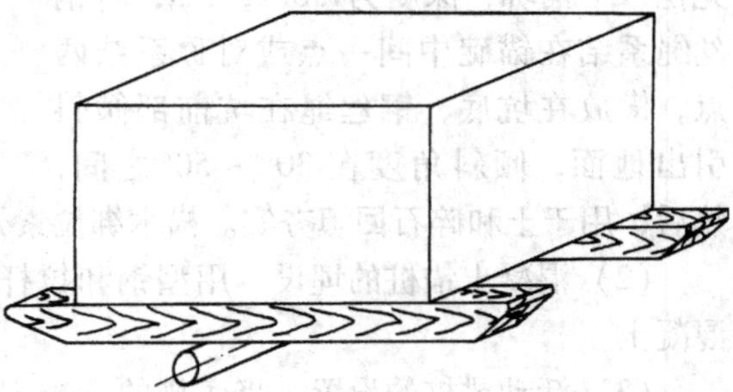

图4-77　包装箱重心位置的找正

复习思考题

1. 起重作业“十字”操作法的具体内容是什么？
2. 绳扣系结有哪些方法？
3. 绳索插接有哪些要求和方法？
4. 如何搭设和拆除脚手架？有哪些安全要求？
5. 水平运输有哪些方法？应注意些什么？
6. 一般机械设备和物件重心的计算和估测方法有哪些？
7. 滑移搬运设备或构件的基本方法是什么？
8. 滚杠搬运重物是利用什么原理？
9. 在什么条件下才使用滚杠搬运重物？
10. 滚杠搬运重物转弯时应如何放置滚杠？
11. 使用滚杠运输时应注意些什么？
12. 锚桩有哪些种类？其结构如何？
13. 简单桅杆应如何立、拆？
14. 小型设备应如何吊装？

第五章

配合流动式起重机吊装物件

培训学习目标 通过本章学习，掌握配合流动式起重机吊装物件的基本方法，了解和掌握常用流动式起重机的种类和性能、常见设备的绑扎方法和要求、起重常用指挥信号，了解和掌握配合流动式起重机吊装构件的方法、绑扎构件的方法和要求、设备和构件的吊装方法、小型机床的绑扎挂钩与吊装、一般物件的绑扎与吊装以及牛腿柱子的绑扎与吊装等知识和技能，达到初级起重工配合流动式起重机吊装物件的水平和能力。

第一节 配合流动式起重机吊装设备

一、流动式起重机的种类和性能

流动式起重机是汽车起重机、轮胎起重机和履带起重机的统称，通常又简称为“吊车”，在起重吊装作业中经常使用。流动式起重机的结构主要由以下几个部分组成：行走机构、回转机构、起升机构、伸缩机构、变幅机构。流动式起重机的吊装能力主要取决于三个性能参数：额定起重量、幅度、起升高度。在起重吊装作业时，主要是根据设备的重量、吊装高度和作业幅度来选择流动式起重机。

1. 常用流动式起重机主要特点

（1）流动式起重机的主要优点

1）移动方便。主车可以自行移动，桁架起重臂、支腿、配重等部分可以拆分运输，短距离行走时，可以带杆行走，非常方便于转场作业。

2）作业灵活。利用起升、变幅、回转、伸缩和行走机构，可以很灵活地将重物吊装到预定位置。

3）体积较小。通常同样额定起重量的流动式起重机比桅杆式起重机体积要小。

4）准备工作量小。准备工作通常只有组装、行走场地的铺垫和打支腿等工作。

5）工作速度快。液压驱动流动式起重机的各机构运行速度快且稳。

6）吊装高度高。大型流动式起重机的主起重臂和副起重臂接起来，可以达到180多米高。

7）起吊能力大。目前已知世界上最大流动式起重机的起吊能力达4000t。

（2）流动式起重机的主要缺点

1）稳定性差。有些流动式起重机转盘在不同的回转位置，起重量是不同的。另外，流动式起重机起重臂承载时的弹性变形量比较大，起吊重物时易前后摆动。

2）行走和作业时对道路场地要求高。由于流动式起重机的轮胎、支腿或履带板面积较小，作业时需要对道路场地进行加固或铺垫。

3）构造复杂，使用和维修费用高。流动式起重机的结构部分、机械部分、电气和仪表部分需要经常由专业人员进行检查、维护保养。

（3）流动式起重机主要性能参数

1）额定起重量。流动式起重机在各种工况下安全工作所允许起吊的最大质量称为额定起重量，单位为t或kg。流动式起重机在不同臂长和不同工作幅度下的额定起重量是不同的。流动式起重机的额定起重量与臂长和幅度的关系，通常用起重量特性曲线或起重性能表反映。

2）最大额定总起重量。一台汽车起重机的型号为QY20，其中的“20”表示该起重机在基本臂最小幅度工况下，所能起吊的最大额定总起重量（又称名义起重量）为20t，它包括被吊物品质量、吊钩滑轮组质量和起升钢丝绳质量。

3）起升高度。起升高度是指地面至吊钩上极限位置的距离，单位为m。

4）工作幅度。工作幅度是指吊钩中心线至回转中心线间的距离，单位为m。

2. 汽车起重机

汽车起重机通常称之为“汽车吊”。汽车起重机是装配在通用或特制的汽车底盘上的起重设备。如图5-1所示，汽车起重机主要由汽车底盘、支腿、回转装置、起重臂、变幅机构、起升机构等几部分组成。

常见的汽车起重机的最大额定总起重量等级有8t、12t、16t、20t、25t、40t、50t、80t、120t、200t、300t、500t、650t等。吊装作业时，决定汽车起重机不同工况下额定起重量［Q］性能参数主要是工作幅度R和起重臂长度L。汽车起重

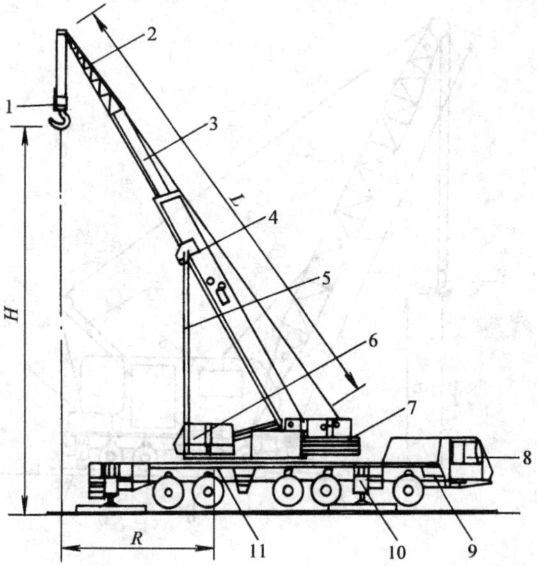

图 5-1　汽车起重机

1—吊钩　2—副臂　3—伸缩臂　4—主臂　5—变幅机构　6—操作室　7—配重　8—驾驶室
9—行走机构　10—支腿　11—旋转中心　L—起重臂长度　R—工作幅度　H—起吊高度

机额定起重量［Q］可以从汽车起重机性能表中查出。附录 A 中，表 A-4 是比较常用的 TG500E 型 50t 汽车起重机性能表。

例 1　已知一设备重 10t，吊装高度 18m，选择 50t 汽车起重机的工作幅度和起重臂长度。

解　当汽车起重机起重臂在起重机两侧及后方起吊设备不需要起重臂转向的情况时，从表 A-4 查得工作幅度 $R=9\text{m}$，起重臂长度 $L=24.7\text{m}$ 时，允许吊重［Q］$=12.8\text{t}$。可以满足吊装需要。

如果汽车起重机起吊设备需要起重臂转向或在该汽车起重机的前方区域吊装情况时，从表 A-4 查得工作幅度 $R=6\text{m}$，起重臂长度 $L=24.7\text{m}$ 时，允许吊重［Q］$=12\text{t}$。可以满足吊装需要。

3. 轮胎起重机

轮胎起重机通常称为“轮胎吊”。轮胎起重机是装配在特制的运行底盘上的起重设备，车桥为刚性悬架。它主要由底盘、支腿、回转装置、起重臂、变幅机构、起升机构等几部分组成，如图 5-2 所示。

常见的轮胎吊吨位等级有 16t、25t、50t、75t、125t 等。轮胎起重机额定起重量［Q］可以从轮胎起重机性能表中查出。

4. 履带起重机

履带起重机通常称为“履带吊”。履带起重机是装配在标准或特制的履带行

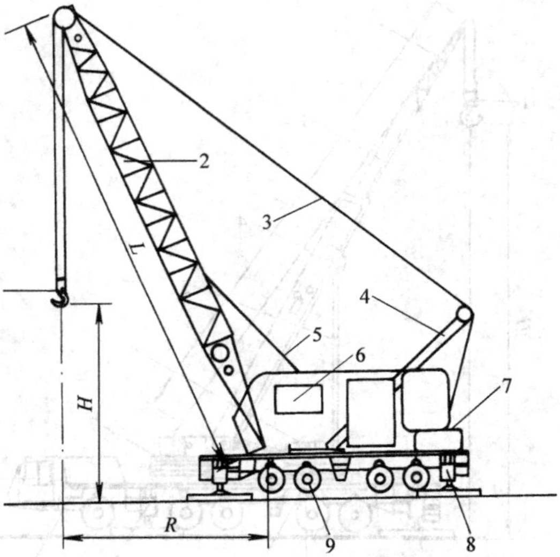

图 5-2　轮胎起重机

1—吊钩　2—起重臂　3—变幅机构　4—后背支架　5—变幅限位杆　6—操作驾驶室　7—配重　8—支腿　9—行走机构　L—起重臂长度　R—工作幅度　H—起吊高度

走底盘上的起重设备。它主要由履带行走底盘、回转装置、起重臂、变幅机构、起升机构等几部分组成，如图 5-3 所示。

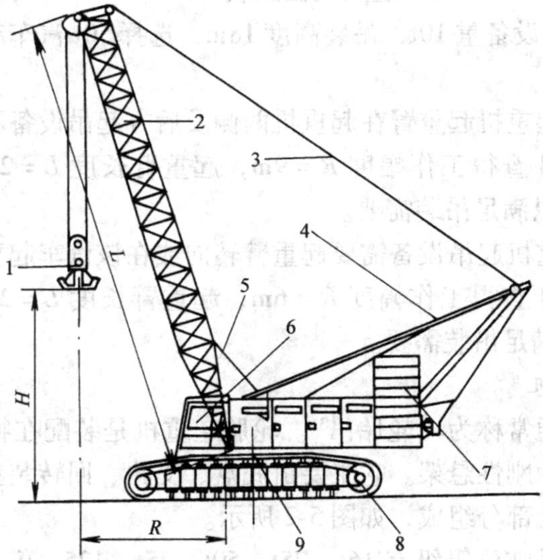

图 5-3　履带起重机

1—吊钩　2—起重臂　3—变幅机构　4—后背支架　5—变幅限位杆　6—驾驶操作室　7—配重　8—履带行走机构　9—旋转中心　L—起重臂长度　R—工作幅度　H—起吊高度

常见的履带吊吨位等级有 15t、27t、32t、40t、50t、100t、150t、250t、280t、300t、500t、800t、1250t、1350t、1600t、3200t 等。

5. 流动式起重机起重臂曲线图

在使用流动式起重机作业前，需要确定流动式起重机作业有关参数，流动式起重机起重臂曲线图就是表示起重臂长度、变幅角度与工作幅度之间的关系，起重臂长度、变幅角度与允许吊装高度之间的关系，它反映了起重机吊装能力的重要参数。图 5-4 是履带起重机起重臂曲线图。

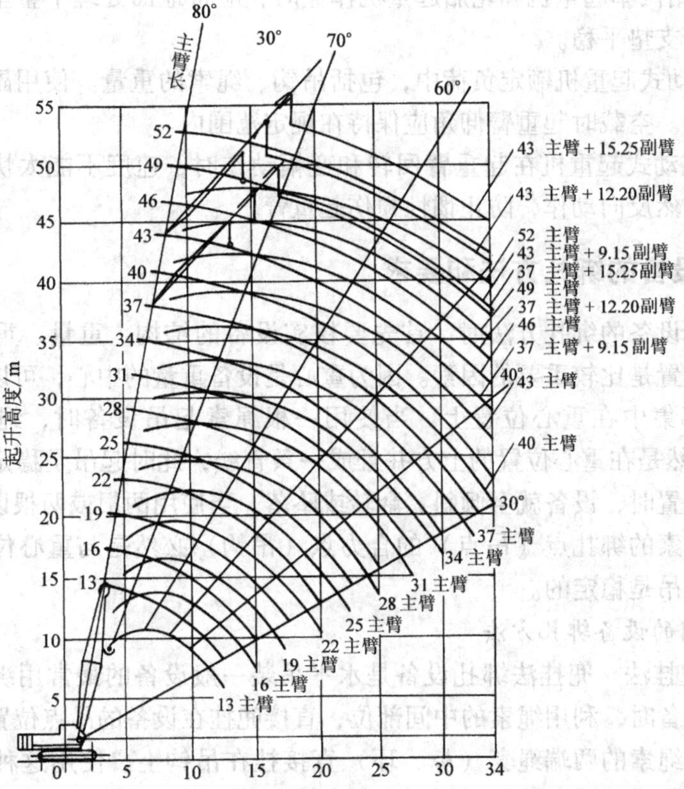

图 5-4　履带起重机起重臂曲线图

6. 使用流动式起重机注意事项

1）起重指挥应由技术熟练，懂得起重机性能的持证人员担任，事先与司机按示准统一信号，在指挥过程中信号应准确、肯定，哨音、旗帜及用语应清楚洪亮。

2）严禁超负荷吊装，满负荷吊装也要非常慎重，因为在变幅、回转和履带行走时都有可能造成不利因素而发生事故。

3）吊装时严禁斜吊和吊拔埋地的物体。

4）双机和多机抬吊细高立式物件，应设置平衡装置，每个单机吊重不得超过其额定负荷的75%。

5）起吊时起重臂下严禁站人和行走，严禁在吊物上站人。

6）起吊物和起重臂必须与架空电线保持规定的安全距离。

7）履带起重机吊重物行走时，起重臂应在履带起重机正前方，重物离地面高度不大于300mm，回转、变幅和起升机构必须锁定。

8）使用汽车起重机和轮胎起重机作业时，应将地面处理平整坚实，四个支腿全部伸出支垫平稳。

9）流动式起重机额定负荷中，包括吊钩、绳索的重量。使用副臂时，还包括副臂重量。空载时起重臂仰角应保持在规定范围内。

10）流动式起重机在起重臂回转和变幅动作时，速度不能太快，也不得突然制动或突然反向动作，防止惯性损伤起重臂。

二、设备的绑扎方法和要求

在选择设备的绑扎方法时，首先要核实设备的结构、重量、重心位置等情况，重心位置是比较重要的因素。因为重心是设备重量的中心，可以认为设备的全部重量都集中在重心位置上。当使用一根绳索起吊设备时，绳索的绑扎点（吊点）必然是在重心位置的上方并且成一条直线，此时起吊是稳定的。如吊点偏离重心位置时，设备就会倾斜、翻转或坠落。当使用两根或两根以上绳索起吊设备时，绳索的绑扎点（吊点）的合力点（吊钩）必然是与重心位置成一条直线，此时起吊是稳定的。

1. 常用的设备绑扎方法

（1）兜挂法　兜挂法绑扎设备是水平吊装一般设备的最常用绑扎方法。兜挂法绑扎设备时，利用绳索的中间部位，直接兜挂在设备的吊点位置，通常是设备的底部。绳索的两端绳套（鼻、环）直接挂在吊钩上。使用这种兜挂法绑扎设备进行吊装时，设备的吊点位置至少有两个以上，且分布在设备重心位置的两边，设备本身没有横向的偏重、倾斜或翻转的倾向，纵向没有滑动、抽芯的倾向，否则应改为锁系方法或其他更加可靠的方法进行吊装。如图5-5所示为一台机泵和一台卧式容器的兜挂法吊装。

（2）锁系法　为了防止物件在吊装过程中出现翻转、滑动、滚动、倾斜或坠落的现象，常用锁系的方法对设备或物件进行绑扎吊装。锁系法绑扎设备也是比较常用的设备绑扎方法。锁系法绑扎设备时，将绳索的一个端头利用绳套（鼻、环）或用卸扣，与绳索的中间部位连接，将设备的吊点位置捆锁。绳索的另一端绳套（鼻、环）直接挂在吊钩上。锁系法绑扎设备时，可以用单锁或双

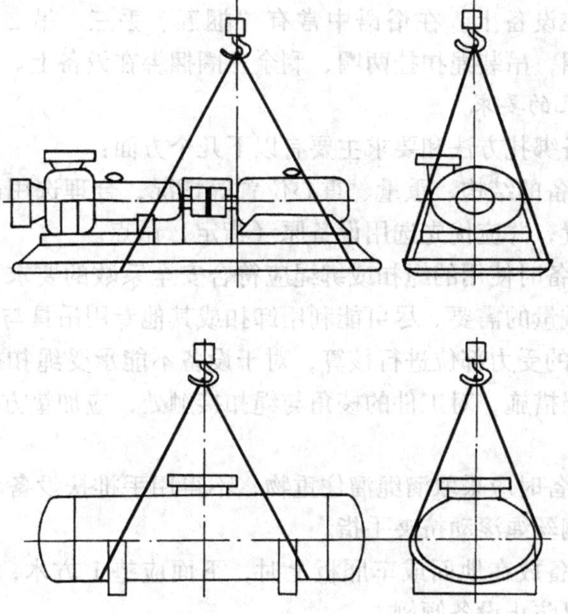

图 5-5　兜挂法吊装

锁。单锁可以防止物件纵向滑动，双锁可以防止物件偏重、倾斜或翻转，有时也可以采用单锁和双锁相结合的方法进行绑扎吊装。如图 5-6 所示的一组钢管是采用锁系法进行的绑扎吊装。

（3）捆绑法　在吊装立式设备没有吊耳的情况时，常采用捆绑法对立式设备进行绑扎吊装（图 5-7）。在使用捆绑法吊装时，首先在设备的捆绑绳索处衬垫好防止绳索滑动的木板或橡胶板，然后用一根绳索在设备上缠绕捆绑紧固并卡好绳头。单吊点时，捆绑绳索至少两圈以上，双吊点以上时，捆绑绳索为分别各自捆绑，每个吊点捆绑绳索至少两圈以上。最后再用吊装绳扣与捆绑绳索中的一

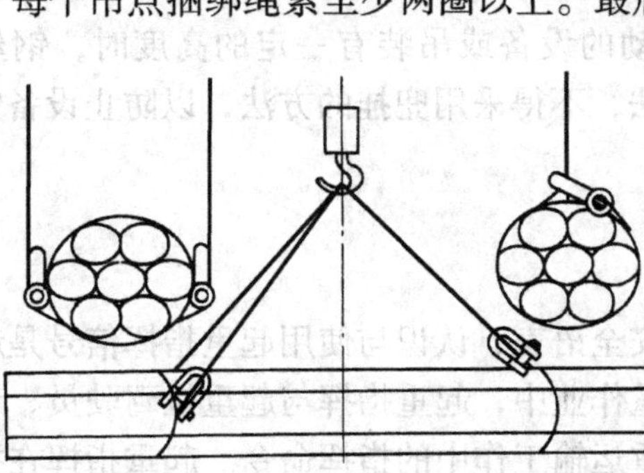

图 5-6　锁系法吊装

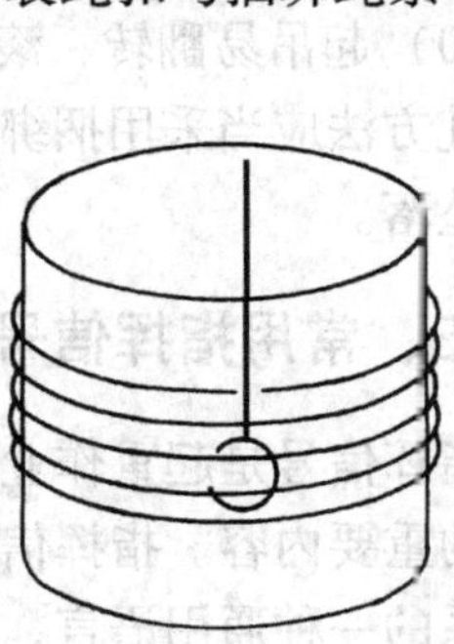

图 5-7　捆绑法吊装

部分连接，在起吊过程中，吊装绳扣拉紧捆绑绳索中的一部分，另一部分捆绑绳索紧紧地捆绑在设备上。在俗语中常有“捆五、丢三、吊二”的捆绑法吊装，即捆绑绳索五圈，吊装绳扣挂两圈，剩余三圈捆绑在设备上。

2. 设备绑扎的要求

常用的设备绑扎方法和要求主要有以下几个方面：

1）根据设备的结构、重量、重心位置等情况，合理选用吊索具，正确选取吊点或绑点位置，并应优先选用设备原（指定）吊点。

2）起吊设备时使用的绳扣或绑绳应符合安全系数的要求，卸扣或其他吊具必须满足起吊重量的需要。尽可能利用卸扣或其他专用吊具与设备吊点连接。

3）对设备的受力部位进行核算，对于设备不能承受绳扣挤压的薄弱易变形的部位采取加强措施，对工件的棱角与绳扣接触处，应加垫方木和半圆钢管，以免损坏绳扣。

4）装卸设备时应采取溜绳溜住重物，不得用手推扶设备和与设备接触的钢丝绳，以防止钢丝绳滚动挤夹手指。

5）装卸设备放在地面或车厢板上时，下面应垫上方木，以便于抽出绳扣。方木应垫实，以防止设备倾倒。

6）利用设备本身的开孔（如管口等）作为受力点进行吊装时，应对受力部位进行应力核算，必要时应采取保护措施。

7）设备用捆扎或其他兜系的方法吊装时，应做到绳扣出头位置合理，保证起吊过程中绳扣受力均匀。

8）设备用捆扎法吊装时，为防止压伤或擦伤工件，可在系绳处整齐地缠以用坚硬的垫木连成的护带，以分散绳扣对设备的压力，并增加其间的摩擦力。垫木的规格根据工件的重量、壁厚等要素确定。

9）平卧设备吊装时，捆扎吊点不得少于两点，设备外悬长度约为设备长度的1/5，必要时，通过计算确定。

10）起吊易翻转、滚动、滑动的设备或吊装有一定的高度时，钢丝绳绳扣的捆扎方法应当采用捆绑或锁系法，不得采用兜挂的方法，以防止设备倾斜、翻转或坠落。

三、常用指挥信号

指挥信号是起重作业的特殊安全语言，认识与使用起重指挥信号是起重安全作业的重要内容。指挥信号是起重作业中，起重指挥与起重机驾驶员、起重司索工联系的一种通用语言，它是起重运输工作中的指挥命令。起重指挥在指挥吊装运输时，应该站在适当的位置，既要看清起吊物体的运动情况，又要使起重机驾驶员看清自己的清晰指挥信号，同时要留有充分的余地，以防物体移动时碰、撞致伤。目前我国已经制定指挥信号国家标准，本书所指的指挥信号是《起重吊运指挥信号》（GB 5082—1985）国标所规定的指挥信号，必须强制贯彻执行。该标准对现场指挥人员和起重机司机所使用的基本信号和有关安全技术作了统一规定。该标准适用于以下类型的起重机械：

桥式起重机（包括冶金起重机）、门式起重机、装卸桥、缆索起重机、塔式起重机、门座起重机、汽车起重机、轮胎起重机、铁路起重机、履带起重机、浮式起重机、桅杆起重机、船用起重机等。该标准不适用于矿井提升设备、载人电梯设备。

在介绍吊运指挥信号前，首先介绍有关名词术语：

通用手势信号——指各种类型的起重机在起重吊运中普遍适用的指挥手势。

专用手势信号——指具有特殊的起升、变幅、回转机构的起重机单独使用的指挥手势。

吊钩（包括吊环、电磁吸盘、抓斗等）——指空钩以及负有载荷的吊钩。

起重机“前进”或“后退”——“前进”指起重机向指挥人员开来；“后退”指起重机离开指挥人员。

前、后、左、右在指挥语言中，均以司机所在位置为基准。

音响符号：

“——”表示大于1s的长声符号。

“●”表示小于1s的短声符号。

“○”表示停顿的符号。

起重指挥人员常用指挥信号有三种：手势信号、旗语信号及音响信号。本书主要讲解手势信号和音响信号，旗语信号放在《起重工（中级）》中讲述。

（一）手势信号

1. 通用手势信号

通用手势信号共有14种，它是各种类型的起重机在起重吊运中普遍适用的指挥手势。

（1）“预备”　手臂伸直，置于头上方，五指自然伸开，手心朝前保持不动，如图5-8所示。这个信号有两个含义：

一是“预备”。指挥人员发出开始工作的指令时，要做出这种手势以提示司机准备吊运。这主要用于工作的开始或停止较长一段时间后重新开始吊运，通常伴以音响信号提醒司机注意，司机也应发出音响信号表示明白。通过这一信号使司机置于指挥人员的指挥之下。

二是“注意”。当起重机负荷高速运行或不稳时，为了帮助起重机司机对可能发生的事故有所准备或在操作过程中准备更换动作以分开两个信号间的动作，都可使用这个“注意”信号。

对于在操作过程中发出的“注意”信号，起重机司机不必发出回答的音响信号，应控制起重机的运行速度，并开始减慢速度。

（2）“吊钩上升” 小臂向侧上方伸直，五指自然伸开，高于肩部，以腕部为轴转动，如图5-9所示。这是用于正常速度起吊负载或空钩上升的手势。

（3）“吊钩下降” 手臂伸向侧前下方，与身体夹角约为30°，五指自然伸开，以腕部为轴转动，如图5-10所示。

图5-8 预备

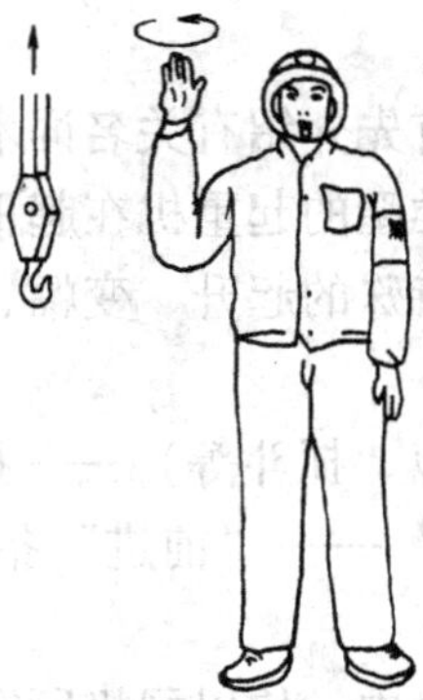
图5-9 吊钩上升

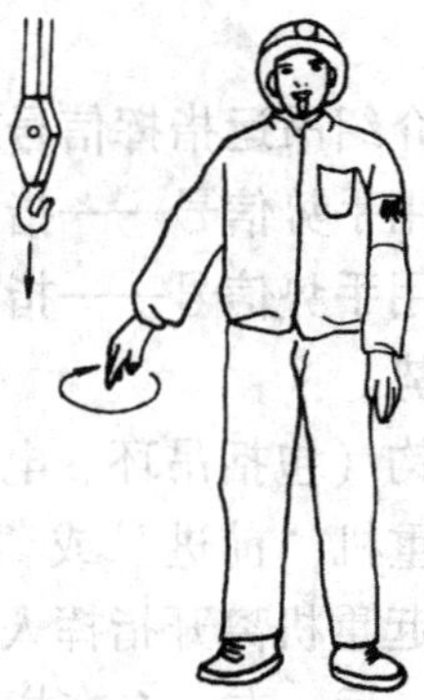
图5-10 吊钩下降

（4）“吊钩水平移动” 小臂向侧上方伸直，五指并拢手心朝外，在负载运行的方向向下挥动到与肩相平的位置，如图5-11所示。这种手势主要用于对桥式起重机小车的指挥。指挥人员根据所处的指挥位置，可向左、向右做手势，也可向前、后做手势。

（5）“吊钩微微上升” 小臂伸向侧前上方，手心朝上高于肩部，以腕部为轴，重复向上摆动手掌，如图5-12所示。

（6）“吊钩微微下降” 手臂伸向侧前下方，与身体夹角约为30°，手心朝下，以腕部为轴向下摆动手掌，如图5-13所示。

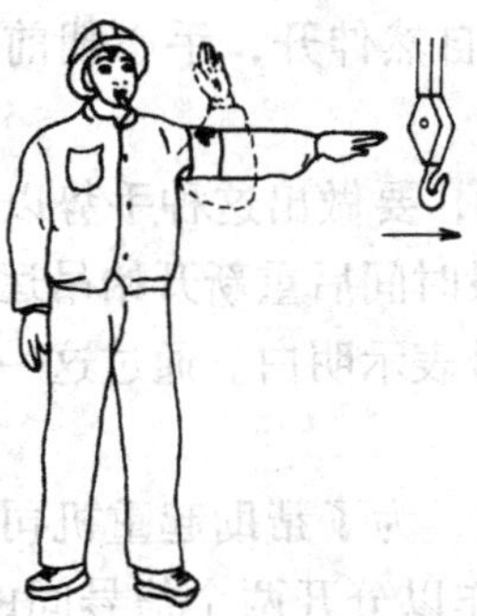
图5-11 吊钩水平移动

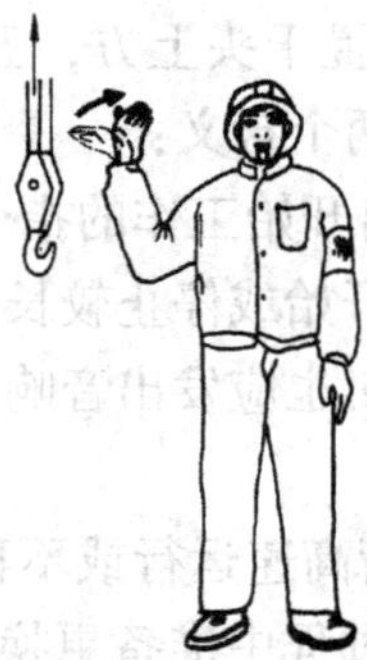
图5-12 吊钩微微上升

图5-13 吊钩微微下降

（7）“吊钩水平微微移动”　小臂向侧上方伸直，五指并拢手心朝外，在负载应运行的方向做缓慢的水平运动，如图 5-14 所示。

通用手势信号中有三个微微移动，即“吊钩微微上升”、“吊钩微微下降”、“吊钩水平微微移动”。这是用于三个正常速度相关的微动手势。这三个微动手势用于吊运的开始、结束或其他要求小距离移动的情况。指挥人员做手势时，可有节奏地连续指挥，即从微动的开始一直指挥到微动的结束。指挥人员在指挥中，应尽量使 3/4 人体面向起重机司机，使司机看到手势的侧面，这样也便于指挥人员连续监视负载的运行。

（8）“停止”　小臂水平置于胸前，五指伸开，手心朝下，水平挥向一侧，如图 5-15 所示。这是用于负载运行的正常停止手势，亦即逐渐停止。起重机司机在操纵设备时，应逐渐地而不要突然地停止。

（9）“紧急停止”　两小臂水平置于胸前，五指伸开，手心朝下，同时水平挥向两侧，如图 5-16 所示。这是用于负载运行的紧急停止手势。“紧急停止”手势主要用于：

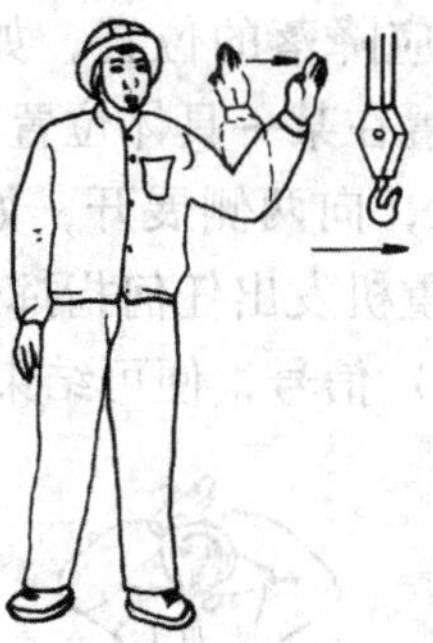

图 5-14　吊钩水平微微移动

图 5-15　停止

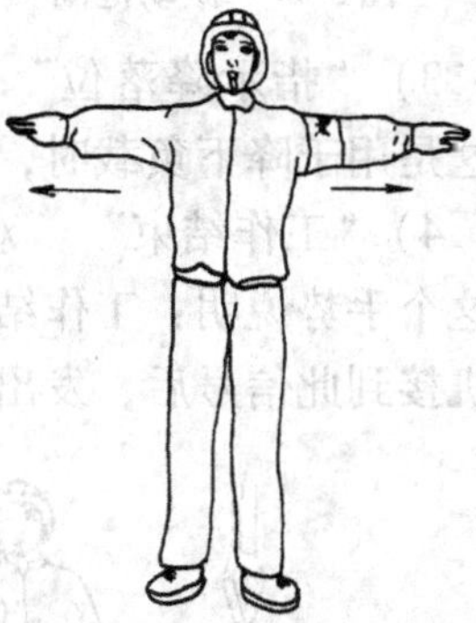

图 5-16　紧急停止

1）瞬间停机。也就是在接到信号后极短的时间内停止运行。

2）有意外或有直接危险的情况。例如，负载对人的安全有威胁或即将碰上障碍物，在这种情况下指挥人员要发出“紧急停止”手势。起重机司机应使负载在不失去平衡的前提下尽快地停机。

（10）“微动范围”　双手小臂曲起，伸向一侧，五指伸直，手心相对，在表示移动这样一个相应距离后保持不动，如图 5-17 所示。这是用于负载快要接近要求的位置时，提示起重机司机注意，在操纵负载时，要移动这样一个相应的距离。这种手势可配合音响直接指挥，也可先做“微动范围”手势提示起重机司机注意，然后再使用所需要的微微移动手势指挥。

（11）“要主钩”　单手自然握紧置于头上，轻触头顶，如图 5-18 所示。

(12)“要副钩” 一只手小臂向上曲伸不动，另一只手伸出，手心轻触前一只手的肘关节，如图 5-19 所示。这两种手势是对具有主、副钩（大、小钩）的起重机械、为了区别使用哪种吊钩的一种手势，指挥人员可根据负载情况决定使用哪种手势。

图 5-17 微动范围

图 5-18 要主钩

图 5-19 要副钩

(13)“指示降落位” 五指伸直，指出负载应降落的位置，如图 5-20 所示。这是用于降下负载时，指出所降落的物体应放置在某一具体位置的手势。

(14)“工作结束” 双手五指伸开在脸前交叉，向两侧展开，如图 5-21 所示。这个手势说明：工作结束，指挥人员不再向起重机发出任何指挥信号。起重机司机接到此信号后，发出“回答”音响（一短声）信号，便可结束工作。

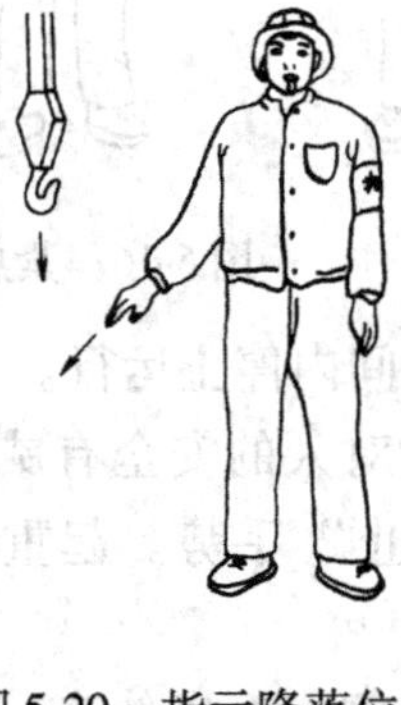

图 5-20 指示降落位

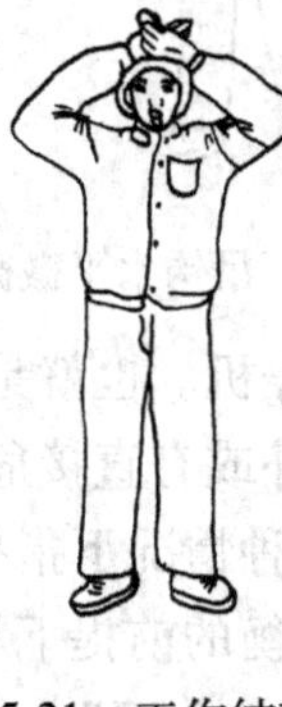

图 5-21 工作结束

2. 专用手势信号

(1)“升臂” 手臂向一侧水平伸直，拇指朝上，余指握拢，小臂向上摆动，如图 5-22 所示。这是用于指挥臂架式起重机杆的上升手势。这种“升臂”手势可以指挥负载在水平方向的前后移动。

(2)“降臂” 手臂向一侧水平伸直，拇指朝下，余指握拢，小臂向下摆动，如图 5-23 所示。

（3）“转臂”　手臂水平伸直，指向应转臂的方向，拇指伸出，余指握拢，以腕部为轴转动，如图 5-24 所示。

图 5-22　升臂

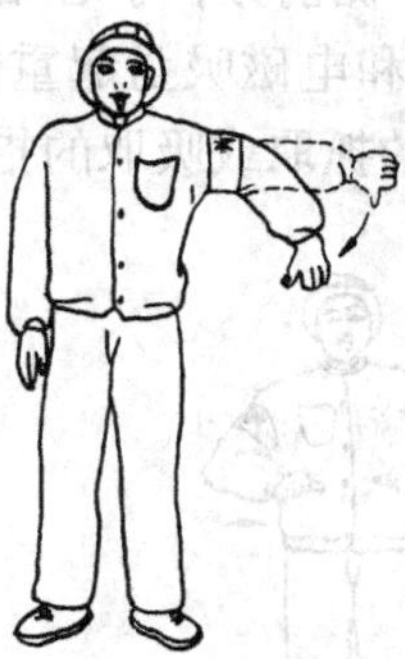

图 5-23　降臂

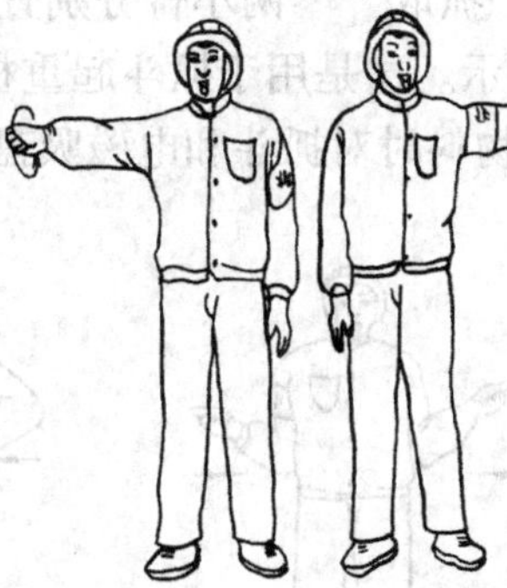

图 5-24　转臂

（4）“微微升臂”　一只小臂置于胸前一侧，五指伸直，手心朝下，保持不动。另一只手的拇指对着前手手心，余指握拢，做上下移动，如图 5-25 所示。

（5）“微微降臂”　一只小臂置于胸前一侧，五指伸直，手心朝上，保持不动。另一只手的拇指对着前手手心，余指握拢，做上下移动，如图 5-26 所示。

（6）“微微转臂”　一只手小臂向前伸直，手心自然指向一侧，另一只手的拇指指向前只手的手心，余指握拢做转动，如图 5-27 所示。

图 5-25　微微升臂

图 5-26　微微降臂

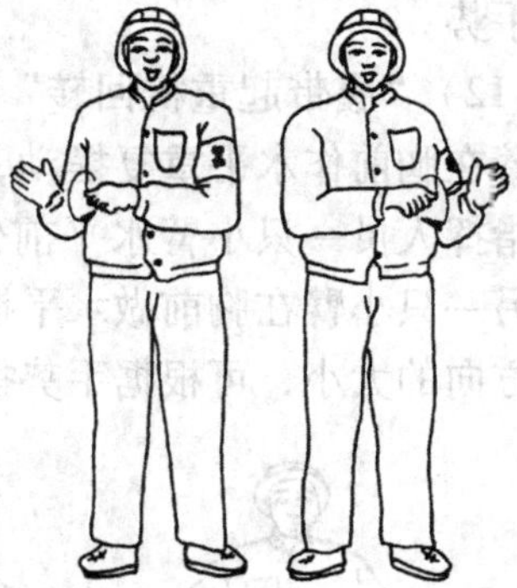

图 5-27　微微转臂

“微微升臂”、“微微降臂”、“微微转臂”手势主要用于小距离的前、后、左、右移动。这些手势可连接指挥，即从微动开始一直指挥到运动的结束。根据臂杆所在位置情况，指挥要有一定的节奏。

（7）“伸臂”　两手分别握拳，拳心朝上，拇指分别指向两侧，做相斥运动，如图 5-28 所示。这是用于汽车起重机或轮胎起重机的液压臂杆的伸长的指挥手势。

（8）“缩臂”　两手分别握拳，拳心朝下，拇指对指，做相对运动，如图5-29所示。这是用于液压臂杆缩短的指挥手势。

（9）“抓取”　两小臂分别置于侧前方，手心相对，由两侧向中间摆动，如图5-30所示。这是用于抓斗起重机和电磁吸盘起重机的指挥手势。此手势主要用于装卸物料时对抓斗和电磁吸盘的抓取或吸取的指挥。

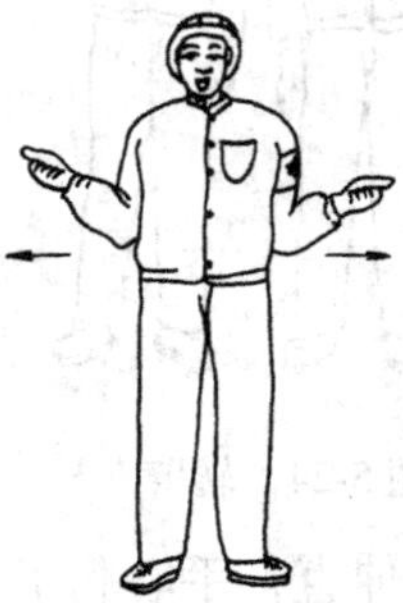

图5-28　伸臂

图5-29　缩臂

图5-30　抓取（吸取）

（10）“释放”　两小臂分别置于侧前方，手心朝外，两臂分别向两侧摆动，如图5-31所示。这个手势和“抓取”手势相对应。

（11）“翻转”　一小臂向前曲起，手心朝上。另一只小臂向前伸出，手心朝下，双手同时进行翻转，如图5-32所示。这是用于起重机对物体进行翻转的指挥手势。

（12）“履带起重机回转”　一只小臂水平前伸，五指自然伸出不动，另一只小臂在胸前作水平重复摆动，如图5-33所示。这是用于履带起重机回转的手势。指挥人员一只小臂水平前伸，五指自然伸出不动，表示这条履带原地不移动。另一只小臂在胸前做水平摆动，表示这条履带可向小臂摆动方向转动，履带转动方向的大小，可根据手势摆动幅度的大小而定。

图5-31　释放

图5-32　翻转

图5-33　履带起重机回转

（13）“起重机前进” 双手臂先向前伸，小臂曲起，五指并拢，手心对着自己，做前后运动，如图 5-34 所示。这是用于起重机门架活动支座向前移动的指挥手势，使用此手势的起重机有门式起重机、塔式起重机、门座起重机和桥式起重机。这些起重机可以通过活动支座的移动来实现负载在水平方向的移动。此手势和通用手势信号中的“吊钩水平移动”手势的指挥目的相同，但指挥对象不同，前者指挥门架或活动支架，后者指挥小车。

（14）“起重机后退” 双小臂向上曲起，五指并拢，手心朝向起重机，做前后运动，如图 5-35 所示。这是用于起重机门架或活动支座向后移动的指挥手势。指挥人员在指挥起重机前进或后退时，应尽量 3/4 面向起重机门架或活动支座的方向，以便于起重机司机看清手势的相对位置。

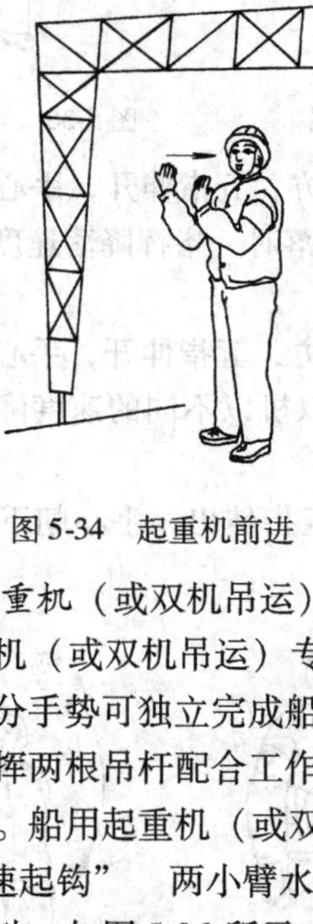

图 5-34 起重机前进

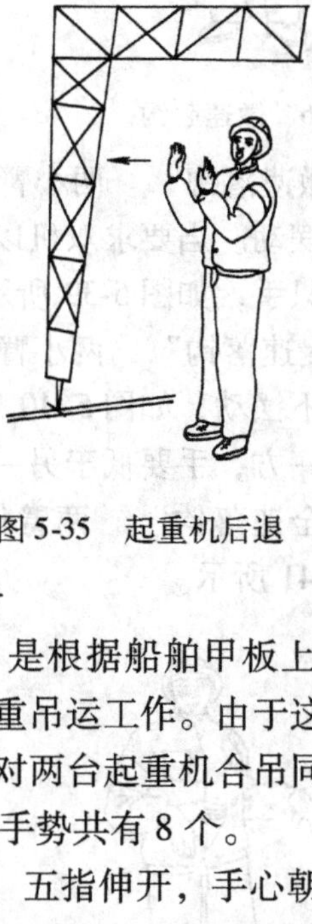

图 5-35 起重机后退

3. 船用起重机（或双机吊运）专用手势信号

船用起重机（或双机吊运）专用手势信号，是根据船舶甲板上的起重双杆制定的。这部分手势可独立完成船舶甲板上的起重吊运工作。由于这部分手势是两只手分别指挥两根吊杆配合工作的，因此，它对两台起重机合吊同一负载的指挥也是适用的。船用起重机（或双机吊运）专用手势共有 8 个。

（1）“微速起钩” 两小臂水平伸向侧前方，五指伸开，手心朝上，以腕部为轴，向上摆动，如图 5-36 所示。当要求双机以不同的速度起升时，指挥起升速度快的一方，手要高于另一只手。这是用于起吊开始的微速上升手势。由于负载的上升是由两根吊杆完成的，因此要求指挥人员在指挥时要根据负载的稳定程度，以不同的起升速度调整负载，保持相对稳定上升。

（2）“慢速起钩” 两小臂水平伸向侧前方，五指伸开，手心朝上，小臂以肘部为轴向上摆动，如图 5-37 所示。当要求双机以不同的速度起升时，指挥起升速度快的一方，手要高于另一只手。这是用于负载稳定后以正常速度起吊负载的手势。在负载上升时，如果能保持同步吊运，指挥人员可按需要，用不同的起升速度调整负载保持相对稳定上升。

(3)“全速起钩”　两臂下垂，五指伸开，手心朝上，全臂向上挥动，如图5-38所示。在起重机允许的速度范围内，为了提高装卸速度，可使用“全速起钩”手势。

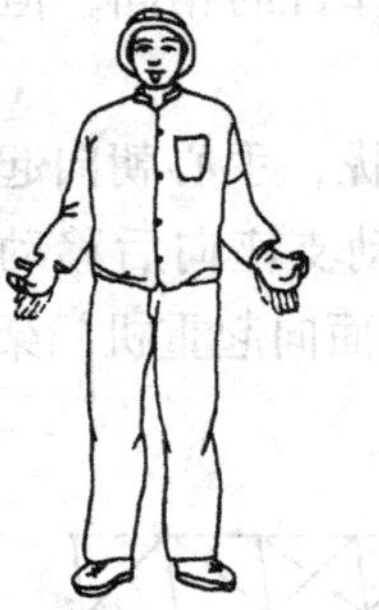

图5-36　微速起钩

图5-37　慢速起钩

图5-38　全速起钩

(4)“微速落钩”　两小臂水平伸向侧前方，五指伸开，手心朝下，手以腕部为轴向下摆动。当要求双机以不同的速度降落时，指挥降落速度快的一方，手要低于另一只手，如图5-39所示。

(5)“慢速落钩”　两小臂水平伸向侧前方，五指伸开，手心朝下，小臂以肘部为轴向下摆动，如图5-40所示。当要求双机以不同的速度降落时，指挥降落速度快的一方，手要低于另一只手。

(6)“全速落钩”　两臂伸向侧上方，五指伸出，手心朝下，全臂向下挥动，如图5-41所示。

图5-39　微速落钩

图5-40　慢速落钩

图5-41　全速落钩

“微速落钩”、“慢速落钩”、“全速落钩”三个手势是与“微速起钩”、“慢速起钩”、“全速起钩”相对应的三个在相反方向的指挥手势，使用条件相似。

(7)“一方停止、一方起钩”　指挥停止的手臂作“停止”手势，指挥起钩的手臂则作相应速度的起钩手势，如图 5-42 所示。这是用于调整负载平衡的指挥手势。指挥人员根据每只手所分管的起重机吊杆的工作情况，可随时对每根吊杆做出“停止”或相应速度（微速、慢速、全速）的起钩手势。其手势和前面所提到的做法和要求相同。

（8）“一方停止、一方落钩”　指挥停止的手臂作“停止”手势，指挥落钩的手臂则作相应速度的落钩手势，如图 5-43 所示。

图 5-42　一方停止、一方起钩

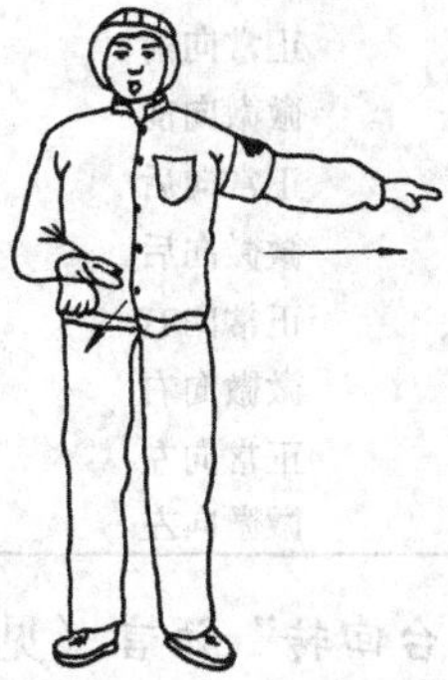
图 5-43　一方停止、一方落钩

（二）音响信号

（1）“预备”信号　“预备”信号用口哨一长声——。

（2）“停止”信号　“停止”信号用口哨一长声——。

（3）“上升”信号　“上升”信号用口哨二短声●●。

（4）“下降”信号　“下降”信号用口哨三短声●●●。

（5）“微动”信号　“微动”信号用口哨断续短声●○●○●○●。

（6）“紧急停止”信号　“紧急停止”信号用口哨急促的长声——。

司机使用的音响信号有三种，即“明白”、“重复”和“注意”。

“明白”——服从指挥，用一短声●。

“重复”——请求重新发出信号，用二短声●●。

“注意”——提醒对方，用一长声——。

（三）起重吊运指挥语言

1. “开始、停止工作”语言（见表 5-1）

表 5-1　开始、停止工作语言

起重机的状态	指 挥 语 言
开始工作	开始
停止和紧急停止	停
工作结束	结束

2. “吊钩移动”语言（见表5-2）

表5-2 吊钩移动语言

吊钩的移动	指挥语言
正常上升	上升
微微上升	上升一点
正常下降	下降
微微下降	下降一点
正常向前	向前
微微向前	向前一点
正常向后	向后
微微向后	向后一点
正常向右	向右
微微向右	向右一点
正常向左	向左
微微向左	向左一点

3. “转台回转”语言（见表5-3）

表5-3 转台回转语言

转台的回转	指挥语言
正常右转	右转
微微右转	右转一点
正常左转	左转
微微左转	左转一点

4. “臂架移动”语言（见表5-4）

表5-4 臂架移动语言

臂架的移动	指挥语言
正常伸长	伸长
微微伸长	伸长一点
正常缩回	缩回
微微缩回	缩回一点
正常升臂	升臂
微微升臂	升一点臂
正常降臂	降臂
微微降臂	降一点臂

（四）信号的配合使用

1. 信号的配合使用

指挥人员进行指挥时，使用音响信号和手势或旗语信号要互相配合。

2. 指挥人员与起重司机之间的配合

1）指挥人员发出“预备”信号时，要目视司机，司机接到信号在开始工作前应回答“明白”信号；当指挥人员听到回答信号后，方可进行指挥。

2）指挥人员在发出“要主钩”、“要副钩”、“微动范围”手势或旗语时，要目视司机，同时可发出“预备”音响信号，司机接到信号后，要准确操作。

3）指挥人员在发出“工作结束”的手势或旗语时，要目视司机，同时可发出“停止”音响信号，司机接到信号后，应回答“明白”信号方可离开岗位。

4）指挥人员对起重机械要求微微移动时，可根据需要，重复给出信号。司机应按信号要求，缓慢平稳操纵设备。除此以外，如无特殊要求（如船用起重机专用手势信号），其他指挥信号，指挥人员都应一次性给出。司机在接到下一个信号前，必须按原指挥信号要求操纵设备。

（五）使用指挥信号的基本要求

1. 指挥人员的职责及要求

1）指挥人员应根据 GB 5082—1985 标准的信号要求与起重司机进行联系。

2）指挥人员发出的指挥信号必须清晰、准确。

3）指挥人员应站在使司机能看清指挥信号的安全位置上。当跟随负载运行指挥时，应随时指挥负载避开人员和障碍物。

4）指挥人员不能同时看清司机和负载时，必须增设中间指挥人员以便逐级传递信号，当发现错传信息时，应立即发出停止信号。

5）负载降落前，指挥人员应在确认降落区域安全后，方可发出降落信号。

6）当多人绑挂同一负载时，起吊前，应先作好呼唤应答，确认绑挂无误后，方可由一人负责指挥。

7）同时用两台起重机吊运同一负载时，指挥人员应双手分别指挥各台起重机，以确保同步吊运。

8）在开始起吊负载时，应先用“微动”信号指挥，当负载离开地面 100～200mm 稳妥后，再用正常速度指挥。必要时，在负载降落前，也应使用“微动”信号指挥。

9）指挥人员应佩戴鲜明的标志，如标有“指挥”字样的臂章、特殊颜色的安全帽、工作服等。

10）指挥人员所戴手套的手心和手背要易于辨别。

2. 起重机司机的职责及要求

1）司机必须听从指挥人员指挥，当指挥信号不明时，司机应发出“重复”信号询问，明确指挥意图后，方可开车。

2）司机必须熟练掌握 GB 5082—1985 标准规定的通用手势信号和有关的各种指挥信号，并与指挥人员密切配合。

3）当指挥人员所发信号违反标准的规定时，司机有权拒绝执行。

4）司机在开车前必须鸣铃示警，必要时，在吊运中也要鸣铃，通知负载威胁的地面人员撤离。

5）在吊运过程中，司机对任何人发出的“紧急停止”信号都应服从。

3. 使用信号的基本规定

1）指挥人员使用手势信号均以本人的手心、手指或手臂表示吊钩、臂杆和机械位移的运行方向。

2）指挥人员使用旗语信号均以指挥的旗头表示吊钩、臂杆和机械位移的运行方向。

3）在同时指挥臂杆和吊钩时，指挥人员必须分别用左手指挥臂杆，右手指挥吊钩。当持旗指挥时，一般左手持红旗指挥臂杆，右手持绿旗指挥吊钩。

4）当两台或两台以上起重机同时在距离较近的工作区域内工作时，各指挥人员使用音响信号的音调要有明显区别，并要配合手势或旗语指挥。严禁使用相同音调的音响指挥。

5）当两台或两台以上起重机同时在距离较近的工作区域内工作时，司机发出的音响应有明显区别。

6）指挥人员用“起重吊运指挥语言”指挥时，应讲普通话。

4. 信号管理有关规定

1）对起重机司机和指挥人员，必须由有关部门进行GB 5082—1985标准的安全技术培训，经考试合格，取得合格证后方能操作或指挥。

2）音响信号是手势信号或旗语的辅助信号，使用单位可根据工作需要确定是否采用。

3）指挥旗颜色为红、绿色。应采用不易褪色、不易产生褶皱的材料。其规格：面幅应为400mm×500mm，旗杆直径应为25mm，旗杆长度应为500mm。

4）GB 5082—1985标准所规定的指挥信号是各类起重机使用的基本信号。若不能满足需要，使用单位可根据具体情况适当增补，但增补的信号不得与GB 5082—1985标准有抵触。

第二节　配合流动式起重机吊装构件

一、构件的基本知识和吊点的选择方法

1. 构件的定义

在常见的吊装作业中，经常遇到的吊装重物一般包括设备和构件两类。两类

物本的吊装方法各有不同。因此，在学习吊装方法前应掌握两者的定义和区别，明确吊装重物是设备，还是构件。

设备的定义是，在工业企业中可供长期使用，并在使用过程中基本保持原有实物形态的物质资料的总称。物质技术装备、设施、装置、仪器、试验和检验机具等均可称为设备。

构件有别于设备，目前尚无准确定义。一般来讲，一个有机整体的一部分、具有一定功能的部件均可称为构件。常见的构件包括建筑构件、设备构件、装饰构件。本书重点讨论的是建筑构件。

建筑构件是建筑物的重要组成部分，它一般在工厂或制造厂加工，运输到施工现场后进行组装。建筑构件的应用，能够大大缩短建筑物的建设周期，节约投资。

2. 常见建筑构件形式

按照材料性质划分，常见建筑构件可分为钢结构构件、混凝土构件。按照使用要求，构件外形多种多样，H形柱、十形柱、卍形柱、牛腿柱、箱形梁、T形梁、钢屋架、混凝土屋架等，其截面形式如图5-44所示。

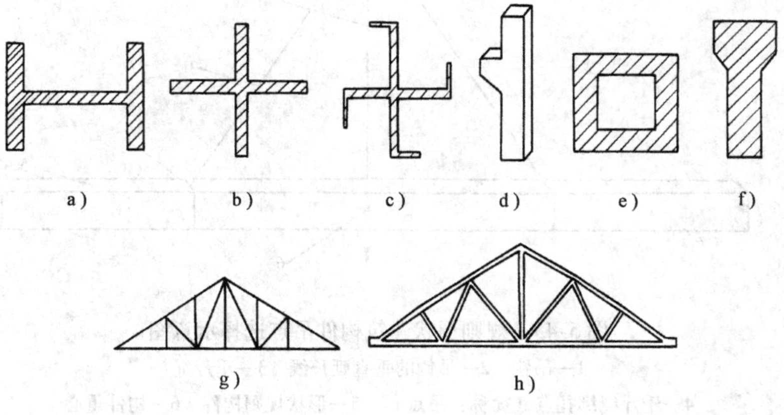

图5-44 常见建筑构件截面形式图
a) H形柱 b) 十形柱 c) 卍形柱 d) 牛腿柱
e) 箱形梁 f) T形梁 g) 钢屋架 h) 混凝土屋架

3. 建筑构件吊点选择

建筑构件吊装时，一般要求是将构件平稳地吊装至指定位置。常见吊装形式有两种：一是将水平摆放的构件吊起后，升高、旋转、就位到指定位置（本节简称水平吊装），如箱形梁、T形梁、钢屋架、混凝土屋架的吊装等。二是将水平摆放的构件吊起后，垂直旋转90°，吊装至指定位置（简称旋转吊装），如立柱的吊装等。

（1）形状规则的建筑构件吊点选择　形状规则的建筑构件是指在构件全部长度范围内，垂直于轴心的各个截面形状、面积全部相同的构件。这类构件的重心就是其形心，即构件长度的一半位置。知道了构件重心位置，吊点的选择就很容易了。

一般情况下，形状规则的建筑构件水平吊装时，选择两点吊装，应控制吊钩的垂直延长线通过构件重心，同时考虑构件的长细比，保证构件的变形在弹性变形范围内。满足了这两个条件的吊点区域，即为该构件的最佳吊点位置。两吊点相对于构件重心应基本对称。通常吊点并非是确定的一个位置，而是有一个范围，在此范围内的任一位置，只要满足上述条件，均可作为吊点使用。进行旋转吊装时，选择两点吊装，控制吊钩的垂直延长线通过构件重心，旋转时，一个吊点的吊绳要缓慢地放松，直至构件垂直。同时两吊点尽可能接近构件两端，以保证构件旋转后，其轴线尽可能垂直于地面，如图5-45所示。

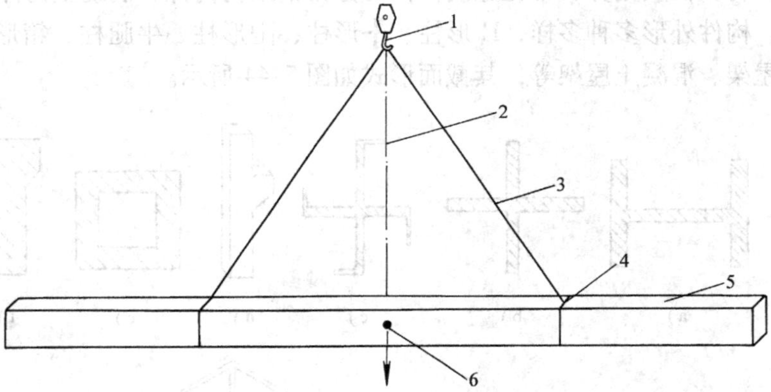

图5-45　规则形状建筑构件吊点选择示意图

1—吊钩　2—吊钩的垂直延长线　3—千斤绳

4—千斤绳绑扎点（简称：吊点）　5—形状规则构件　6—构件重心

（2）形状不规则的建筑构件吊点选择　形状不规则的建筑构件是指在构件全部长度范围内，垂直于轴心的各个截面形状、面积不完全相同的构件。同样，首先应确定这类构件的重心，确定重心的方法可参照第四章。

形状不规则的建筑构件水平吊装时，大多选择两点吊装方式。当构件长度较长、结构强度较弱时，可考虑三点、多点吊装，或采用平衡梁方式。不论采取何种吊装方式，确定吊点时均应考虑平衡、对称。确定吊点步骤如下：

1）目测构件形状，确定构件重心，确定吊装方式。

2）相对于构件重心，考虑构件结构强度，基本对称布置千斤绳。

3）绑扎千斤绳，试吊，若发现偏重现象时，应及时放下，调整吊点位置。

构件基本平衡后，方可进行吊装作业。

二、绑扎建筑构件的方法和要求

1. 钢结构柱的绑扎

钢结构柱通常具有足够的强度和稳定性，一般情况下不需要再验算其强度和稳定性。钢结构柱绑扎时，应首先明确其重心位置，吊点必须位于其重心之上。否则吊装时，钢结构柱将倾翻。现场操作时，通常绑扎钢结构柱顶部（图 5-46）、牛腿柱的牛腿附近（图 5-47）、格构式钢柱的挡板处（图 5-48）。

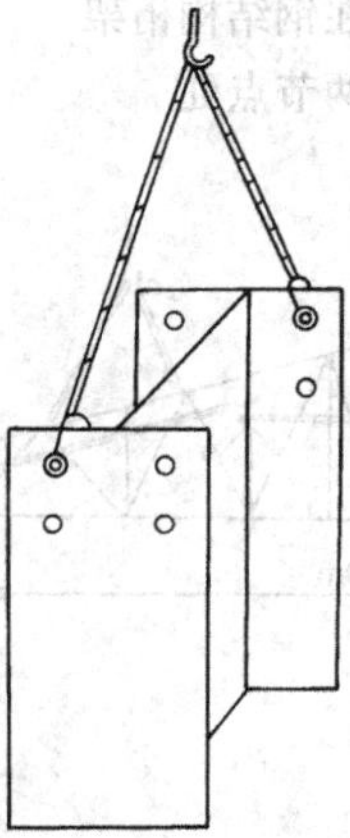

图 5-46　绑扎钢结构柱顶部

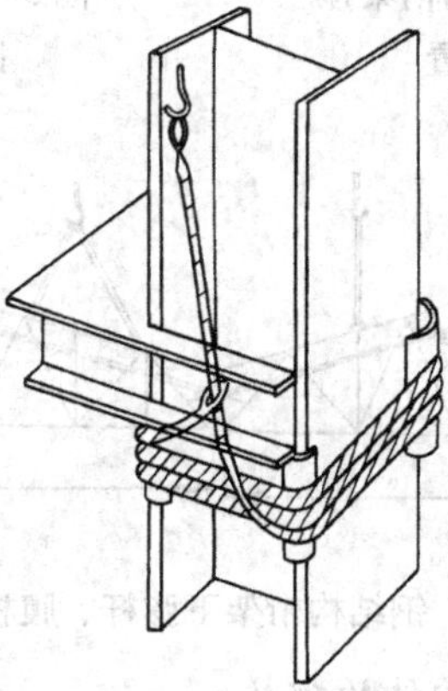

图 5-47　绑扎牛腿的附近

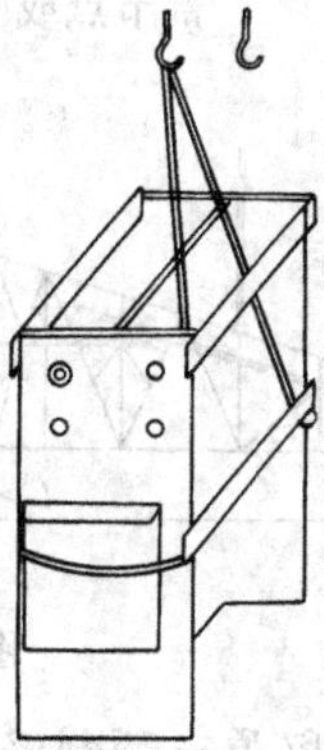

图 5-48　绑扎钢柱的挡板处

2. 钢结构桁架的绑扎

钢结构桁架吊装前，应参考钢结构桁架制作、安装图样，明确其重量、结构形式、几何尺寸、安装地点的周边环境等情况。综合考虑各项因素，确定吊装绑扎方法及钢结构桁架的结构稳定性（特别是细长杆件组成的平面结构）。必要时应进行验算，避免钢结构桁架弯曲或局部塑性变形。

一般情况下，跨度小于 18m 的钢结构桁架可用一个吊点进行吊装，绑扎在钢结构桁架顶部节点或中间位置。必要时，应做加固，如图 5-49 所示。

跨度为 18 ~30m 的钢结构桁架可用单钩双吊点绑扎在钢结构桁架跨中相邻两节点处。绑扎点应做加固处理，下弦杆根据计算做必要的处理，如图 5-50 所示。

跨度大于 30m 的钢结构桁架应采用两吊点或四吊点绑扎，用两台起重机双钩抬吊，或利用扁担梁由一台起重机单钩吊装。钢结构桁架的下弦杆、腹杆按照计算要求进行加固，如图 5-51 所示。

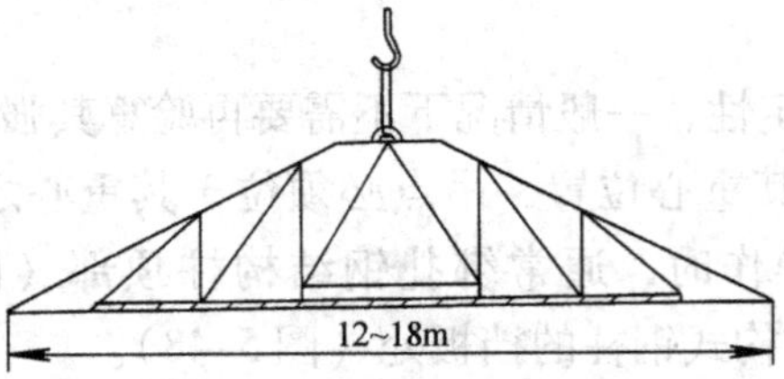

图 5-49　绑扎在钢结构桁架顶部节点或中间位置

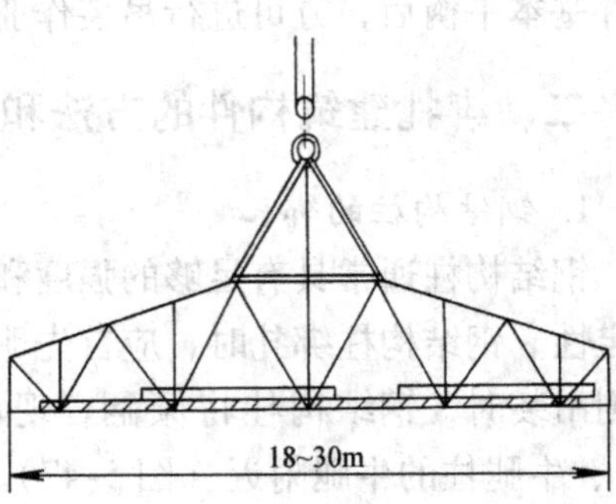

图 5-50　绑扎在钢结构桁架跨中相邻两节点处

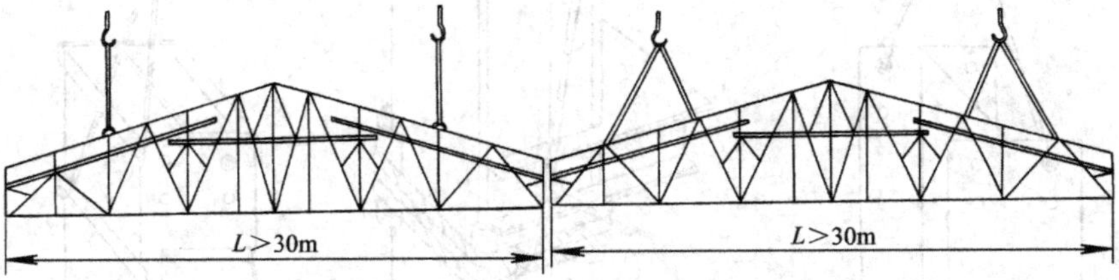

图 5-51　钢结构桁架下弦杆、腹杆加固图

3. 预留吊点预制混凝土构件的绑扎

一般情况下，为便于混凝土构件的绑扎吊装，在构件预制时应设置吊环、预留孔。混凝土构件吊环、预留孔的形状、截面尺寸、位置应按照设计图进行加工、布置。吊装时，应利用吊环、预留孔进行吊装，不得随意改变（图 5-52）。否则，由于吊点的不正确，混凝土构件内部的受力状况无法满足设计要求，从而引起混凝土构件断裂、裂缝，造成质量事故。

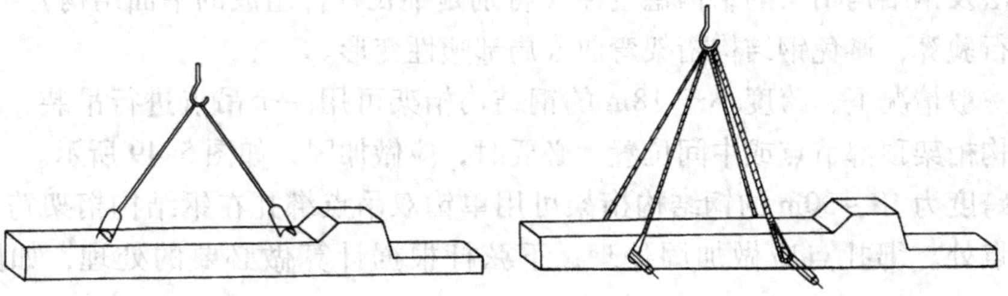

图 5-52　预留吊点预制混凝土构件绑扎

4. 预制混凝土柱的绑扎

混凝土柱安装就位时，将进行垂直起吊。未设置吊环、预留孔的混凝土柱垂

直起吊时，应首先明确其重心位置，吊点必须位于其重心之上。否则吊装时，混凝土柱将倾翻。

当混凝土柱有牛腿时，通常绑扎在牛腿下部。使用一根千斤绳，单头绑扎方法是：千斤绳一端直接挂于钩头上，另一端选择适当规格的卸扣与千斤绳绳扣连接，卸扣上可同时系上拉绳；千斤绳在柱子上绕一圈后，穿过卸扣。柱子起吊时，千斤绳自动收紧。柱子就位后，起重机降钩头，拉动拉绳即可松开千斤绳，使千斤绳沿着柱子滑下。柱子绑扎时，应在边角处垫以橡皮、木块、圆形护角（将直径相当的金属管剖开、边角处打磨光滑即可）或其他衬垫物，以保护千斤绳和混凝土柱。

使用一根千斤绳或两根千斤绳，双头绑扎方法是：选择适当规格的卸扣，千斤绳一端绳扣与卸扣连接，千斤绳在柱子上绕一圈后，穿过卸扣。千斤绳另一端同样操作。两只卸扣对称布置于混凝土柱两面，如图 5-53 所示。使用此绑扎方法时，应注意两点：一是千斤绳应有一定长度，防止千斤绳与混凝土柱干扰；二是吊装时，应将千斤绳拉紧，防止吊装过程中绳扣移位。

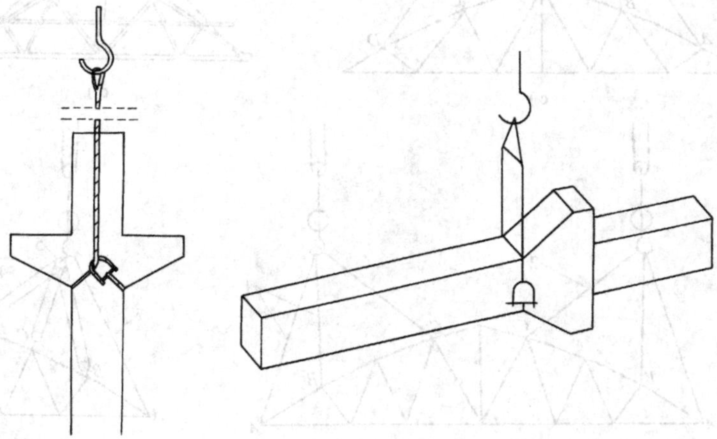

图 5-53　千斤绳、卸扣绑扎方法

5. 预制混凝土屋架的绑扎

预制混凝土屋架具有重量较大、外形尺寸较大、结构强度较弱等吊装特性。混凝土屋架的吊点应选择在节点上或靠近节点位置。屋架绑扎时应注意：

1）千斤绳必须绑扎牢靠，对称布置。

2）千斤绳与屋架上弦夹角不宜小于 40°。

3）控制每根千斤绳长度，确保在吊装时，所有千斤绳同时受力。

4）在吊点绑扎的同时，应同时系上拉绳，以便在吊装时稳定构件，防止构件过分摆动。常见绑扎方式如图 5-54 所示。

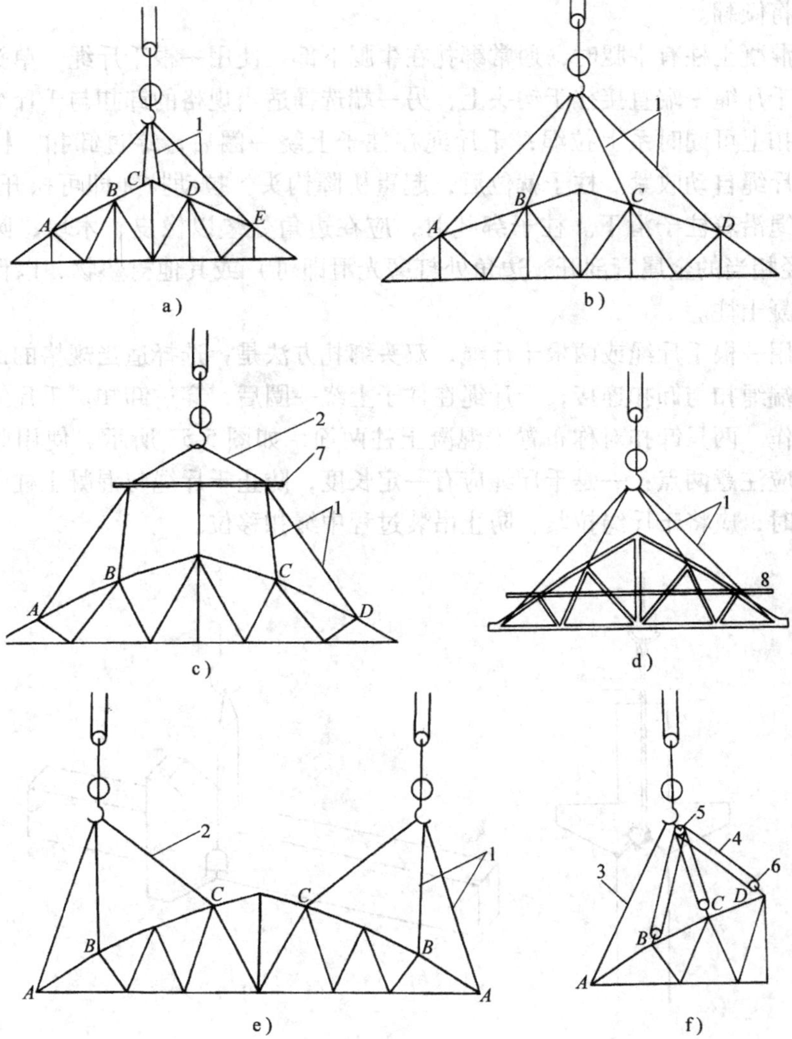

图 5-54 预制混凝土屋架的绑扎方法

a）18m 屋架 b）24m 屋架 c）30m 屋架

d）组合屋架 e）36m 屋架 f）半榀屋架的翻身

1—长千斤绳对折使用 2—单根千斤绳 3—平衡千斤绳 4—滑轮组中的千斤绳

5—3 门滑轮组 6—单门滑轮组 7—铁扁担 8—加固木棍或型钢

三、建筑构件吊装方法

1. 柱子的吊装

根据吊装过程中柱子的运动特点，柱子的吊装方法可分为旋转法和滑行法；

根据使用起重机的数量，又可分为单机吊装和双机抬吊；根据柱子起吊后，柱身是否能保持垂直状态来分，又有直吊法和斜吊法。选用何种起吊方法，需根据柱子重量、长度、起重机械配备情况和现场具体条件而定。

（1）单机吊装

1）旋转法。起吊时，起重机回转、升钩头，使柱子绕柱脚垂直方向旋转直至吊起，将柱子垂直插入杯口，如图5-55a所示。应用此方法时，应合理摆放柱子位置，使柱子的绑扎点、柱脚和杯形基础三点，在以起重机回转中心为圆心的同一圆弧上（即起重机至三点的回转半径相同），如图5-55b所示。该方法简单易行，多用于中小型柱子的吊装。

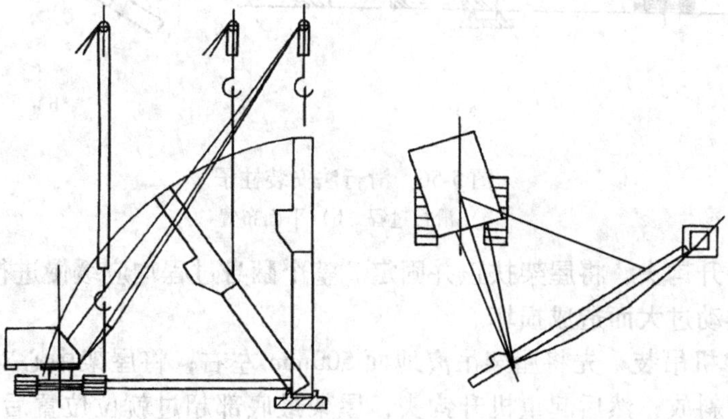

a） b）

图5-55 旋转法安装柱子
a）旋转过程 b）平面布置

2）滑行法。吊装时，起重机只升吊钩、使柱脚滑行而吊起柱子的方法称为滑行法，如图5-56所示。为减少柱脚与地面的摩擦阻力，可在柱脚下设置托板滚筒。该方法较为复杂，采用桅杆吊装或较重较长柱子吊装时才应用此法。

（2）双机抬吊 当柱子重量较大，或现场情况较为特殊，一台起重机无法满足起重需要时，可采用两台起重机抬吊。双机抬吊同样有旋转法和滑行法。旋转法、滑行法的基本要求类似于单机吊装，只是由两台起重机同时承担任务。

2. 屋架、梁的吊装

一般屋架、梁的吊装常采用单机吊装。其吊装方法、步骤基本相同。下面以混凝土屋架为例，说明其吊装步骤：

（1）翻身 屋架在制作、运输时，通常采取平卧形式，吊装时，必须先将其直立。起吊时，起重机钩头基本对准屋架平面中心，缓慢升钩头、回转，使屋架以下弦为轴慢慢转动。当屋架接近直立状态时，起重机钩头应旋转到屋架下弦

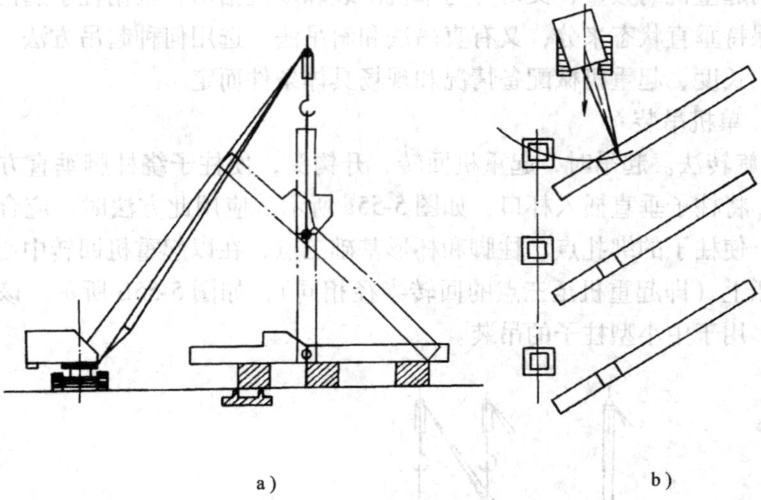

图 5-56 滑行法安装柱子

a）滑行过程 b）平面布置

中心，缓慢升钩头，将屋架扶正并固定。整个翻身过程均应缓慢进行，防止屋架因冲击、摆动过大而造成损坏。

（2）单机吊装 先将屋架吊离地面 500mm 左右；将屋架中心对准安装位置中心，屋架斜放；然后起重机升钩头，屋架最底部超过就位位置后，拖动缆绳，水平旋转屋架，将其对准安装位置，降钩头，屋架就位并固定。如图 5-57 所示。

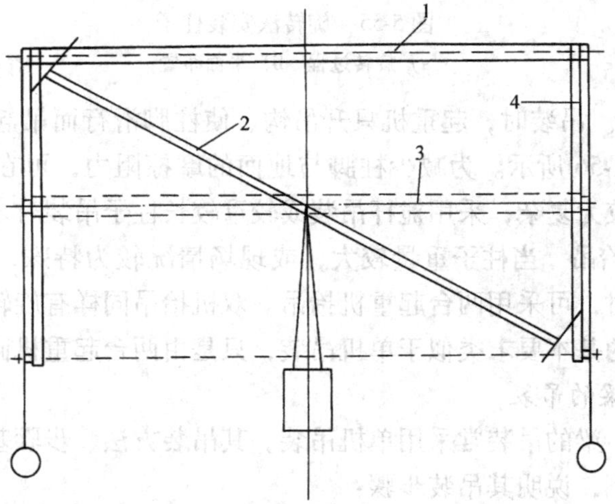

图 5-57 屋架翻身和吊装的绑扎方法

1—已吊好的屋架 2—正吊装的屋架

3—正吊装屋架的安装位置 4—桥式起重机梁

◈◈◈ 第三节　配合起重机吊装物件技能训练实例

• 训练1　小型机床的绑扎、挂钩与吊装

有一台质量约为3t卧式车床，利用8t汽车吊，将车床吊装到基础上。要求选择钢丝绳绳扣绑扎拴挂位置和方法，选择汽车起重机参数，指挥吊装过程。车床吊装（图5-58）的工作步骤、方法和要求：

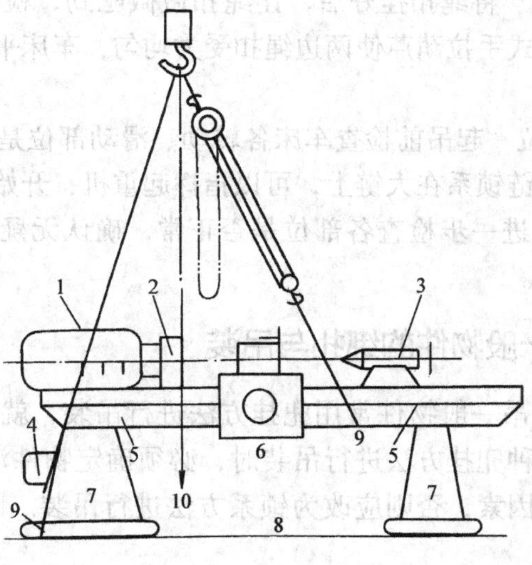

图5-58　车床吊装

1—主轴箱　2—卡盘　3—尾座　4—电机　5—床身

6—给进箱　7—支座　8—基础　9—吊绳　10—重心

（1）核实总质量　可以通过车床铭牌找到总质量，也可以通过分别吊两端，测算出总质量。本题车床实际总质量 $W=3t$。

（2）确定重心位置　通过估测主轴箱重量占总重量的比例，估计重心位置，车床其他部位比较对称。本题车床重心位置大约在卡盘处。

（3）选择合适吊点位置　车床吊装一般吊点位置都选择在床身上捆绑，也可以捆绑在主轴箱、卡盘、支座、电动机支架部位。本题车床吊点位置选择：一端在底座处，另一端在床身处。

（4）确定钢丝绳绳扣绑扎拴挂方法　底座处绳扣采用兜系方法，床身处绳扣采用捆锁方法。

（5）选择钢丝绳绳扣　选择钢丝绳 $\phi21.5$mm，$6\times37+1$，1750MPa，6m 长

绳扣一根，双绳鼻挂吊钩，绳扣中部兜系车床底座处。另一根绳扣2m长，捆锁床身处。

（6）选择汽车起重机作业参数　8t汽车吊工作幅度$R=4m$，起重臂长度$L=8m$时，其额定起重量$[Q]=5t$，大于车床总质量3.1t，可以安全起吊。

（7）支垫汽车起重机待吊　将汽车起重机支腿伸出并垫好道木，将绳扣挂在吊钩上，再挂一台2t链式手拉葫芦，用于调整绳扣长短，使车床吊装平稳。

（8）绑扎拴挂钢丝绳绳扣　车床底座处绳扣兜系直接挂吊钩，床身处绳扣捆锁挂在2t链式手拉葫芦上，在两个吊点位置即兜系和捆锁绳扣的地方垫好防滑防剪木块或橡胶。

（9）挂钩调整　将绳扣挂好后，让绳扣微微吃劲，检查绳扣与车床接触部位的衬垫，调整链式手拉葫芦使两边绳扣受力均匀，车床平稳。挂好溜绳，防止车床摆动。

（10）起吊就位　起吊前检查车床各转动、滑动部位是否固定好，链式手拉葫芦调整完毕，小链锁系在大链上，可以指挥起重机，开始起吊。车床离开地面200mm停止起吊，进一步检查各部位是否正常，确认无疑后，按指定位置，将车床吊装到基础上。

• 训练2　一般物件的绑扎与吊装

（1）兜挂　平吊一般物件常用兜挂方法进行吊装，就是将绳索直接兜在物件的底部。使用这种兜挂方法进行吊装时，必须确定物件没有可能滚动、滑动、抽芯、倾斜、翻转因素，否则应改为锁系方法进行吊装。图5-59所示为物件兜挂吊装。

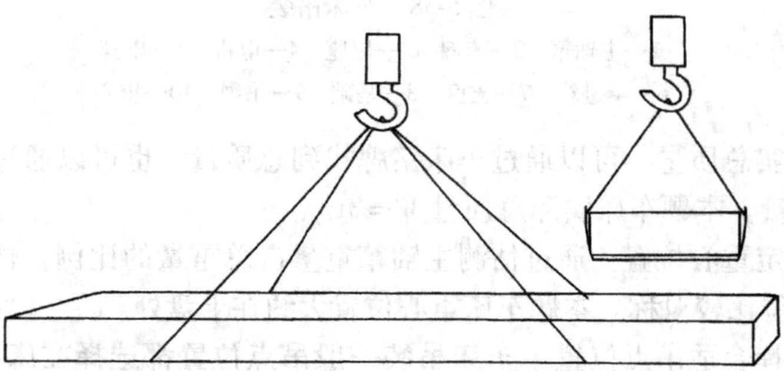

图5-59　物件兜挂吊装

（2）锁系　为了防止物件在吊装过程中出现翻转、滑动、滚动、倾斜或坠落的现象，常用锁系的方法对物件进行吊装，如图5-60所示。

（3）单双面捆锁　为了防止物件在吊装过程中两个吊点之间出现倾斜、翻

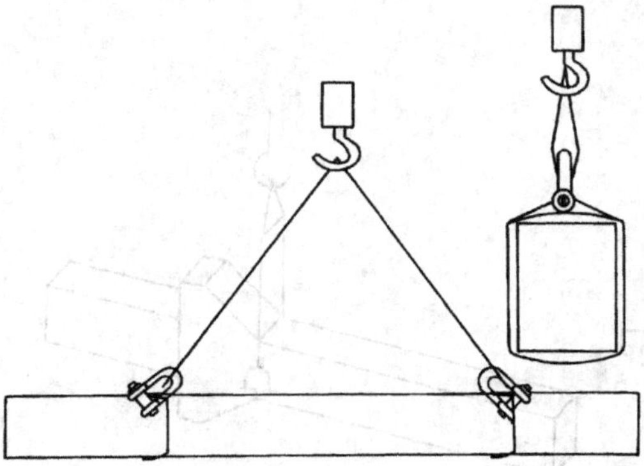

图 5-60　物件锁系吊装

转、滑动、滚动、抽芯或坠落的现象，常用单点锁系和双面锁系相结合的方法对物件进行吊装，如图 5-61 所示。

（4）双面捆锁　例如图 5-62 所示的一立式设备需要吊装竖立，可以通过平衡梁，将吊装绳索分开在设备的两侧，分别捆绑锁系。

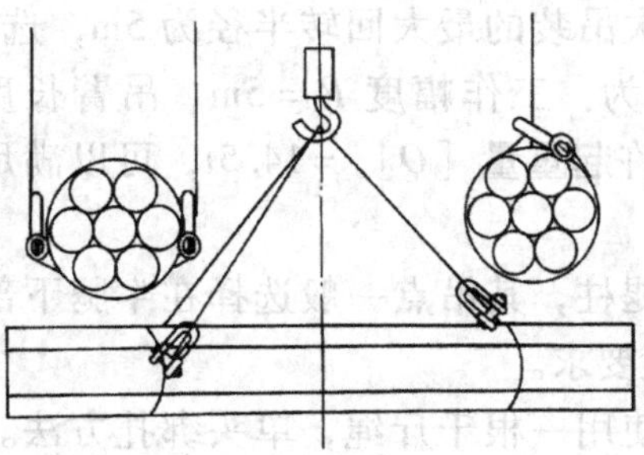

图 5-61　物件单双面捆锁吊装

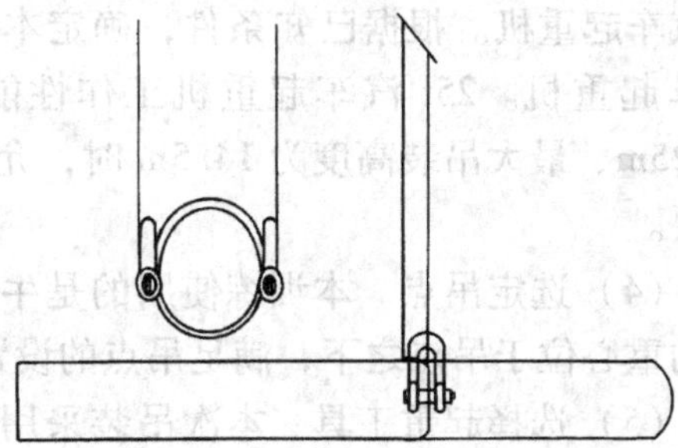

图 5-62　物件双面捆锁吊装

训练 3　牛腿柱子的绑扎与吊装

选择混凝土牛腿柱，结构形式如图 5-63 所示。利用起重机将混凝土牛腿柱吊装就位。训练学员选择吊点、绑扎、吊装的操作能力。

（1）已知条件　本次吊装的实物为双跨牛腿柱，混凝土牛腿柱的质量约为 9600kg，下部尺寸为 400mm×400mm，外形尺寸如图 5-63 所示。施工现场为硬土，条件较好，起重机行驶不受限制。

（2）选择吊装方法　查阅安装图及现场实际状况，吊装方法确定为单机旋转法。

（3）确认起重机　起重机进场前，应先对施工现场进行勘测，综合考虑起重方法、起重机力矩、柱子就位位置、起重机行走方向、运输车辆的行走路线等

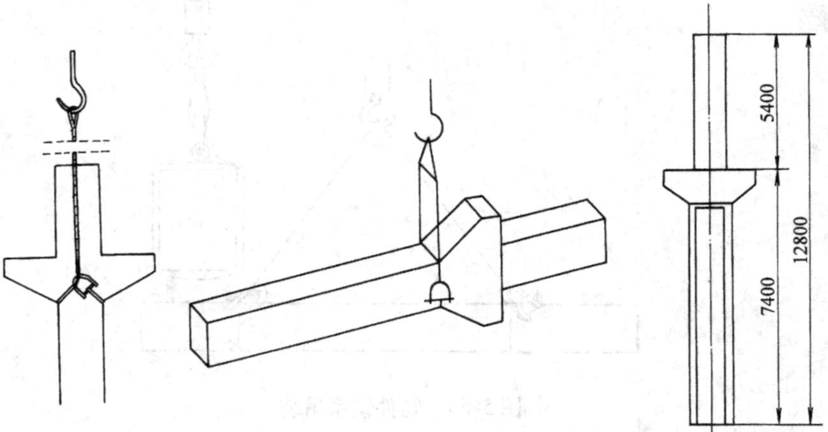

图 5-63　牛腿柱外形尺寸、绑扎、吊装图

因素，验证或选择起重机，确定起重机回转中心位置，确定回转半径。

因本次任务是一座厂房混凝土牛腿柱的吊装，吊装周期较短，因此，优先选择汽车起重机。根据已知条件，确定本次吊装的最大回转半径为5m，选择25t汽车起重机。25t汽车起重机工作性能为：工作幅度 $R=5$m、吊臂长度 $L=15.25$m、最大吊装高度为14.5m时，允许起重量［Q］=14.5t，可以满足吊装需要。

（4）选定吊点　本训练使用的是牛腿柱，其吊点一般选择在牛腿下部。柱子的重心位于吊点之下，满足吊点的设置要求。

（5）选择起重工具　本次吊装采用使用一根千斤绳，单头绑扎方法。根据柱子的重量，选用的起重机具见表5-5。

表 5-5　选用的起重机具

序　号	机具名称	规格型号	数　量
1	千斤绳	6×36+1-1400-13	2根
2	卸扣	6.8	2只
3	平衡梁	—	1根
4	拉绳	麻绳	若干
5	保护用橡皮	—	若干

在吊装过程中，千斤绳将由垂直于牛腿柱的位置过渡到与牛腿柱轴线重合的位置，即牛腿柱上部将由千斤绳中间穿过。因此，两千斤绳之间加设平衡梁，以保证适当的距离。平衡梁由角钢、小型工字钢制成，并在平衡梁中间对称地打上若干个小圆孔，以适应不同尺寸的物体且利于挂系卸扣。

（6）吊装方案的编制 编制吊装方案，履行审核手续。小型吊装可用吊装工艺卡、技术交底等，将方案以文字形式传达到相关人员。柱子的吊装属于小型吊装，指挥应将确定的吊装方案向各个操作人员交底。

（7）吊装步骤

1）起重机就位。按照吊装方案，起重机停放在指定位置，垫好枕木，放支腿，将吊臂伸出至选定长度。

2）如图5-63所示，绑扎柱子。

3）选择平衡梁上合适吊装孔，利用卸扣固定平衡梁，将千斤绳挂在吊钩上。注意在千斤绳与柱子之间应垫好防护木块或橡胶。

4）起重机边起升，边回转，使柱子绕柱脚缓慢旋转，直至吊起。将柱子底部吊离地面约200～500mm。

5）保持柱子底部与地面的距离，控制在500mm以内。

6）起重机缓慢回转，将柱子吊装至杯口正上方，降吊钩，将柱子缓缓插入杯口内。

7）柱子初步固定，再降钩头，去除千斤绳，吊装结束。

复习思考题

1. 常用流动式起重机有哪些种类，主要性能参数有哪些？
2. 配合流动式起重机吊装设备时，安全注意事项有哪些？
3. 常用手势指挥信号有哪些？
4. 起重机吊装设备时，设备的绑扎方法和要求有哪些？
5. 建筑构件的吊点选择有哪几类？
6. 起重机吊装钢结构柱时，绑扎方法和要求有哪些？
7. 起重机吊装钢结构桁架时，绑扎方法和要求有哪些？
8. 起重机吊装混凝土柱时，绑扎方法和要求有哪些？
9. 起重机吊装预制混凝土屋架时，应注意哪些要求？
10. 柱子的吊装方法有哪些？

第六章

物件的装卸运输

培训学习目标 通过本章学习，掌握一般物件的装车和卸车的基本操作方法，了解一般物件运输的知识，并能正确配合完成运输作业，了解和掌握常用运输的种类和要求。

第一节 一般物件的装卸

物件运输的前后都需要进行装卸作业，装卸作业主要是由装卸机械或自行式起重机械来完成，如汽车式起重机、轮胎式起重机、履带式起重机、铁路起重机、厂房内的桥式起重机、码头上的装卸桥以及预制工厂的龙门起重机等。若用铁路运输时，物件的装卸工作是利用货台上的起重机具。采用平板拖车、载重汽车等运输时，要根据现场条件决定装卸方法，在有条件的地方要尽量使用履带式起重机、汽车式起重机、桥式起重机等装卸物件。对于质量和尺寸较大的物件，可以用枕木搭成坡度与地面夹角不超过10°的斜坡状临时装卸台，利用滚杠或滑移方法进行装卸车；对于圆形物件，可以利用装卸台采取慢慢滚动的装卸方法。

由于物件的质量、形状、外形尺寸以及其强度和刚度的不同，所在地方的装卸作业环境和机具状况差异，实际采用装卸方法是多种多样的，这里仅介绍用一些简单的起重机具装卸小型物件的一般作业方法。

一、物件装卸车的一般注意事项

1）利用起重机械进行物件装卸时，一般要垂直，即吊钩中心线通过物件的重心。必须倾斜装卸时，要经过计算，并采取有效的措施，防止事故的发生。

2）装卸车时，对于设备的装卸，吊点应选在设备指明的位置上捆绑，严禁拴在设备的手轮、操作手柄或精密加工面上，注意保护加工表面和油漆不受损坏；对于混凝土构件要防止折断或产生裂纹；对于钢结构要防止结构产生变形。

3）装卸车要轻拿轻放，杜绝野蛮装卸造成物件的损坏。

4）物件的捆绑处应用软物垫好。

二、物件装车的操作方法和要求

1）在装车前，应对装卸作业所用的工具、吊具、机械进行检查，确认安全后方可使用，并应准备足够垫木、撑木、旧麻袋或橡胶垫皮等辅助物品。

2）车辆应严格按规定载重量装载，不得超装。车辆装载物件的高度：大卡车从地面起计算不大于4m，小卡车不大于2.5m，以防止重心过高造成翻车事故。车辆装载物件的宽度：左右不超出车厢或前罩壳15cm，防止行驶中发生刮带事故。车辆装载物件的长度：大卡车物件伸出车厢前后的总长度不大于2m，小卡车不大于1m，防止拐弯时发生刮带事故。物件长度超过后栏板时，不得遮挡号牌、转向灯、尾灯和制动灯。

3）物件装车时，装载物应对称地装在载重车上，前后重量要适宜，分布要均匀，使车辆承受的载荷均衡，重心应在车辆的中部。

4）物件装车时应垫稳，装完后物件应捆扎牢固，车厢侧板、后板要关好、拴牢。一般物件可用麻绳或8号铁丝捆绑，较重的物件或难以固定的物件，应用钢丝绳、环链手拉葫芦进行捆绑，如图6-1～图6-3所示。

5）由于圆柱形、球形物件的特点是无支重平面，装车后易于滚动，应采用专用夹具起吊并应装入相应的固定架内（如支承座、掩木等），并用钢丝绳加固。

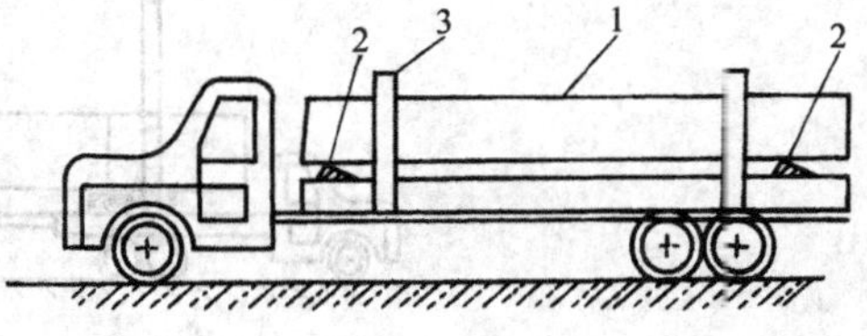

图6-1 货车装运预制混凝土桩构件

1—构件 2—垫木 3—立柱

6）混凝土构件装车时，在各层之间和最下面均应垫好通长垫木，每个构件最少垫两根。垫木应放在吊环的附近，其厚度应高出吊环。上下垫木的中心在一条垂直线上，垫木的强度应具备承受构件载荷的能力。

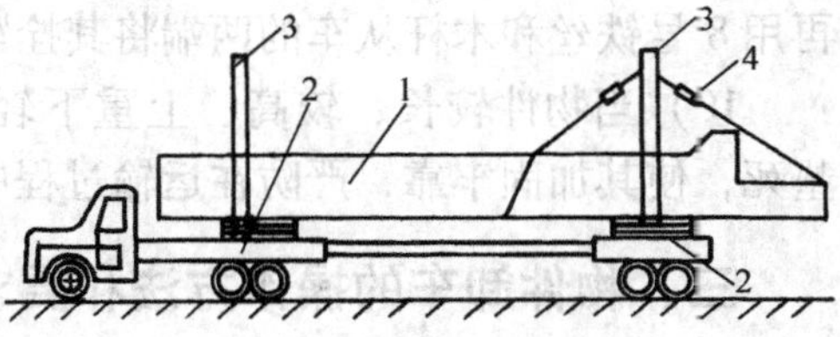

图6-2 拖车装运预制混凝土桩构件

1—构件 2—转向装置 3—立柱 4—捆绑绳

7）长构件装车时，可采用平衡梁三点支承，平衡梁和运输车辆用铰链连接，如图6-4所示，运输车辆平板长度不足的情况下也可采用此方法。也可采用增设辅助垫点的方法，辅助垫点应在

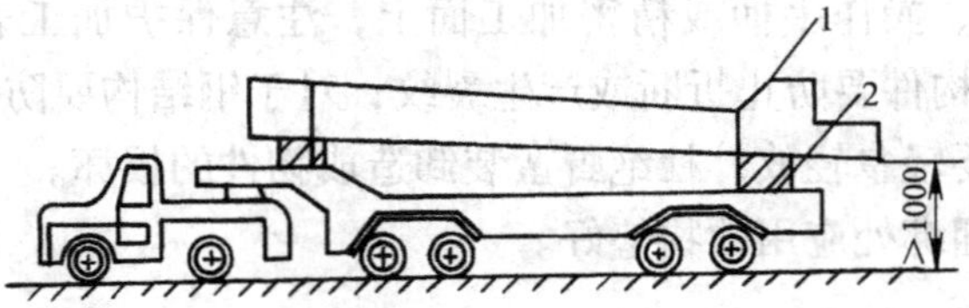

图 6-3 拖车装运预制混凝土桩构件

1—构件 2—垫木

其他两主垫点垫实后再垫，且不可垫得太实，只需在垫木上放置木楔，用小锤稍稍敲紧即可，如图 6-5 所示。还可以设置超长架来运输长构件，超长架应固定在车厢上，构件与超长架及车厢应捆绑牢固。

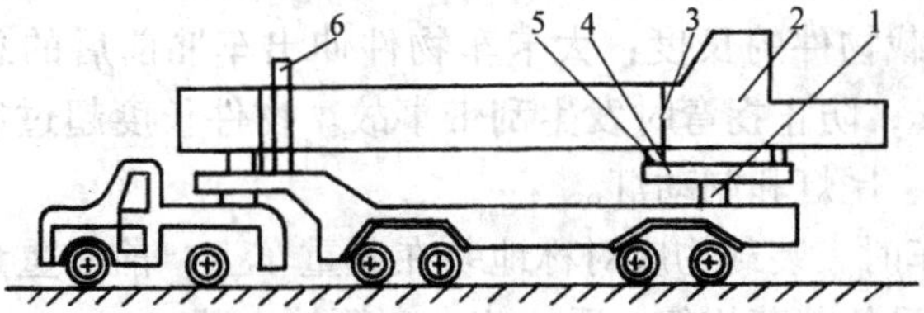

图 6-4 在运输车上设置辅助垫点运长构件

1—铰链 2—构件 3—捆绑绳 4—平衡梁 5—垫木 6—立柱

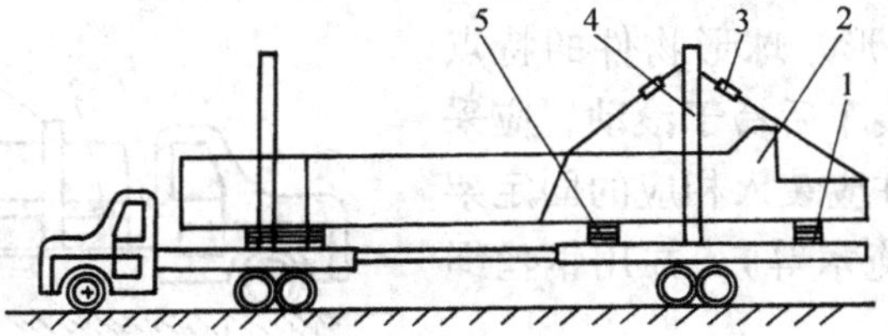

图 6-5 在运输车上设置辅助垫点运长构件

1—辅助垫点 2—长构件 3—捆绑绳 4—立柱 5—主垫点

8）T 形梁、r 形梁或类似易于倾倒的构件装车时，应放置固定支架。

9）屋架装车时，应将屋架竖放，屋架之间垫以木块，并用绳索绑成一体，再用 8 号铁丝和木杆从车的两端将其拴牢。

10）当物件较长、较高、上重下轻或结构单薄时，要用绳索捆紧、扎牢、垫死，使其加固牢靠，严防在运输过程中摆动或产生变形。

三、物件卸车的操作方法和要求

1）卸车时车辆与堆放物距离一般不小于 2m，与易滚动物件的距离不小于 3m，车辆并列时间距不小于 1.5m。

2）卸车前，先将容易倾倒的构件用临时支撑支牢，然后再解开绑绳。吊卸时，也应将容易倾倒的构件支撑好，然后起吊。根据物件保护的要求，在堆放处放好垫木或砖头等，如混凝土构件应按要求放置好垫木。

3）卸车时，待物品放置稳定后方准摘钩。

4）堆放构件时，垫木应靠近吊环位置，每层垫木的两端伸出部分不小于50mm。

5）预制构件直立放置时，应采用工具或支撑支牢，T形梁、r形梁必须正放，并加不少于三道的支撑。

6）一般情况下，每堆预制板可叠放6～8块，大型楼板不宜超过6块，最下面的垫木应用枕木垫实，每层垫木上下成一条垂直线。如图6-6所示。

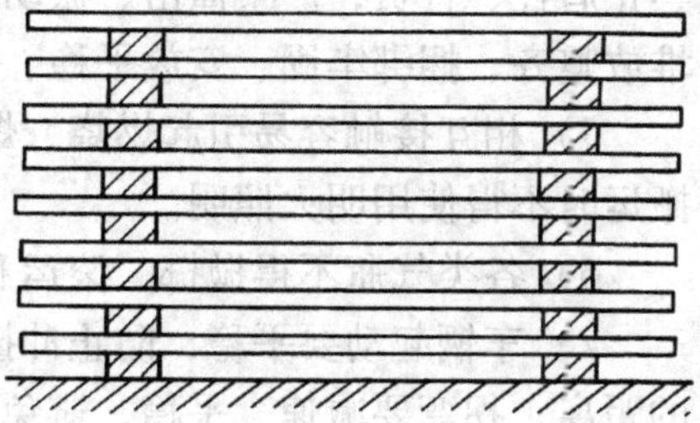

图6-6　预制板堆放示意图

◈◈◈ 第二节　精密物件、危险品的起重搬运

在起重搬运时应根据物件的情况采取不同的安全措施，保证起重搬运工作的顺利完成。起重、搬运的物件是各种各样的，有大型物件、精密物件、一般性物件、危险物品等。因此，在作业时，应按不同的作业对象采取相应的起重、搬运方法，本节主要介绍精密物件和危险品的起重搬运中应注意的问题。

一、精密物件的起重搬运

对于精密物件在起重搬运时应特别小心谨慎。在起重或搬运精密物件或零件时，要采取适当的保护措施，防止它们在起重、搬运过程中使这些精密物件发生损伤。比如对于一些光滑度很高的零件，要防其表面擦伤；对于一些细长零件或薄壁易变形的零件，防止其变形。

二、危险品的起重搬运

在起重或搬运各种危险物品时，首先要了解它们的特性，然后根据所装卸危险物品的安全要求进行操作。作业前应根据货物性质，准备必要的装卸工具及穿戴必要的防护用品。

1. 危险品起重搬运的一般要求

1）工作前必须根据搬运的危险品的种类、形状、体积、重量等检查所使用的工具是否合理、齐全、可靠。

2）工作时要注意周围环境，禁止无关人员进入现场。

3）装载危险品车辆应有明显的表示危险品的标志，如插上有“危险品”字样的黄旗，车上应有消防器材、防静电接地装置，排气管上应装好阻火器。

4）装卸时应注意包装是否牢固，按标记要求切勿倒置，装卸要轻拿轻放，禁止肩扛、背负，严禁撞击、振动、重压、摩擦和倾倒。危险物品装车时，必须堆放整齐、捆绑牢固、安放平稳、严禁超载。

5）相互接触容易引起燃烧、爆炸的物品，不得同车混装。严禁吸烟。夜间搬运时不得使用明火照明。

6）各类气瓶不得抛掷、滚运和在强烈的日光下曝晒。

7）车辆起动要平稳，防止冲撞和振动；不要高速行驶，适当拉大同向行车的距离，拐弯要减速、平稳，避免紧急制动；不要在人群密集处停靠；各类危险物品在运输中途停留或在到达目的地物品未卸完之前，驾驶员和押运员不可同时离开车辆。

2. 危险品的起重搬运的特殊要求

在起重搬运各类危险物品时，除遵守以上原则外，还应根据各类危险物品的特点，遵守其特殊要求：

（1）爆炸物品的装卸

1）在雨雪天气，要先清除积水和积雪，防止滑倒。夜间作业应有充分的照明。

2）装卸、搬运时应用铜质或木质工具，如用铁质的工具，则应套上或垫上橡胶。作业人员不得穿带铁钉的鞋。

3）对极易因振动而发生爆炸的雷管等物品，必须严格做到轻拿轻放，由两人抬装或抬卸，起爆器和炸药的装载高度不应超过规定的装载高度，以免因重压而引起爆炸。

4）装卸中撒漏的粉末或粒状物品，应先用水湿润后撒以锯末或棉絮等松软材料轻轻收集起来，再作适当处理。

（2）氧化剂的装卸

1）装卸时要仔细清扫场地，不能与易燃、可燃物残渣（如煤粉、焦炭粉、糖、锯末等）混合。

2）作业时不能摔碰、拖拉和剧烈滚动，不要用撬棍等铁质工具。撒漏的粉末应先盖上沙土，扫除干净后再用水清洗。

（3）压缩气体及液化气体的装卸

1）装卸有毒气体时，应事先将防毒面具放在作业点附近，当发生意外时可及时取用；装卸氧气瓶时，要注意工作服、手套和装卸工具上不能沾有油脂。

2）搬运时，瓶口不要朝向人身，要防止阀头撞击，以免发生意外事故。

3）装载时，阀头部应朝向同一方向，码放整齐，堆放不宜过高，并用垫木垫紧。

4）当装有无毒不燃气体的钢瓶损坏时，应迅速将钢瓶移至安全场所，直至气体放完为止；如果是剧毒气体钢瓶漏气，可将钢瓶浸入石灰水或水中（液氨钢瓶漏气时应浸入水中）。

（4）自燃物品、遇水燃烧物品、易燃液体、易燃固体的装卸

1）注意包装有无渗漏，并及时处理。

2）装载自燃物品时，不宜重压，装载不宜过密、过高。铁包装的易燃液体在两层间应垫以草垫，防止摩擦。

3）装卸电石桶、易燃液体桶时，人应站在上风位置，应轻轻打开桶盖或气孔放气，未放气前不要摇晃；电石桶不能倒放。

（5）毒品装卸

1）装卸作业时，应先放气。

2）严禁肩扛、背负、翻滚，搬运时要求平稳轻放，防止包装破坏。

3）使用机械作业时，应按规定负荷降低25%。

（6）腐蚀物品装卸

1）作业前应仔细检查包装，不应有泄漏处。

2）搬运中严禁肩扛、背负、拖拉、冲撞、翻滚，并应注意防滑。

3）作业时应穿戴好防护用品。

第三节　物件的运输

物件的运输是物件安装工程中耗用时间较长、所费劳动力较多的一道工序，有时操作也较复杂。本节主要介绍一般物件的运输方式及运输中的注意事项。

一、运输的种类

物件的运输可分为一次运输和二次运输。一次运输也叫厂外运输或长途运输，即由生产厂将物件直接运至施工现场的堆放场地或库房，这段运距较长。二次运输也叫二次搬运或厂内运输，即将物件由施工现场的堆放场地或库房搬运至施工点，这段距离较短。

1. 厂外运输

物件的厂外运输方式主要有铁路、公路、水路以及航空。

（1）铁路运输　是陆地长距离运输的主要方式，与公路运输相比，主要优点是安全程度比较高，运送速度比较快，运输能力较大，受天气条件的影响较小，成本也较低。但对于大型物件，由于受到铁路标准尺寸限界的限制，给运输

带来一定的局限性，同时由于车站之间的距离较远，运输缺乏机动性，运输起点和终点常常需要汽车进行转运，增加了搬运的次数。

(2) 公路运输　一般物件的公路运输工具主要是汽车、拖车。公路运输可以将物件直接运到施工现场。在运输前应对物件运输经过的道路沿线进行考查，选择最佳的运输路线。道路沿线考查的重点是要了解沿途道路、桥梁以及地下管沟、电缆沟等承载能力能否满足要求，道路的拐弯半径、坡度以及道路周围障碍物能否满足装载物件后的运输车辆安全通过的要求。

一般中小型物件是运用载重汽车、平板车拖挂运输的，在桥梁容许荷载范围内可以通行。而超出桥梁实际承载能力的特大、特重的大型平板车属于超重车辆，不是所有桥梁均可通过。因此，在大件运输前必须征得公路和交通管理等部门认可。如果桥梁的设计载荷不能满足超重车辆的通过，就必须改变其运输路线或运输方式，或者对桥梁采取必要的加固措施，提高原有桥梁的承载能力，满足超重车辆过桥的需要。超重车辆需经过的地下管沟、电缆沟要采取保护措施，一般在上面铺设钢板。沿线的路宽与弯道对超宽、超长车的安全通过有影响时，一般采取加宽道路、增大道路的拐弯半径等措施来满足车辆的通过。对像电力架空线等空中障碍物，按照有关安全规定，一般采取顶高、移设或下地等措施，来保证超高物件的安全通过。

(3) 水路运输　水路运输分为海运和内河航运两种，船舶是水路运输主要工具。在大批量、远距离运输中水路运输价格较便宜，水路运输能满足运送超大型和超重物件。对于罐类物件亦可空浮在水中用船牵引。水上运输速度比较慢，受天气影响较大。水路运输物件的外形尺寸及重量一般不受任何限制，制定运输方案时，应事先了解航道等级、桥下净跨、净高以及码头的装卸能力等。

(4) 航空运输　航空运输一般运输尺寸和重量都很小的物件，主要优点是速度快，但运输的费用高。

2. 厂内运输

厂内运输通常使用汽车、平板车、叉车、轮胎式起重机等运输机械搬运物件，效率较高。对于有些物件因场地、机具、物件等条件的限制，可采用滑板、滚杠并由卷扬机或其他牵引机械牵引等方法进行厂内运输。

二、物件运输的安全要求

1. 对运输车辆的安全要求

1）车辆牌照完整无缺，行驶证、驾驶证（操作证）齐全有效。

2）车容整洁，车身各部机件齐全、完整。

3）各类灯光、各种仪表齐全有效。刮水器运转正常、喇叭灵敏有效。蓄电池清洁无渗漏，液位符合标准。电动机运转平稳无异响，工作温升正常，电刷接触良好，防护罩齐全。

4）发动机安装牢固可靠，连接部位无松动、脱落、损坏。发动机动力性能良好，运转平稳，没有异响，能正常起动、熄火。点火、燃料、润滑、冷却等系统应安装牢固、性能良好、工作正常，管路无漏油、漏水、漏电现象。

5）离合器分离彻底，接合平稳，不打滑，无异响。传动系统平稳，行驶中不抖动、无异响。

6）车架和前后桥不得有变形、裂纹，前后桥与车架的连接应牢固。轮辋应完整无损，车轮螺母齐全并按规定紧固。钢板弹簧片整齐，骑马螺栓齐全、螺栓紧固，与转向桥、驱动桥和车架的连接应紧固。减振器性能良好。

7）左右轮胎及轮胎气压符合标准。

8）转向盘转动灵便，自由间隙符合标准。转向机构不得缺油、漏油，固定托架必须牢固。

9）车辆必须设置行车制动和驻车制动装置，且功能有效，驻车制动器必须是机械式。液压制动器、制动系统不得漏油或进入空气。气压式制动器、制动系统不得漏气，应设有放气、限压装置。在规定车速下点制动无跑偏现象。

10）液压系统管路畅通，密封良好。液压元件配合良好，无泄漏现象。工作压力符合设计要求。

11）配置合适的消防器材。

12）车辆应定期检查、保养。

2. 对行驶过程的安全要求

1）驾驶员要遵守各项交通安全管理规定，严格执行车辆驾驶的八条禁令：

① 严禁无证驾驶和无令开车。

② 严禁酒后开车。

③ 严禁人货混装。

④ 严禁超速开车。

⑤ 严禁带病开车。

⑥ 严禁违章超车。

⑦ 严禁超标装载行车。

⑧ 严禁违章空挡滑行。

2）在物件运输过程中，要准备一定数量的枕木、扒钉、铁丝、钢丝绳、千斤顶等器材，以便处理故障；装载物件的长、宽、高度超过时，必须经过交通管理部门批准，并采取必要的措施。

3）加强行车前、中、后的检查，确保安全行驶。行驶途中发生故障应停车修复后方可继续行驶。

4）物件运输过程中，需要通过管沟或电缆沟时，要采取必要的措施，在沟道上面铺设厚钢板（钢板承重要符合要求）。

5）物件运输线路通过桥梁时，要了解其承载能力，如物件或构件的总重量超过桥梁的承受能力时，要会同有关部门，采取相应的加固措施。

6）运输过程中，驾驶室外及车厢外不得载人。

7）押运人员应经常检查机具和物件是否正常，如发现有绑绳松动、物件重心后移等异常情况，应立即停止运输，处理好后方可继续起运。

8）用普通汽车运输易燃、易爆、有毒等危险品时，要严格遵守有关规定，押运人员必须坐在驾驶室内。

第四节　物件的装卸运输技能训练实例

• 训练　配合完成物件的装车、卸车和运输作业

有一台物件约5t重（包括包装箱），需要从一个车间运往另一个车间安装。使用10t的平板汽车运输，车间内有起重量为5t的桥式起重机，但由于车间门太窄，平板车不能进入车间内。因此，只能先将物件从车间内拖运至车间外，再装上平板车运至另一车间门外，然后从平板车上卸下，再拖运至车间内，用桥式起重机吊运至安装地点安装。物件拖运和装卸车的方法步骤如下：

1. 装车作业

1）将物件用桥式起重机吊运到车间大门附近，放在已经铺设的走板滚杠上，用撬棍将物件运至车间外。由于车间外的地面略高，因此，包装箱上应设置拖拉绳，在斜坡上滚运时应拉住拖拉绳，防止物件冲下坡。

2）在平板汽车的尾部搭设斜坡（一般平板车上都附带有跳板，只需将跳板搭在平板车的尾部即可），如图6-7所示。

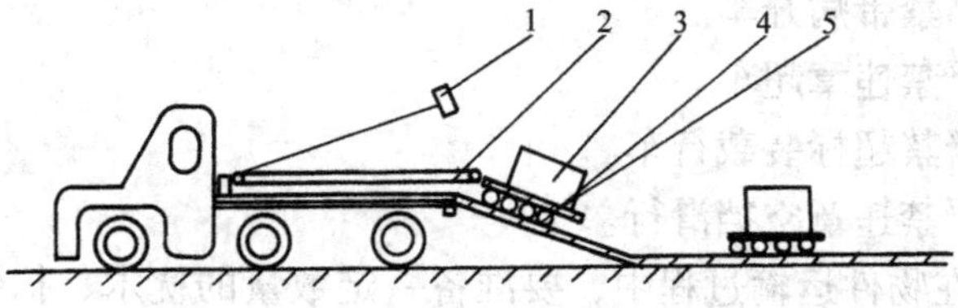

图6-7　物件装车

1—卷扬机　2—滑车组　3—物件　4—跳板　5—滚杠

3）在物件上系结捆绑绳，在平板车的车厢前部系挂导向滑车，在适当的地方固定卷扬机。如果卷扬机的牵引力在20kN以上，则卷扬机的跑绳可以直接与物件的捆绑绳相连接，如果卷扬机的牵引能力较小，则应穿挂滑车组。

4）经检查确认一切都妥当后，开动卷扬机，并在跳板上摆放滚杠（待滚杠嵌入包装箱的底板后才能放手），直至将物件拖到平板车上。

5）拆去斜坡（跳板）、卷扬机的跑绳，将物件紧固在平板车上，同时用掩木将滚杠固定，不让其滚动，如图6-8所示。

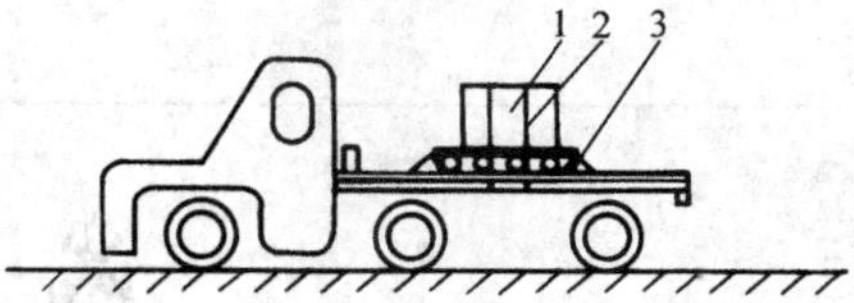

图6-8　物件的固定
1—物件　2—物件紧固绳　3—掩木

2. 运输作业

1）运输前检查运输线路上有无障碍物，一经发现应采取有效措施。

2）运输路面要平整，要考虑运输道路的地耐力，防止路面下沉情况发生。

3）拐弯时要有足够的拐弯半径。

4）车辆起动要平稳，速度不要太快，避免紧急制动。

5）在物件运输过程中，押运人员应随时检查物件的固定情况，如是发现有绑绳松动等异常情况，应立即停止运输，处理好后方可继续起运。

6）将物件运至指定的地点。

3. 卸车作业

1）卸车时在平板车尾部搭设斜坡（跳板），在地上铺设走板，并在适当处固定卷扬机。卷扬机的跑绳与物件的捆绑可靠地连接在一起，拆去物件的紧固绳及固定滚杠的木楔。

2）用撬棍移动物件，同时逐步放松跑绳。当物件滚至斜坡上时，慢慢地放松跑绳，同时在斜坡上摆放滚杠，直至物件到达平地。

3）拆去物件的捆绑绳及卷扬机的跑绳。

4）用撬棍将物件滚运至车间内（也可设置卷扬机拖运）。

5）用车间内的桥式起重机把物件吊运至安装点。

6）清理工作现场，整理起重用具。

复习思考题

1. 物件和构件装车时，一般应注意哪些问题？
2. 构件卸车时，应注意哪些问题？
3. 长混凝土构件装车时，应采取哪些措施保证构件不损坏？
4. 起重工配合运输作业时，应注意哪些问题？
5. 爆炸物、氧化剂、压缩气体等危险品的起重搬运有哪些特殊要求？
6. 物件装车的操作方法和要求有哪些？

试　题　库

知识要求试题

一、判断题（对的画√，错的画×）

1. 职业道德是人们在从事正当职业并履行职责过程中应遵循的行为规范和道德准则。（　）

2. 职业道德的特点主要表现在以下四个方面：职业性、稳定性、多样性、具体化。（　）

3. 道德是调整人与人、个人与集体、社会各组成之间相互关系的行为规范的总和。（　）

4. 文明生产主要是指坚持合理的生产、合理的施工、合理的供料，保证生产环境整洁有序。（　）

5. 生产的原材料和产品堆放整齐是文明施工、安全生产的内容之一。（　）

6. 职业道德修养的根本目的在于培养人们遵纪守法。（　）

7. 道德品质修养的基本方法是开展互相批评。（　）

8. “三宝”是指施工作业现场中必备的安全帽、安全带、安全网。（　）

9. “安全第一、质量第一”是一对矛盾。（　）

10. 紧急救护的主要措施有止血、包扎、固定、转运。（　）

11. “三同时”原则是指凡是新建、改建、扩建、技术改造工程，其安全设施必须与主体工程同时设计、同时施工、同时投入生产和使用。（　）

12. “四不放过”原则是指在处理工伤事故时，必须坚持原因分析不清不放过，事故责任者和群众没有受到教育不放过，没有采取防范措施不放过和事故责任者没处理不放过的原则。（　）

13. 起重作业中使用起重机应和司机密切配合，严格执行起重机械“八不

吊’原则。 ( )

14. 施工现场临时用电设备在5台及以上或设备总容量在50kW及以上者，应编制用电组织设计。 ( )

15. 电工必须经过施工单位考核合格后，持证上岗工作。 ( )

16. 分配电箱与开关箱的距离不得超过30m，开关箱与控制的固定用电设备的水平距离不宜超过3m。 ( )

17. 漏电保护器使用前应启动漏电试验按钮试跳一次，试跳不正常时严禁继续使用。 ( )

18. 根据高处作业的客观条件，将高处作业又分为八个类别。 ( )

19. 起重作业中要设置工作警戒标志，警戒标志为白天挂红旗，夜间悬红灯。 ( )

20. 氧气瓶和乙炔瓶安全工作间距不小于5m，两瓶分别同明火作业距离不小于10m。 ( )

21. 施工现场火灾发生后要做好灭火、报警、逃生三步工作。 ( )

22. 阻力臂是指从支点到动力作用线的垂直距离。 ( )

23. 动力臂大于阻力臂，即 $L_1 > L_2$，平衡时 $F_2 > F_1$，阻力大于动力，用较小的动力就可以克服较大的阻力，这是费力杠杆。 ( )

24. 支点是指杠杆绕着转动的点。 ( )

25. 物体的质量是由物体的体积和它本身的材料密度所决定的。 ( )

26. 物体的重量就是物体的重力。 ( )

27. 力的物理涵义是：力是一个物体对另一个物体的作用，这种作用的效果会使物体的运动状态发生变化或者使物体发生变形。 ( )

28. 在力的作用下或物体所受合力为零时，物体相对地球保持静止或作匀速直线运动的状态，称为物体的平衡。 ( )

29. 两个相互接触的物体，当它们相互运动时，先产生动摩擦力，然后产生静摩擦力。 ( )

30. 相似三角形的三个角相等，对应边也相等。 ( )

31. 对于具有简单几何形状、材质均匀分布的物体，其物体重心就是该几何体的几何中心，如球形体的重心即为球心。 ( )

32. 起重机起吊重物时，由于力对重物产生了作用，使重物由静止到运动，由低位移至高位，发生了位置变化。 ( )

33. 汽车开动后，我们希望车轮与地面的摩擦力尽可能小，以减轻功率消耗。当汽车制动需要停车时，我们又希望车轮与地面的摩擦力尽可能的大。 ( )

34. 物体都有保持其原有运动状态的属性，叫惯性，即运动着的物体仍将保

持运动，静止着的物体仍将保持静止。（ ）

35. 受化学介质腐蚀后的白棕绳可降等级使用。（ ）

36. 白棕绳主要用于受力不大的缆风、溜绳等处，也有的用作起吊轻小物件。（ ）

37. 白棕绳许用拉力（最大工作拉力）比其试验时间的破断拉力小。（ ）

38. 白棕绳耐腐蚀允许与酸、碱接触。（ ）

39. 白棕绳分浸油和不浸油两种，不浸油白棕绳受潮后可以高温烘烤除湿。（ ）

40. 同向捻钢丝绳容易自旋、松散、压扁和扭结。（ ）

41. 交叉捻钢丝绳不容易自旋、松散、压扁和扭结。（ ）

42. 钢丝绳的表面钢丝磨损超过其表面钢丝直径的40%时，允许降级和降低拉力使用。（ ）

43. 钢丝绳储存在绳芯内的润滑油不是起润滑钢丝绳表面作用的。（ ）

44. 一般绳卡的间距最小为钢丝绳直径的6倍。绳卡的数量根据需要设置。（ ）

45. 为保证安全，每个绳卡应拧紧至卡子内钢丝绳压扁1/3为标准。（ ）

46. 在大型吊装中，钢绞线可用作吊索。（ ）

47. 在起重作业中抬吊表面圆滑物体时，钢丝绳绳扣采用环扣，其优点是扣得紧，不易解扣。（ ）

48. 平结是最普通的绳扣，它的缺点是：当两端用力过大时，解扣比较困难，为此可将绳扣中插一合适的短木棒。（ ）

49. 用缆风扣这种绳扣绑扎，绑好后在绳尾用小白棕绳再捆扎或用绳卡固定好，这样才可靠。（ ）

50. 防止卸扣横向受力，在连接绳索或吊环时应将其中一根钢丝绳套在横销上，另一根钢丝绳在弯环上，不准分别套在卸扣的两个直段上面。（ ）

51. 卸扣的横销受力产生弯曲变形时，应报废。（ ）

52. 卸扣种类分销子式和螺旋式两种，销子式横轴是光直销，而光直销可不需用开口销来固定。（ ）

53. 一般情况不准使用无螺纹卸扣，如必须使用时要有可靠的保护措施，以防止横销滑出。（ ）

54. 套环用于装置在钢丝绳端头，使钢丝绳在弯曲处呈弧形，从而防止钢丝绳折断破坏。（ ）

55. 选用钢丝绳套环一定要和钢丝绳直径规格相匹配。（ ）

56. 叠片式吊钩口上装有护垫是防止钩板损伤而设置的。（ ）

57. 带有卡索板的吊钩，卡索板作用是封住吊钩口防止吊索脱钩。（ ）

58. 吊钩开口度变大超标准后可以火焰矫正修复。（ ）

59. 钢丝绳夹头简称绳卡，主要用来夹紧钢丝绳末端或将两根钢丝绳固定在一起。（ ）

60. 偏心夹钳的夹紧力是由物体自重通过偏心块和物体间的自锁作用而产生的。（ ）

61. 杠杆夹钳，夹紧力是物体自重能过杠杆原理产生的。（ ）

62. 定滑轮能改变拉力的方向，能减少拉力。（ ）

63. 动滑轮能改变拉力的方向，能减少拉力。（ ）

64. 起重吊装重型或大型设备时使用滑轮组可以用较小的拉力起吊很大的重量。（ ）

65. 定滑轮不能作为平衡滑轮使用。（ ）

66. 定滑轮能与被牵引的重物一起升降或移动。（ ）

67. 导向滑轮的作用类似定滑轮，既不少力也不能改变速度。（ ）

68. 滑轮组既能减少拉力又能改变拉力的方向。（ ）

69. 蜗轮滑车是双纹蜗杆、蜗轮和吊钩等构成的滑车，这种滑车有自锁性。（ ）

70. 齿轮滑车是由链轮、齿轮、轮轴、链子和吊钩等构成的滑车，可竖直、横向使用。（ ）

71. 起吊重要设备时，在绳头尾加一保险绳卡，保险绳卡是为便于检查、观察是否出现钢丝绳相对移动现象而设置的。（ ）

72. 电动葫芦起升机构是采用电动机与制动器组成一体的锥形转子制动电动机。（ ）

73. 电动葫芦卷筒上钢丝绳安全圈不应少于二圈。（ ）

74. 电动葫芦卷筒上固定钢丝绳端钢丝绳压板不应少于 2 只。（ ）

75. 电动葫芦上没有导绳器，断火限位器仍能正常工作。（ ）

76. 环链式电动葫芦提升链条产生裂纹后可以焊接。（ ）

77. 环链式电动葫芦吊钩装置提升至最高或降至最低位置时，无限位功能。（ ）

78. 移动式螺旋千斤顶在顶升过程中能连同千斤顶底部的水平螺杆一起移动。（ ）

79. 普通式固定螺旋千斤顶缺少顶头可以用铁块替代。（ ）

80. 齿条千斤顶是利用齿条向下脚顶起下处重物。（ ）

81. 齿条千斤顶不能用齿条顶端顶高处重物。（ ）

82. 若液压千斤顶单向阀开关不拧紧，液压千斤顶就不能正常顶升。（ ）

83. 因液压千斤顶顶升高度有限，达不到顶升高度要求时可采用两只千斤顶叠起顶升。（　）

84. 液压千斤顶可通过调节单向阀开启的大小，来控制下降的速度。（　）

85. 在卷扬机工作时，当钢丝绳溜放到需要长度时留存卷筒上钢丝绳不得少于3圈。（　）

86. 如用桅杆式起重机时，卷扬机安装距离不得少于桅杆的高度。（　）

87. 没有导绳器的电动葫芦仍可以使用。（　）

88. 电动葫芦的按钮控制盘上应设有紧急开关。（　）

89. 按钮控制盘上的紧急开关应是自动复位的。（　）

90. 与白棕绳配用的滑轮不应选用木制滑轮。（　）

91. 双跑头顺穿法的滑车组，它的定滑轮的个数一般采用奇数，比动滑轮多一个滑轮并以中间的一滑轮作平衡轮。（　）

92. 起重机械或受力较大的地方也可使用白棕绳。（　）

93. 同向捻钢丝绳的股内钢丝捻向和钢丝绳捻向相同。（　）

94. 交互捻钢丝绳的每股内钢丝捻向和钢丝绳股捻向相反。（　）

95. 混合捻钢丝绳的股内钢丝捻向与股的捻向同异交混。（　）

96. 钢丝绳索节是将钢丝绳末端穿过锥形套筒后松散钢丝，将头部钢丝绳变成小钩并浇入铅或锌液，凝固后即成。固定处的强度与钢丝绳的自身强度大致相同。（　）

97. 键式连接器是钢丝绳的一端绕过楔，利用楔在套筒内的锁紧作用使钢丝绳固定。固定处的强度约为钢丝绳自身强度的75%~85%。（　）

98. 当整根钢丝绳的外表面受腐蚀而形成的麻面达到肉眼很容易看出时，钢丝绳就不能继续使用，应予报废。（　）

99. 钢丝绳穿用的滑轮，其边缘不应有破裂或缺陷。（　）

100. 使用于高温物体上的钢丝绳，必须采取隔热措施，以免受高温后降低强度。（　）

101. 钢丝绳应防止与酸、碱等有腐蚀作用的物质接触，以免受腐蚀而降低其强度。（　）

102. 领取钢丝绳时，必须检查其合格证，以保证力学性能及规格符合使用要求。（　）

103. 使用滑车起吊时，可用手抓钢丝绳或用撬杠来调整。（　）

104. 滑轮组的效率随着绳数的增多而提高。（　）

105. 滑车组在提升重物时所需的拉力随着绳数的增加而成倍降低。（　）

106. 当滑车组的门数多到一定数量时，由于摩擦力的增加，重物下滑时产生的摩擦力大于重物的重力，致使重物不能自由下滑，发生自锁现象。（　）

107. 双跑头顺穿法对两台卷扬机的卷扬线速度无特殊要求。（ ）

108. 钢丝绳的绳头应用细铁丝扎紧，以免在使用过程中散股。（ ）

109. 在使用钢丝绳卡时，可以在一个方向上排列，也可以在正反两个方向上排列，但以绳的U形弯曲部分卡在绳头一边为最好，这样，在拧紧钢丝绳卡时，被压偏的是绳头部分，可以避免主绳被压偏而降低其使用寿命。（ ）

110. 吊装带使用的材料对所有的化学物品都有耐蚀性。（ ）

111. 卷扬机的电气控制装置要放在操作人员的身旁，所有电气设备应装有可靠的接地线，以防触电。电气开关需要保护罩。（ ）

112. 使用多根绳索捆绑物体时，要在试吊过程中调整好各支绳，防止绳索由于长短不同而受力不均，导致事故的发生。（ ）

113. 绳索的直径，要根据物体的重量、绳索的根数及绳索与水平面夹角大小来决定。（ ）

114. 人字桅杆的缆风绳一般为两根，在吊重方向的前后各有一根。（ ）

115. 人字桅杆的两脚间应有连接绳，防止桅杆脚受力时向外滑移。（ ）

116. 起重机吊钩不可用铸钢制造，在检验中发现有轻微的裂纹时，不可施焊修复。（ ）

117. 油压千斤顶不准水平方向使用。（ ）

118. 油压千斤顶不允许连续顶重4h。（ ）

119. 两根钢丝绳的连接，绳扣可采用平结。（ ）

120. 电动卷扬机是靠棘爪实现制动的。（ ）

121. 6×37类型钢丝绳，一个编绕节距有20根钢丝绳破断，即可按报废处理。（ ）

122. 6×37类型钢丝绳，若单股局部触伤断线超过7根，应将钢丝绳切断插接使用。（ ）

123. 钢丝绳严重的腐蚀还会引起钢丝绳弹性的降低。（ ）

124. 钢丝绳与滑轮的偏斜角不得超过10°。（ ）

125. 钢管脚手架扣件的存放应防锈、防潮。（ ）

126. 脚手架搭设完后，由施工负责人会同起重工班长及使用脚手架的技术、安全等有关人员共同进行验收，认为合格后方可使用。（ ）

127. 在雷雨季节，所搭设的井字架等独立脚手架，高度超过15m时，必须安装避雷针，其接地电阻不得大于15Ω。（ ）

128. 在钢管脚手架上安装照明灯时，电线不得接触脚手架。（ ）

129. 滑轮的直径与钢丝绳的直径之比，一般小于9。（ ）

130. 液压千斤顶禁止作永久支撑。（ ）

131. 导向滑轮所受的力，大小与牵引绳夹角有关。（ ）

132. 动滑轮可分为省时和省力两种。 ( )

133. 使用绳卡子时，严禁代用，但可以在绳卡中加垫材。 ( )

134. 卷扬机的主要工作参数是其牵引力、钢丝绳的速度和钢丝绳的容量。 ( )

135. 卷扬机和最近一个导向滑轮的距离，与钢丝绳在卷筒上缠绕时的摆动角有关。 ( )

136. 液压千斤顶的起重能力不仅与工作压力有关，还与活塞直径有关。 ( )

137. 卷扬机的卷筒直径主要由所用钢丝绳的拉力决定。 ( )

138. 滑移法竖立抱杆的起吊力越来越小。 ( )

139. 在提升高度比较大的情况下，以选择手动葫芦为宜。 ( )

140. 若多轮滑车仅用其中部分滑轮时，滑车的起重量应相应地降低，降低值按照滑轮数比例确定，其重物重心仍应通过滑车中心线。 ( )

141. 钢丝绳的破断拉力是钢丝绳整根被拉断时的拉力。 ( )

142. 齿条式千斤顶放松时，不能突然下降。 ( )

143. 平衡梁一般与吊索配合使用，吊索与平衡梁的水平夹角以15°为宜。 ( )

144. 手拉葫芦在倾斜或水平方向使用时，拉链方向与链轮方向一致，以防卡链或掉链。 ( )

145. 拉线出地面位置及地锚两侧2m范围内不应有沟洞、地下管道或地下电缆。 ( )

146. 当卸扣的横销损坏或遗失后，可使用与弯环材质相同的材料再加工一只。 ( )

147. 在起重作业中，使用平衡梁可以减少吊装高度。 ( )

148. 起重机具使用正确性检查包括规格、型号和布置以及使用方法是否正确。 ( )

149. 吊装用绳索末端连接时，摩擦力的大小决于绳卡螺栓拧紧时产生的压力及绳卡与绳索之间的摩擦系数。 ( )

150. 在实际施工中，常常遇到绳卡不够用的情况，切不可用打“倒扒扣”的办法来解决。 ( )

151. 固定式螺旋千斤顶的螺纹由于其导角小于螺杆与螺母间的摩擦角，具有自锁作用，所以在重物的作用下，螺杆不会转动而使重物下降。 ( )

152. 移动式螺旋千斤顶是一种在顶升过程中可以移动重物的一种螺旋千斤顶，移动主要是依靠千斤顶底部的水平螺杆转动，使顶起的重物连同千斤顶一起作水平移动。 ( )

153. 在用千斤顶顶升重物的过程中，要随时注意千斤顶平正直立，不得歪斜，严防倾倒，如遇顶升费力，可在确保安全的前提下，适当加长手柄。（ ）

154. 用千斤顶起升重物时，应在重物下面随起随垫枕木，往下放时应逐步向外抽出。保险枕木与重物间的距离一般不得超过一块枕木的厚度，以防意外。（ ）

155. 千斤顶在使用前，应认真进行检查、试压和润滑，尤其是液压千斤顶更应该定期拆卸检查、清洗和换油。（ ）

156. 使用两台千斤顶顶升重物时，应该先用一台千斤顶缓慢地将重物一端顶起至一定高度，而后再用另一台千斤顶顶升。（ ）

157. 钢丝绳连接中因大接法接头的质量高，能保证钢丝绳的接头断面与原来的钢丝绳断面相似，因此可用于卷扬机、滑轮组。（ ）

158. 卷扬机的钢丝绳应从卷筒下面引出，使牵引力产生的倾覆力最小，以防卷扬机倾翻。（ ）

159. 由于电动葫芦在验收过程中，已经按照125%额定载荷做过静载试验，所以使用过程中，可以超载使用，但不允许超过125%额定载荷使用。（ ）

160. 脚手架搭设过程中及时设置斜撑杆、剪刀撑以及加固结构，防止在搭设中出现偏斜甚至倾斜事故。（ ）

161. 为了方便脚手架架设，可以在脚手架上敷设起吊桅杆用来吊运搭设脚手架的钢管和连接件。（ ）

162. 在拆除脚手架时，应该在确认脚手架下无人的情况下方可向脚手架下面的空地上抛扔钢管和连接件。（ ）

163. 脚手架要严格控制使用载荷，确保有较大的余量，一般要求安全系数不小于3。（ ）

164. 放置滚杠时不准戴手套，以防将手套绞入压伤手指。（ ）

165. 滚杠的选择应由被搬运物件的重量、地面的粗糙程度等情况决定。（ ）

166. 吊车的主要缺点方面：稳定性小、行走和站车作业的道路场地要求高、构造复杂、使用和维修费用高、起重工人作业劳动强度高。（ ）

167. 起重指挥应由技术熟练、懂得起重机性能的持证司机担任。（ ）

168. 双机抬吊细高立式物件，每个单机吊重不得超过其额定负荷的75%。（ ）

169. 吊车吊装时，起吊物和扒杆必须与架空电线保持300mm的安全距离。（ ）

170. 对于非常不规则形状的物体，利用吊车或其他手段得到一端的重量，

不必知道设备或物件的总重量，通过计算可以得到重心位置。（　）

171. 装卸设备时，采用手推扶设备或与设备接触的吊装钢丝绳，以防止设备或重物摆动。（　）

172. 起吊易翻转、滚动、滑动的设备或吊装有一定的高度时，钢丝绳绳扣的捆扎方法应当采用兜挂的方法，以防止设备倾斜、翻转或坠落。（　）

173. 同时用两台起重机吊运同一负载时，指挥人员应两人分别指挥各台起重机，以确保同步吊运。（　）

174. 一般情况下，跨度小于18m的钢结构桁架可用一个吊点进行吊装。（　）

175. 跨度为18～30m的钢结构桁架可以用单钩一个吊点，也可用双吊点绑扎在钢结构桁架跨中相邻两节点处吊装。（　）

176. 预留吊点预制混凝土构件吊装时应将千斤绳绑扎在其中心位置。（　）

177. 汽车式起重机工作幅度是指从上部的转盘中心到吊装垂线的水平距离。（　）

178. 流动式起重机起重臂曲线图是反映起重机吊装能力的重要参数。（　）

179. 吊装时可以斜吊和吊拔埋地的物体。（　）

180. 流动式起重机额定负荷中，包括起重物、绳索的重量，但不包括吊钩的重量。（　）

181. 设备本身的开孔（如管口等）都可以作为吊装点。（　）

182. 在GB 5082—1985中，通用手势信号有15种。（　）

183. 当指挥人员所发信号违反标准的规定时，司机无权拒绝执行。（　）

184. 指挥人员可以站在任何位置指挥司机进行起重作业。（　）

185. 在开始起吊负载时，应先用“微动”信号指挥，等负载离开地面100～200mm时稳妥后，再用正常速度指挥。（　）

186. 指挥人员应佩带鲜明的标志。（　）

187. 使用单位可根据具体情况，适当增补GB 5082—1985标准不能满足的信号，但增补的信号不得与GB 5082—1985标准有抵触。（　）

188. 常用锁系法防止物件在吊装过程中出现滑动、倾斜、坠落等现象。（　）

189. 在指挥语言中，前、后、左、右均以指挥者所在位置为准。（　）

190. 用滚杠运输设备时，滚杠的数量与间距应根据设备的重量确定，并且选用的滚杠粗细长短应一致。（　）

191. 采用排子运输设备时，设备的重心应在排子中心稍后一点，以利送入

滚杠。 (   )

192. 用滚杠运输设备时，滚杠两端应伸出托排外面300mm左右，以免压伤手脚。 (   )

193. 用滚杠运输设备时，其拉力大小仅与设备的重量有关，与排子下面放置的滚杠数量无关。 (   )

194. 运输易燃易爆和有毒等危险品时，不得同车混装。严禁吸烟。夜间搬运时不得使用明火照明。 (   )

195. 在物件运输过程中，押运人员必须站在车厢外。 (   )

196. 用普通汽车运输危险品时，押运人员必须坐在驾驶室内。 (   )

197. 在物件运输途中，驾驶员应随时检查设备的固定情况，发生异常应及时处理。 (   )

198. 设备较长、较高、上重下轻或结构单薄时，装运前必须做好加固工作，严防在运输过程中摆动或产生变形。 (   )

199. 物件在装车前，应对所有的工具、吊具、机械进行检查，确认安全后方可使用，并应准备足够垫木、撑木、旧麻袋或橡胶垫皮等辅助物品。 (   )

200. 物件装车时，应垫稳、捆牢，一般物件可用麻绳或8号铁丝捆绑，较重的物件或难以固定的物件，应用钢丝绳倒链捆绑。 (   )

201. 对于圆形设备，利用装卸台采取慢慢滚动的装卸方法；对于不能滚动的设备，可用滚杠或滑行搬运方法。 (   )

202. 水路运输设备（或构件）的外形尺寸及重量一般不受任何限制，制定运输方案时，应事先了解航道等级、桥下净跨、净高以及码头的装卸能力等。 (   )

203. 放置滚杠的时候要将四个指头放在滚杠孔内，大拇指放在孔外，以免压伤手指；在操作的时候不准戴手套，以防将手绞入压伤。 (   )

204. 滚杠运输中，在搬运滚杠过程中必须有一个人统一指挥，有专人放置滚杠。 (   )

205. 牵引设备的绳索位置不要过高，为避免搬运较大设备时出现倾倒，可适当用拖拉绳来增加设备的稳定性。 (   )

206. 搬运过程中遇有上下坡时，要用拖拉绳对设备加以牵制。 (   )

207. 装卸毒品作业时，严禁肩扛、背负、翻滚，搬运时要平稳轻放，防止包装损坏。 (   )

208. 使用机械装卸毒品作业时，应按规定负荷降低25%。 (   )

209. 设备在起吊时，一般要垂直，即吊钩的中心线通过设备的重心。 (   )

210. 用滚杠法拖运设备时，其拖拉力的大小与体积的大小有关。 (   )

211. 采用滚杠法拖运设备时，其拖拉力的大小与拖排下放置的滚杠数量和下走道的铺设宽度有一定的关系。 ( )

212. 设备装车时前后重量要适宜，设备重心应在车辆的中部，如发现设备重心后移时，应重新就位后才允许起运。 ( )

213. 较重物件在装车后，可以用细铁丝和麻绳捆绑。 ( )

214. 长构件装车时，可以采用平衡梁两点支承，平衡梁和运输车用铰接连接的方法。 ( )

215. T形梁、r形梁或类似易于倾倒的构件装车时，应放置固定支架。 ( )

216. 混凝土构件装车时，各层之间和最下面应垫好通长垫木，且应具有承受构件的强度。 ( )

217. 对于圆柱形、球形等无支承面的大件装车时，通常设置支承座掩木等，并用钢丝绳加固。 ( )

218. 卸车时，可以将容易倾倒的构件直接吊起，省去临时支撑等繁琐手续。 ( )

219. 机械设备装车时，应利用吊环起吊，钢丝绳切勿绑扎在精加工工面上。 ( )

220. 堆放物件时，垫木应靠近吊环位置，每层垫木两端不一定要露出。 ( )

221. 预制构件直立放置，应支撑支牢，且支撑不少于三道。 ( )

222. 对于不易吊装的设备，为了吊装方便可以不考虑表面的油漆，受损后可以重新补刷。 ( )

223. 对于精密设备或零件，在起重搬运时只要细心就可以了，不必采取其他防护措施。 ( )

224. 在搬运危险品之前，装卸工必须穿戴必要的防护用品。 ( )

225. 在搬运工作前必须检查搬运工具是否合理、齐全、可靠。 ( )

226. 搬运工作时要注意环境，禁止无关人员进入现场。 ( )

227. 装卸危险品的车辆，在车上标明“危险品”的字样就可以了。 ( )

228. 相互接触容易引起燃烧、爆炸的物品，只要隔开就可以混装。 ( )

229. 氧化剂在装卸时，地面只要看上去比较干净就可以了。 ( )

230. 对装卸撒漏的地面氧化剂可以直接清扫，清扫后用水清洗。 ( )

231. 气瓶装卸时，只要拧紧阀头，气瓶怎么放都可以。 ( )

232. 装卸易自燃物品时，为了节约装卸空间可以堆放紧密一些。 ( )

233. 在准备公路运输时，不必对运输条件进行考虑。 ( )

234. 对运输的车辆只要行驶证与驾驶证齐全就可以了。 ( )

235. 不是所有的运输车辆都必须配备消防器材。（ ）

236. 装卸设备长度超过车厢后栏板时，不得遮挡号牌、转向灯、尾灯和制动灯。（ ）

237. 装卸设备的长、宽、高度超标时，必须经过交通管理部门批准，采取必要的措施。（ ）

二、选择题（将正确答案的序号填入括号内）

（一）单选题

1. 道德是依靠(   )来调节的。

A. 法律手段

B. 行政手段

C. 社会舆论和人们的信念、传统、习惯及教育力量

D. 自我管理

2. 职业道德是社会道德(   )。

A. 在职业生活中的体现　　B. 在家庭生活中的体现

C. 在国际交往中的体现　　D. 在人与人交往中的体现

3. 道德行为的最大特点是(   )。

A. 自觉性和习惯性　　B. 被迫性和向上性

C. 短暂性和突发性　　D. 自觉性和短暂性

4. 职业道德的基本规范主要指爱岗敬业、诚实守信、办事公道、服务群众和(   )。

A. 奉献社会　B. 敬老爱幼　C. 关心集体　D. 学习知识

5. 根据起重作业中的“十不吊”要求，下列不正确的选项是(   )项。

A. 起吊吨位不明　B. 六级以下大风　C. 工件埋在地下　D. 指挥不明

6. 临时用电组织设计及变更用电时，经相关部门审核及具有法人资格企业的（　）批准后实施。

A. 技术负责人　　B. 总经理

C. 项目经理　　D. 项目技术负责人

7. 每台用电设备必须有各自专用的开关箱，严禁用同一个开关箱直接控制（　）用电设备。

A. 1 台　　B. 2 台及 2 台以上

C. 1 台及 1 台以上　　D. 5 台

8. 起重作业中的安全电压，下列正确的选项是(   )项。

A. 1500V、380V　　B. 6000V、380V

C. 380V、220V　　D. 36V、12V

9. 登高作中的二级高处作业，下列正确的选项是(　　)项。

A. 15~20m　B. 5~15m　C. 20~30m　D. 30~40m

10. 氧气瓶与乙炔瓶的安全工作距离，下列正确的选项是(　　)项。

A. 3m　B. 1.5m　C. 5m　D. 10m

11. 设备安装图主要表示设备的安装的(　　)，安装的(　　)、安装的(　　)、以及与厂房等的相互关联。

A. 位置　数量　大小　B. 数量　体积　尺寸

C. 大小　位置　标高　D. 重量　个数　大小

12. 物体的重量等于(　　)乘以(　　)。

A. 体积　尺寸　B. 体积　比重

C. 材质　密度　D. 质量　重力加速度

13. 螺旋是一种省力的机具，螺旋实际上是(　　)的变形。

A. 斜面　B. 杠杆　C. 弹簧　D. 滑轮

14. 勾股定理表示的是直角三角形的两个直角边的平方和等于(　　)的平方。

A. 斜边　B. 另一直角边　C. 高　D. 对角线

15. 重力是(　　)对其附近物体的吸引力。

A. 月亮　B. 太阳　C. 地球　D. 行星

16. 重心是物体各个部分重力(　　)的作用点。

A. 力矩　B. 合力　C. 分力　D. 垂直力

17. 力是一个(　　)对另一个(　　)的作用。

A. 物质　物质　B. 机械　机械

C. 物体　物体　D. 机构　机构

18. 力的三要素是表示力的(　　)、力的(　　)、力的(　　)。

A. 大小　方向　作用点　B. 大小　长短　作用点

C. 方向　大小　距离　D. 大小　距离　方位

19. 摩擦力是两个物体之间发生相互(　　)时产生的阻碍运动的力。

A. 跳动　B. 运动　C. 碰撞　D. 接触

20. 惯性是物体保持原有(　　)的性质。

A. 运动状态　B. 固定状态　C. 物理状态　D. 化学状态

21. (　　)主要是图示场地大小、道路状况、设备吊装位置、起重机械如何摆放、水电气管道如何布置。

A. 设备安装图　B. 施工现场平面布置图

C. 建筑结构图　D. 基础示意图

22. (　　)是工程图样中最基本和最重要图样，它主要表明安装器材、安装设备的平面布置、相互位置、坡度与走向、联接方式。

A. 设备安装平面图　　B. 施工现场平面图

C. 建筑结构图　　D. 基础示意图

23. 斜面是指与水平面形成一定角度的面。在起重作业中往往将重物放在一个支撑的斜面上，使重物缓缓上升或缓缓下降，从而达到(　　)的作用，使重物到达指定位置。

A. 省力省功　　B. 省力不省功　　C. 不省力省功　　D. 不省功不省力

24. 下列四组数据不满足勾股定理的是(　　)。

A. 3、4、5　　B. 5、12、13　　C. 6、8、10　　D. 7、8、13

25. 现有 6 张 12mm × 2000mm × 8600mm 的 Q235 钢板，假定此钢板的密度为 7850kg/m^3，求这些钢板的质量约为(　　)。

A. 14t　　B. 10t　　C. 1.6N　　D. 1.6t

26. 下列度量衡单位换算关系错误的是(　　)。

A. 1 公里 = 1000m　　B. 1 公斤 = 1000g　　C. 1m = 100cm　　D. 1t = 2000 公斤

27. 白棕绳按股数多少可分为三股、四股和(　　)三种。

A. 三股　　B. 四股　　C. 六股　　D. 九股

28. 地面水平运输设备白棕绳的安全系数不低于(　　)。

A. 2　　B. 3　　C. 4　　D. 5

29. 高空系挂式吊装设备白棕绳的安全系数不低于(　　)。

A. 2　　B. 3　　C. 4　　D. 5

30. 使用滑车组的白棕绳，为了减少其所承受的附加弯力，滑轮直径应比白棕绳直径大(　　)倍以上。

A. 8　　B. 10　　C. 12　　D. 16

31. 国产钢丝绳已标准化，常用规格 ϕ8 ~ 64mm，所用钢丝为 ϕ0.6 ~ 4.4mm，钢丝的强度分为 1470N/mm^2、(　　)、1670N/mm^2、1770N/mm^2、1870N/mm^2 五个等级。

A. 1470N/mm^2　　B. 1570N/mm^2　　C. 1670N/mm^2　　D. 1750N/mm^2

32. 钢丝绳用作缆风绳时的安全系数应不小于(　　)。

A. 1.5　　B. 2　　C. 3.5　　D. 4.5

33. 钢丝绳作吊挂和捆绑用安全系数应不小于(　　)。

A. 5　　B. 6　　C. 7　　D. 8

34. 卷筒与钢丝绳直径之比应不小于(　　)。

A. 10　　B. 12　　C. 14　　D. 16

35. 滑轮直径与钢丝绳直径之比应不小于(　　)。

A. 10　　B. 12　　C. 14　　D. 16

36. 在起重作业中，对于钢丝绳的末端要加以固定，通常使用绳卡来实现。用绳卡固定时，其数量和间距与钢丝绳直径成正比。一般绳卡的间距最小为钢丝绳直径的(　　)倍。

A. 4　　B. 6　　C. 8　　D. 10

37. 在起重吊装作业中，一般会遇到一些大型精密设备和超长构件。它们在施工中，既要保持平衡，又要不使其产生变形和擦伤，因而多数采用(　　)进行起吊。

A. 吊钩　　B. 吊环　　C. 夹钳　　D. 起重吊梁

38. 滑车组上、下间的距离，应不小于滑轮直径的(　　)倍。

A. 4　　B. 5　　C. 6　　D. 8

39. 一般起重作业用钢丝绳，其极限断丝数是其总数的(　　)。

A. 5%　　B. 10%　　C. 7.5%　　D. 12%

40. 钢丝绳的表面钢丝磨损超过钢丝直径的(　　)时，钢丝绳应报废。

A. 20%　　B. 30%　　C. 40%　　D. 50%

41. 轮槽壁磨损到其厚度的(　　)时，应检修或更换滑轮。

A. 5%　　B. 8%　　C. 10%　　D. 12%

42. 径向磨损量达到绳直径的(　　)时，应检修或更换滑轮。

A. 15%　　B. 18%　　C. 20%　　D. 25%

43. 卷扬机卷筒的中心至最近一个滑轮的距离应大于卷筒长度的(　　)倍。

A. 10　　B. 12　　C. 15　　D. 20

44. 卷扬机绳索绕到卷筒的两侧时，钢丝绳的偏斜角不应超过(　　)。

A. 1°　　B. 1.5°　　C. 2°　　D. 2.5°

45. 选择钢丝绳卡的尺寸应适合钢丝绳的直径，一般钢丝绳卡的尺寸以大于钢丝绳直径(　　)mm 左右为佳。

A. 1　　B. 2　　C. 3　　D. 4

46. 脚手架要严格控制使用载荷，确保有较大的余量，一般要求安全系数不小于(　　)。

A. 2　　B. 3　　C. 5　　D. 8

47. 独脚桅杆是用缆风绳来固定的。缆风绳一般为 4 ~ 6 根，缆风绳之间的夹角应比较均匀，使缆风绳在桅杆起吊重物时受力均匀，绳与地面间的夹角一般不大于(　　)。

A. 20°　　B. 30°　　C. 45°　　D. 60°

48. 卷扬机安装在平坦没有障碍物的地方，便于卷扬机司机和指挥人员观察，安装距离应在所吊距离(　　)m 以外。

A. 5　　B. 10　　C. 12　　D. 15

49. 当卷扬机钢丝绳溜放到需要长度时，留在卷筒上的钢丝绳不得少于(　　)圈。

A. 1　　B. 2　　C. 3　　D. 4

50. 一般主吊装用钢丝绳宜选用(　　)钢丝绳。

A. 同向捻　　B. 交互捻　　C. 混合捻　　D. 复合捻

51. 单轨链式滑车宜选用(　　)材料做钢梁。

A. 圆钢　　B. 槽钢　　C. 工字钢　　D. 角钢

52. 在所有情况下，每当发生任何一个事故后，或钢丝绳经拆卸后重新安装投入使用前，均应进行(　　)次检验。

A. 1　　B. 2　　C. 3　　D. 4

53. 吊索的两端插编尾部之间的距离应不小于钢丝绳公称直径的(　　)倍。

A. 5　　B. 10　　C. 15　　D. 20

54. 钢丝绳的破断拉力和钢丝质量的好坏以及(　　)有关。

A. 绕捻结构　　B. 起重量　　C. 扎绑　　D. 每股钢丝数

55. 吊运熔化或赤热金属、酸溶液、爆炸物、易燃物及有毒物品的起重机械用钢丝绳，保证每周至少检验(　　)次。

A. 1　　B. 2　　C. 3　　D. 4

56. 滑车配合的钢丝绳的安全系数 $K \geq$(　　)。

A. 3.5　　B. 4　　C. 5　　D. 6

57. 卷扬机至少要装有(　　)个制动器。

A. 1　　B. 2　　C. 3　　D. 4

58. 钢管脚手架一般采用外径为 48 ~ 51mm，壁厚为(　　)mm 的钢管搭设。

A. 2.5 ~ 3　　B. 3 ~ 3.5　　C. 3.5 ~ 4　　D. 4 ~ 4.5

59. 起重吊装中，选择设备捆绑点的依据是设备的(　　)。

A. 重量　　B. 外形尺寸　　C. 体积　　D. 重心

60. 钢管脚手架的立杆垂直度偏差不得大于脚手架高度的(　　)。

A. 1/10　　B. 1/20　　C. 1/100　　D. 1/200

61. 桅杆的竖立，采用辅助桅杆竖立主桅杆时，常用滑移法、旋转法和扳倒法三种，此三种方法比较，用(　　)最安全。

A. 滑移法　　B. 旋转法　　C. 扳倒法　　D. 都一样

62. 起重机索具的安全检查包括(　　)。

A. 外部检查、使用正确性检查　　B. 性能试验和外部检查

C. 验证检查和性能实验　　D. 型号、规格检查和使用正确性检查

63. 改善滑车受力的途径是(　　)。

A. 选用合格的滑车，改变钢丝绳的穿绕方法和提高滑车的综合效率

B. 用两个门数比较少的滑车代替一个门数过多的滑车以及改单侧牵引为两侧牵引

C. 清理干净，加够润滑油

D. 动滑轮与定滑轮保持一定的距离

64. (　　)可以省力又可以改变力的方向

A. 定滑轮　B. 动滑轮　C. 导向滑轮　D. 滑轮组

65. 千斤顶的作用是(　　)。

A. 升高物体　B. 移动物体　C. 翻转物体　D. 降低物体

66. 已知一拖拉绳拉力210000N，直径ϕ39mm，需要穿过桅杆顶端的耳环，用绳卡扣固定，卡扣螺纹直径为M24，至少需要(　　)个绳卡（摩擦系数取0.25，绳卡许用应力取140MPa）。

A. 5　B. 6　C. 7　D. 8

67. 作绳索用的钢丝绳通常有(　　)两种。

A. 6×37和6×61　B. 6×37和8×61

C. 8×37和6×61　D. 8×37和8×61

68. 液压千斤顶不具有(　　)的优点。

A. 工作平稳　B. 顶升速度快　C. 安全可靠　D. 操作简单省力

69. 移动式螺旋千斤顶适用于(　　)。

A. 仅设备的长距离移动　B. 仅大吨位的重物顶升

C. 设备的吊装　D. 设备的移动就位

70. 固定式螺旋千斤顶在重物的作用下，螺杆不会转动而使重物下降是因为(　　)。

A. 重物起升后人为用销轴，将重物锁死在顶升的高度

B. 千斤顶的螺纹导角小于螺杆与螺母间的摩擦角，具有自锁作用

C. 在千斤顶的螺杆和壳体间具有一卡位系统，将螺杆卡死在某一高度

D. 通过两块闸瓦将螺杆抱紧

71. 千斤顶在使用时应放平，并在上下端垫以(　　)。

A. 平整的钢板　B. 带花纹的钢板　C. 坚韧的木板　D. 钢丝网

72. 具有顶起重物和从下部提起重物双重功能的液压千斤顶是（　　）。

A. 薄型千斤顶　B. 爪式千斤顶　C. 单动式千斤顶　D. 千斤顶

73. 下面葫芦的使用和保养错误的是(　　)。

A. 葫芦吊挂必须牢靠，葫芦不能超载使用

B. 已吊起的设备需停留时间较长时，必须将手拉链拴在起重链上，以防时间过久而自锁失灵

C. 葫芦转动部分在使用过程中不能上油，以防止打滑

D. 使用前应仔细检查吊钩、链条与轴是否有变形或损坏

74. 在卷扬机每次使用前不需要检查的是(　　)。

A. 电气设备的接地　　B. 减速箱油量

C. 轴承的润滑情况　　D. 制动器的可靠性

75. 下列不完全属于“十字”操作法内容的是(　　)。

A. 抬、撬、捆、挂　　B. 滑、转、卷、滚

C. 挂、顶、吊、滑　　D. 捆、顶、滑、运

76. 下面关于吊装方法描述中错误的是(　　)。

A. 卡法就是用成对绳扣，再用卸扣将绳扣和设备卡接在一起的方法

B. 锁法可以吊装和吊运各种设备、构件和塔类物体，是起重工作中广泛使用的方法

C. 兜法简单、实用，使用这种方法，两吊索之间的夹角应该尽可能的小

D. 拴法适用于轻小物体近距离搬运

77. 钢丝绳的连接大接法也称长接，其插接长度一般为钢丝绳直径的(　　)倍。

A. 400～600　　B. 600～800　　C. 800～1000　　D. 1000～1200

78. 钢丝绳的连接小接法插接长度约为钢丝绳直径的(　　)倍。

A. 40　　B. 50　　C. 60　　D. 80

79. 吊索的插接方法有一进一、一进二、一进三、一进四和一进五五种，最常用的是(　　)接法。

A. 一进一　　B. 一进二　　C. 一进三　　D. 一进五

80. 脚手架的钢管长度，对于立杆、大横杆、剪刀撑、斜撑等，一般长度在4～6.5m范围内；小横杆长度在(　　)左右。

A. 2.0m　　B. 2.5m　　C. 3.0m　　D. 3.5m

81. 脚手架连接件在拧紧螺栓时，松紧程度要适宜。过松时对脚手架稳定性不好，过紧时易损坏连接件，一般拧紧力矩在(　　)范围内。

A. 29～39N·m　　B. 39～49N·m　　C. 49～59N·m　　D. 59～69N·m

82. 安装脚手架立杆时要垂直，其偏差为脚手架高度的(　　)，相邻立杆接头要相错(　　)，而且不要在同一步距内，以保证架子的稳定性。

A. 1/200　500mm　　B. 1/200　1000mm

C. 1/400　500mm　　D. 1/400　1000mm

83. 静摩擦系数μ的大小与相互接触的物体的材料以及它们的表面的(　　)有关。

A. 温度、湿度、接触面积　　B. 光滑情况、湿度、接触面积

C. 光滑情况、温度、接触面积　　D. 光滑情况、温度、湿度

84. 下面关于滑动摩擦力和静摩擦力叙述不正确的是(　　)。

A. 两个相互接触的物体，当发生沿接触面的相对滑动或有相对滑动趋势时，彼此间作用着阻碍滑动的力，称为滑动摩擦力

B. 在尚未发生相对滑动时出现的摩擦力的叫静摩擦力，在发生相对滑动后出现的摩擦力的叫动摩擦力

C. 滑动摩擦力是在物体克服静摩擦力相对滑动趋势或滑动后才产生的，所以滑动摩擦力要稍大于静摩擦力

D. 摩擦力的大小与重物对支承面的正压力成正比

85. 滚动摩擦系数 δ 除了与滚动面的光滑程度有关外，在一定条件下还与材料的(　　)有关。

A. 温度　　B. 强度　　C. 硬度　　D. 刚度

86. 慢速机械操作环境温度在40~50℃和载人情况下白棕绳的安全系数不低于(　　)。

A. 6　　B. 7　　C. 9　　D. 10

87. 使用白棕绳拖拉设备和系挂滑车所用绳法可用(　　)。

A. 平结　　B. 死结　　C. 水平结　　D. 对结

88. 在高温条件下可采用含油(　　)的钢丝绳。

A. 麻芯　　B. 化学芯　　C. 软钢芯　　D. 石棉芯

89. 机构工作级别为M5时，卷筒与钢丝绳直径之比为(　　)。

A. 14　　B. 16　　C. 18　　D. 20

90. 起重吊梁的使用吊索与起重吊梁的水平夹角一般应在(　　)之间。

A. 50°~80°　　B. 30°~50°　　C. 70°~90°　　D. 40°~60°

91. 卸扣产品出前均按额定能力(　　)倍进行抗拉试验。

A. 1　　B. 1.1　　C. 1.25　　D. 1.5

92. 滑车内穿入牵引绳其偏角 α 不能超过(　　)。

A. 4°　　B. 8°　　C. 10°　　D. 12°

93. 吊装千斤绳与起重机构吊钩的连接所用绳结可用(　　)。

A. 死结　　B. 挂钩结　　C. 对结　　D. 叠结

94. 吊车作业半径指(　　)。

A. 车辆行走转弯半径

B. 扒杆转盘半径

C. 吊车回转中心至吊钩中心线间的水平距离

D. 吊点至车边距离

95. 吊车额定负荷中，除吊物重量外，还包括(　　)的重量。使用副杆时，还包括副杆重量。

A. 吊钩和绳索　　B. 吊车自重　　C. 扒杆重量　　D. 吊车配重

96. 双机抬吊细高立式物件，每个单机吊重不得超过其额定负荷的(　　)%。

A. 50　　B. 75　　C. 95　　D. 100

97. 在起重吊装作业时，主要是根据设备的重量、(　　)和作业幅度来选择吊车。

A. 设备直径　　B. 设备高度　　C. 吊车速度　　D. 吊装高度

98. 对于比较规则形状物件重心位置，常采用(　　)方法，得到整个物件的重心。

A. 目测

B. 称重

C. 估计

D. 将组合物件的各部分重心找出，利用力矩平衡的原理计算

99. 称重法获得不规则形状物体重心时，常采用在(　　)位置吊称物体。

A. 重心　　B. 中心　　C. 一端　　D. 整体

100. 装卸设备时应采取(　　)重物，不得用手推扶设备与设备接触的钢丝绳，以防止钢丝绳滚动挤夹手指。

A. 随意摆动　　B. 戴手套推拉　　C. 溜绳溜住　　D. 棍棒支顶

101. 在手势指挥信号中，单手自然握紧置于头上，轻触头顶，是指挥要(　　)。

A. 副钩　　B. 主钩　　C. 升臂　　D. 伸臂

102. 在音响指挥信号中，“上升”信号用口哨(　　)声。

A. 一长　　B. 二短　　C. 三短　　D. 断续短

103. 规则形状建筑构件的重心就是其(　　)，即构件长度的一半位置。

A. 形心　　B. 重心　　C. 端点　　D. 质心

104. 不规则形状建筑构件是指在构件的全部长度范围内，垂直于轴心的(　　)的构件。

A. 各个截面形状、面积相同　　B. 各个截面形状、面积完全相同

C. 各个截面形状、面积必须不同　　D. 各个截面形状、面积不完全相同

105. 不规则形状建筑构件水平吊装时，不论采取何种吊装方式，确定吊点时均应考虑(　　)。

A. 平衡　　B. 对称

C. 平衡、可不对称　　D. 平衡、对称

106. 混凝土屋架的吊点应选择在(　　)。

A. 必须是节点上　　B. 中心位置

C. 重心位置　　D. 节点上或靠近节点位置

107. 混凝土屋架吊装时，千斤绳与屋架上弦夹角不宜小于(　　)。

A. 60°　　B. 30°　　C. 40°　　D. 无特别要求

108. 一般屋架、梁的吊装采用(　　)。

A. 单机吊装　　B. 双机抬吊　　C. 三机吊装　　D. B、C 均可

109. 履带吊吊重行走时，起重臂应在履带吊的(　　)。

A. 正前方　　B. 正后方　　C. 侧方　　D. 任何方位均可

110. 起吊设备时使用的绳扣或绑绳应符合(　　)的要求。

A. 总指挥　　B. 监理方　　C. 业主方　　D. 安全系数

111. 平卧设备吊装时，捆扎吊点不得少于(　　)。

A. 一点　　B. 两点　　C. 三点　　D. 四点

112. 小臂向侧上方伸直，五指自然伸开，高于肩部，以腕部为轴转动，这种手势信号表示(　　)。

A. 吊钩上升　　B. 吊钩下降　　C. 吊钩水平移动　　D. 吊钩微微下降

113. “紧急停止”手势信号是(　　)。

A. 手臂伸向侧前下放，与身体夹角30°，五指自然分开，以腕部为轴转动

B. 小臂向侧上方伸直，五指并拢手心朝外

C. 小臂水平置于胸前，五指伸开，手心朝下，水平挥向一侧

D. 两小臂水平置于胸前，五指伸开，手心朝下，同时水平挥向两侧

114. GB5082—1985 是《　　》国标号。

A. 起重机设计规范

B. 特种作业人员安全技术考核管理规则

C. 起重吊运指挥信号

D. 起重机安全规程

115. 在吊运过程中，司机对(　　)发出的“紧急停止”信号都应执行。

A. 起重指挥　　B. 监理人员　　C. 起重工　　D. 任何作业人员

116. 钢结构柱绑扎时，吊点必须位于其重心(　　)。

A. 之上　　B. 之下　　C. 重合　　D. 上下都可以

117. 用单吊点捆绑法起吊物件时，捆绑绳索至少(　　)圈以上。

A. 一　　B. 二　　C. 三　　D. 四

118. 半挂拖车运输物件，拐弯半径不小于车身长的(　　)倍。

A. 2　　B. 3　　C. 4　　D. 5

119. 物件运输滚排的滚杠摆放的距离是(　　)。

A. 200mm　　B. 400mm　　C. 600mm　　D. 800mm

120. 滚排为钢木结合面，水平滚运 20t 的物件，滚排需要牵引力(　　)。

A. 20kN　　B. 40kN　　C. 60kN　　D. 80kN

121. 运输应办理(　　)。

A. 公路运输许可证　　B. 安全许可证

C. 养路费　　D. 危险品运输许可证

122. 用滚杠法拖运设备时，其拖拉力的大小与物体的(　　)有关。

A. 体积　　B. 重量　　C. 形状　　D. 高度

123. 采用滚杠法拖运设备时，其拖拉力的大小与拖排下放置的(　　)和下走道的铺设宽度有一定的关系。

A. 滚杠的长度　　B. 滚杠的数量　　C. 枕木　　D. 滚杠的直径

124. 滚杠运输设备时，如需要拐弯，应将滚杠放置成(　　)，并在转弯时根据转弯角用大锤敲击调整。

A. 平行　　B. 扇形　　C. 等距离　　D. 错开

125. 滑移法装卸设备是利用(　　)的原理，在搭好的斜坡上铺设许多钢轨，并在轨道上涂一层黄油，以减少摩擦力。

A. 滑动摩擦　　B. 滚动摩擦　　C. 重力　　D. 斜面

126. 滚移法装卸设备是利用(　　)原理，在搭好的斜坡上铺设许多钢轨，再将滚杠放在排子下面，用卷扬机牵引排子，就可进行设备的装卸。

A. 滑动摩擦　　B. 滚动摩擦　　C. 重力　　D. 斜面

127. 放构件时，垫木应靠近吊环位置，每层垫木的两端伸出部分不小于(　　)mm。

A. 10　　B. 25　　C. 20　　D. 50

128. 预制构件直立放置时，应采用工具或支撑支牢，T 形梁、r 形梁必须正放，并加支撑不少于(　　)道。

A. 一　　B. 二　　C. 三　　D. 四

129. 一般情况下，每堆预制板可叠放 6 ~ 8 块，大型楼板不宜超过(　　)块，最下面的垫木应用枕木垫实，每层垫木上下成一条垂直线。

A. 6　　B. 10　　C. 15　　D. 20

130. 当进行圆筒设备的原地翻滚时，钢丝绳的牵引力约为设备重力的(　　)。

A. 1/4　　B. 1/2　　C. 相等　　D. 2 倍

131. 滚动摩擦系数 δ 在一定条件下与材料的硬度有关，(　　)。

A. 材料硬一些，受载荷作用后变形就小一些，滚动摩擦系数 δ 也就小

B. 材料硬一些，受载荷作用后变形就大一些，滚动摩擦系数 δ 也就大

C. 材料软，变形就小，滚动摩擦系数 δ 也就大

D. 材料软，变形就大，滚动摩擦系数 δ 也就小

132. 滑动摩擦系数μ的大小与相互接触的物体的材料以及它们的表面的情况（光滑、温度、湿度等）有关，与接触面积的大小(　　)。

A. 无关

B. 接触面积越大，滑动摩擦系数μ就越大

C. 接触面积越大，滑动摩擦系数μ就越小

D. 接触面积越大，滑动摩擦系数μ就越大，但不成正比例

（二）多选题

1. 临时用电组织设计及变更用电时，必须履行（　　）程序。

A. 编制　B. 审核　C. 批准　D. 传阅

2. 配电柜（总配电箱）应装设（　　）保护电器装置。

A. 电源隔离开关　B. 短路　C. 过载　D. 漏电

3. 合成纤维吊带主要有（　　）。

A. 合成纤维扁平吊装带　B. 合成纤维圆形吊装带

C. 合成纤维椭圆形吊装带　D. 合成纤维正方形吊装带

4. 严禁吊车超负荷吊装，满负荷吊装也要非常慎重，因为在(　　)时都有可能造成不利因素而发生事故。

A. 变幅　B. 回转　C. 升臂　D. 履带行走

5. 如果没有考虑物体的重心位置，在起吊过程中容易发生(　　)的危险。

A. 物体倾斜　B. 吊索滑脱　C. 钢丝绳断裂　D. 重物坠落

6. 用力矩平衡原理，可以计算(　　)物件的重心位置。

A. 车床类　B. 组合形状　C. 机泵类　D. 变径长轴

7. 根据设备的(　　)等情况，正确选取吊点或绑点位置，并应优先选用设备原（指定）吊点。

A. 结构　B. 重量　C. 重心位置　D. 盛装介质

8. 常用起吊设备绑扎方法有(　　)等几种方法。

A. 兜挂法　B. 麻绳法　C. 锁系法　D. 捆绑法

9. 常用国标起重作业指挥信号有(　　)等几种方式。

A. 手势信号　B. 旗语信号　C. 传递信号　D. 音响信号

10. 音响信号中用二短声时代表(　　)。

A. 吊钩上升　B. 吊钩下降

C. 停止作业　D. 司机请求重发信号

11. 按照材料性质划分，常见建筑构件可分为(　　)。

A. 钢结构构件　B. 设备构件　C. 混凝土构件　D. 装饰构件

12. 钢结构柱绑扎位置通常为(　　)。

A. 绑扎钢结构柱顶部　B. 牛腿柱的牛腿附近

C. 格构式钢柱的挡板处　　　　　D. 重心处

13. 柱子的吊装方法，根据吊装过程中柱子的运动特点，可分为(　　)等两种方法。

A. 旋转法　　B. 滑行法　　C. 直吊法　　D. 斜吊法

14. 流动式起重机的吊装能力主要取决于(　　)性能参数。

A. 额定起重量　　B. 幅度　　C. 起升高度　　D. 回转半径

15. (　　)可称为流动式起重机。

A. 汽车吊　　B. 轮胎吊　　C. 履带吊　　D. 桅杆吊

16. 在常见的吊装作业中，吊装重物一般包括(　　)。

A. 设备　　B. 构件　　C. 仪表　　D. 软件

17. 对不规则形状建筑构件水平吊装，确定吊点时，均应考虑(　　)。

A. 平衡　　B. 三点吊装　　C. 多点吊装　　D. 对称

18. 预制混凝土屋架绑扎时应注意(　　)。

A. 千斤绳必须绑扎牢固，对称布置

B. 千斤绳与屋架上弦夹角不宜小于40°

C. 控制每根千斤绳长度，确保在吊装时，所有千斤绳同时受力

D. 在吊点绑扎的同时，应同时系上拉绳，以使在吊装时稳定构件，防止构件过分摆动

19. 起重指挥人员常用的指挥信号有(　　)。

A. 手势　　B. 旗语　　C. 音响　　D. 眼神

20. 起重指挥在指挥吊装运输时，应站在适当的位置，既要(　　)，又要(　　)，同时(　　)以防物体移动时碰、撞致伤。

A. 看清起吊物体的运动情况　　B. 使起重机司机看清自己的指挥信号

C. 留有充分的余地　　D. 四处跑动，观察吊重物。

21. 指挥人员发出“预备”信号时要目视(　　)，司机接到信号在开始工作前应回答(　　)信号，当指挥人员听到回答信号后，方可进行指挥。

A. 四周　　B. 司机　　C. 明白　　D. 注意

22. 在同时指挥臂杆和吊钩时，指挥人员必须分别用(　　)指挥吊钩，(　　)指挥臂杆。

A. 左手　　B. 右手　　C. 旗语　　D. 音响

23. 专用手势信号是指具有特殊的(　　)机构的起重机单独使用的指挥手势。

A. 起升　　B. 变幅　　C. 回转　　D. 运行

24. 流动式起重机的机构主要由(　　)几个部分组成。

A. 行走机构　　B. 回转机构　　C. 起升机构　　D. 变幅机构

技能要求试题

一、小型机床的绑扎、挂钩与吊装

1. 作业要求

利用8~12t汽车起重机，将一台卧式车床（见图1）吊装到基础上。要求：正确使用钢丝绳等索具对车床进行绑扎、挂钩，将车床平衡吊装就位。

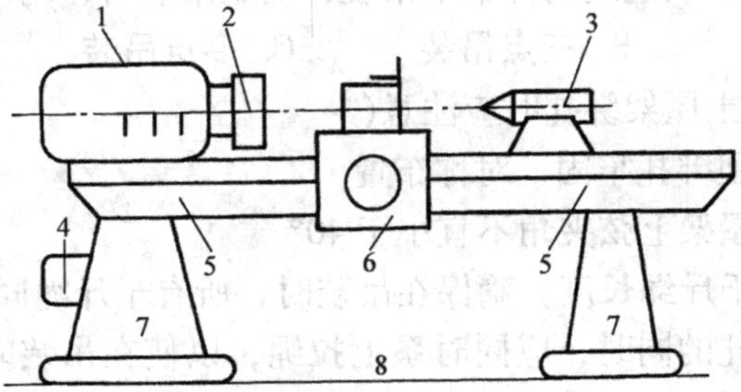

图1　普通卧式车床

1—主轴箱　2—卡盘　3—尾座　4—电动机

5—床身　6—给进箱　7—支座　8—基础

2. 考核内容

（1）考核要求

1）核实车床重量，选择吊车及作业参数。

2）选择合适吊点位置。

3）正确选择钢丝绳等索具及起重工具。

4）正确绑扎、拴挂。

5）试吊，调整索具长度，保证车床水平。

6）正确指挥吊车作业，将车床平稳吊装到指定位置。

（2）时间定额　由学员负责操作、指挥，一名辅助工人配合，用40min完成全部工作。

（3）安全文明生产

1）正确执行安全操作规程。

2）按企业有关文明生产的规定，做到工作场地整洁，工件、工具摆放整齐。

3. 配分、评分标准（见表1）

表1　初级起重工技能题评分表

序号	作业项目	考核内容	配分	评分标准	考核记录	扣分	得分
1	准备工作	核实车床重量，选择吊车作业参数	5	每漏一项或不符合要求扣1分			
		选择合适吊点位置	5	吊点位置不合理扣2分			
		正确选择钢丝绳等索具及起重工具	10	选择索具及工具不合理每项扣1分			
2	绑扎	正确绑扎、拴挂	20	操作错误每项扣1分			
	调整	试吊，调整索具长度，保证车床水平	20	调整索具保证车床水平超过三次扣2分			
3	起吊就位	正确指挥吊车作业，将车床平稳吊装到指定位置	15	指挥、操作不准确每项扣1分			
4	安全文明生产	正确穿戴劳保用品	10	每错一项扣1分			
		遵守安全操作规程，正确使用工机具，现场整洁	10	按达到规定的标准程度评定，一项不符合要求扣1分			
		无人身、设备事故	5	因违规操作发生重大人身或设备事故，此题按0分计			
5	分数合计		100				

二、常用起重指挥信号

1. 作业要求

由主考官发出常用起重指挥信号名称，学员完成相应指挥信号。

2. 考核内容

（1）考核要求

1）常用起重指挥信号。预备、要主钩、要副钩、微动范围、吊钩上升、吊钩下降、吊钩水平移动、吊钩微微上升、吊钩微微下降、吊钩水平微微移动、升臂、降臂、转臂、微微升臂、微微降臂、微微转臂、伸臂、缩臂、指示降落位置、停止、紧急停止、工作结束等，由主考官从中任意选择10个。

2）音响信号与手势信号配合。学员使用音响信号，同时配合标准的手势动作信号，完成整个信号的组合。

3）反应速度。主考官发令后，学员应立即做出反应，发出相应的指挥信号。

(2) 时间定额　学员一人完成10个指挥信号，用时不超过20min。

(3) 安全文明生产

1) 正确执行安全操作规程。

2) 学员按规定穿戴劳保护具，如安全帽、工作服、工作鞋。

三、用悬挂法找不规则形状物体重心

1. 作业要求

图2是一块厚度为20mm的钢板，长2.5m，宽1.8m，中间被挖去四块。利用2t电动葫芦，用悬挂法找出该钢板的重心。要求正确选用和使用吊具及辅助工具，注意吊钩与吊点的位置。

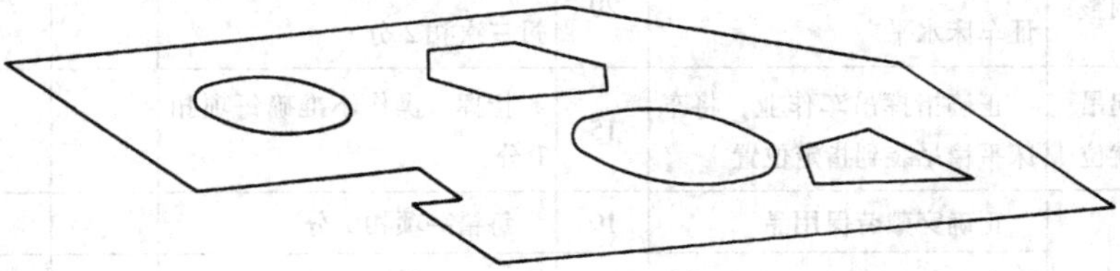

图2　20mm厚的钢板

2. 考核内容

(1) 考核要求

1) 估计钢板的重量，看电动葫芦能否满足工作要求。

2) 根据钢板形状，选择合适吊点位置。

3) 正确选择起重吊具及辅助工具。

4) 正确使用电动葫芦。

5) 起吊两次，应注意葫芦与吊点的位置。

6) 根据两次起吊情况找出钢板重心。

(2) 时间定额　由学员负责操作、指挥，一名辅助工人配合，用20min完成全部工作。

(3) 安全文明生产

1) 正确执行安全操作规程。

2) 按企业有关文明生产的规定，做到工作场地整洁，工件、工具摆放整齐。

四、用白棕绳打五种绳结

1. 作业要求

在直径为6mm的白棕绳绳卷中取10m白棕绳，然后分成五段，分别打出单帆索结、叠结、抬缸结、挂钩结。要求正确使用白棕绳，熟练打出五种绳结。

2. 考核内容

（1）考核要求

1）白棕绳的开卷方法正确，切断处理规范。

2）打结步骤和方法正确。

3）绳结应可靠。

（2）时间定额　由学员单独操作，用30min完成全部工作。

（3）安全文明生产

1）正确执行安全操作规程。

2）按企业有关文明生产的规定，做到工作场地整洁，工件、工具摆放整齐。

五、穿绕滑车

1. 作业要求

有两只四轮吊环型滑车H8×4D，滑车的额定起重量为80kN，采用单跑头顺穿法，用钢丝绳两只四轮吊环型滑车穿绕，再一起组成滑车组。

2. 考核内容

（1）考核要求

1）两只四轮吊环型滑车摆放位置正确，距离符合要求。

2）确定动滑车和定滑车。

3）根据滑轮直径确定钢丝绳直径，根据两滑车位置确定钢丝绳的长度。

4）钢丝绳穿绕正确。

5）正确选择和使用钢丝绳夹头固定钢丝绳绳端。

（2）时间定额　由学员操作、指挥，一名辅助工人配合，用30min完成全部工作。

（3）安全文明生产

1）正确执行安全操作规程。

2）按企业有关文明生产的规定，做到工作场地整洁，工件、工具摆放整齐。

六、人字架的绑扎

1. 作业要求

用两根长4m、细端直径为90mm的圆木搭成人字架，用于起吊10kN物件，用钢丝绳绑扎人字架，并在上部挂一卸扣，下部系一导向滑车。

2. 考核内容

(1) 考核要求

1) 两根圆木的夹角恰当。

2) 上部绑扎步骤和方法正确。

3) 正确选用、系挂卸扣。

4) 正确系结缆风绳。

5) 人字架下部绑扎合理，导向滑车位置正确。

(2) 时间定额　由学员操作、指挥，一名辅助工人配合，用40min完成全部工作。

(3) 安全文明生产

1) 正确执行安全操作规程。

2) 按企业有关文明生产的规定，做到工作场地整洁，工件、工具摆放整齐。

七、钢结构立柱的绑扎、挂钩与吊装

1. 作业要求

选择汽车式起重机起重性能，将钢结构立柱竖立、就位。

已知条件：钢结构立柱为热轧H型钢　型号HW400×400，如图3所示。其中，$H=498\text{mm}$，$B=432\text{mm}$，$t_1=45\text{mm}$，$t_2=70\text{mm}$，线密度605kg/m，每根立柱长度12m。

长江牌全液压汽车起重机型号QY16F　外形尺寸（长×宽×高）11.98m×2.50m×3.39m，支腿外伸后，宽度方向支腿两支点距离5.4m，两支腿间距4.78m。部分额定起重量表见表2。

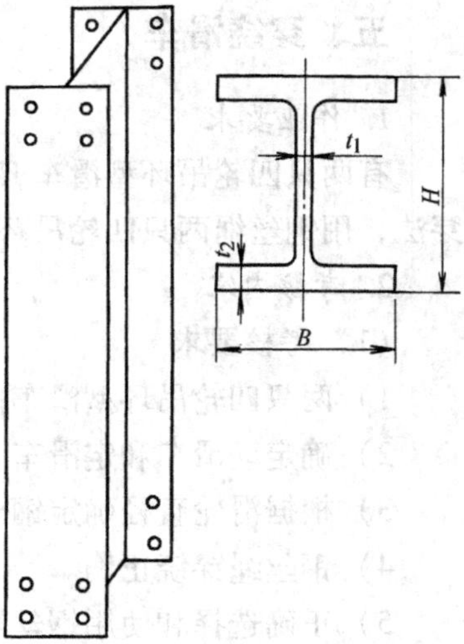

图3　钢结构柱示意图

2. 准备要求

(1) 培训单位准备

表2　QY16F起重机额定起重量表　　(单位：t)

工作幅度/m	吊臂长度/m		
	9.8	16.9	24
3.0	16.00	10.00	
3.5	16.00	10.00	
4.0	16.00	10.00	5.50

（续）

工作幅度/m	吊臂长度/m		
	9.8	16.9	24
4.5	14.80	10.00	5.50
5.0	14.00	10.00	5.50
5.5	13.00	10.00	5.50
6.0	11.51	9.70	5.50
6.5	9.85	9.10	5.50
7.0	8.60	8.50	5.50
8.0	6.65	6.83	5.20
9.0		5.60	4.65

1）按照训练要求，准备吊装试件。

2）准备相应起重机、起重机具。

3）选择合适技能测试场地。场地应宽敞、平整，适合起重机作业。场地上设置立柱插孔，长度、宽度、深度分别为500mm×500mm×1000mm，如图4所示。

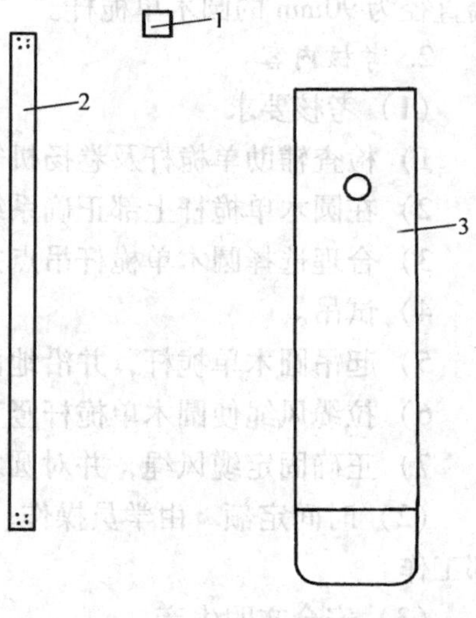

图4　建议技能测试场地布置图

1—立柱插孔　2—立柱　3—汽车式起重机

（2）学员准备

1）核实立柱重量，选择吊车作业参数。

2）选择合适吊点位置。

3）正确选择钢丝绳等索具及起重工具。

4）每位学员编制可行的施工方案，其中切实可行的安全措施、文明生产措施也应在方案中写明。

3. 考核内容

（1）考核要求

1）审核制定的施工方案是否符合实际，符合相关标准、规范要求，制定的安全措施、文明生产措施是否全面、可执行。

2）现场实际测量，确定起重机就位位置。

3）正确指挥起重机就位。

4）正确选择起重机具，绑扎、拴挂千斤绳。

5）试吊，调整千斤绳长度，保持千斤绳均匀受力。

6）正确指挥吊车作业，将立柱竖立，平稳吊装到指定位置，插入立柱插孔内。

（2）时间定额　由学员负责操作、指挥，一名辅助工人配合，用40min完成全部工作。

（3）安全文明生产

1）正确执行安全操作规程。

2）按教材中有关文明生产的规定，做到工作场地整洁，工件、工具摆放整齐。

八、滑移法竖立单桅杆

1. 作业要求

用一高5m辅助单桅杆和滑车组及卷扬机，采用滑移法竖立一根长6m、细端直径为90mm的圆木单桅杆。

2. 考核内容

（1）考核要求

1）检查辅助单桅杆及卷扬机等机具。

2）在圆木单桅杆上部正确系结缆风绳。

3）合理选择圆木单桅杆吊点并正确绑扎。

4）试吊。

5）起吊圆木单桅杆，并沿地面滑移。

6）拉缆风绳使圆木单桅杆竖直。

7）正确固定缆风绳，并对圆木单桅杆底部进行绑扎固定。

（2）时间定额　由学员操作、指挥，五名辅助工人配合，用120min完成全部工作。

（3）安全文明生产

1）正确执行安全操作规程。

2）按企业有关文明生产的规定，做到工作场地整洁，工件、工具摆放整齐。

九、将一小型设备用滚杠转移和转向

1. 作业要求

利用滚杠运输一台$3L_c$—4.5/25型空压机，该设备质量为1600kg，尺寸为1855mm×855mm×1777mm（长×宽×高），如图5所示。其运输路线如图6所示，途中有一处90°的拐弯，路面较平坦但不坚实。要求合理选择滚杠及导向滑车，不得选用卷扬机牵引，将一台空压机从一个A车间水平运输到B车间。

图5　设备图

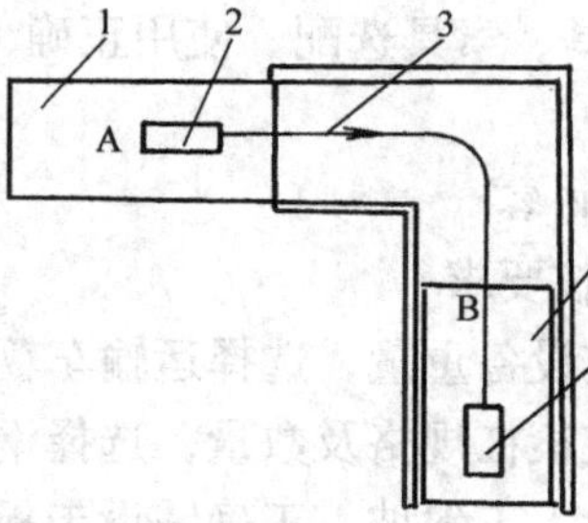

图6　运输路线示意图

1—厂房 A　2—运输设备起始位置

3—运输路线　4—厂房 B　5—运输终止位置

2. 考核内容

（1）考核要求

1）核实设备重量，确定滚杠规格及数量，选择钢丝绳等索具及起重工具。

2）选择适当的地方设置地锚。

3）正确绑扎、拴挂设备，将设备固定到拖板上。

4）正确铺设走板及放置滚杠。

5）牵引工具系结。

6）拖运设备，将设备安全滚运到指定位置。

（2）时间定额　由 1 名学员负责指挥，4 名辅助工人配合，用 120min 完成全部工作。

（3）安全文明生产

1）正确执行安全操作规程。

2）按企业有关文明生产的规定，做到工作场地整洁，工件、工具摆放整齐。

十、将一设备用滚杠进行装卸车及运输作业

1. 作业要求

利用滚杠将一台设备（包括包装箱）滚杠装上平板汽车后，运输到另外地方再用滚杠进行卸车。设备如图 7 所示。整个箱体质量为 12t，外型尺寸为

图7　运输设备

6000mm×3000mm×2500mm（长×宽×高）。要求装卸、运输方案合理，汽车停放正确，工具、索具选配、使用正确，滚道搭设及滚杠放置正确，正确封车，平稳运输。

2. 考核内容

（1）考核要求

1）核实设备重量，选择运输车辆，车辆停放正确。

2）确定滚杠规格及数量，选择钢丝绳等索具及起重工具。

3）搭设人工斜坡，正确铺设走板及放置滚杠。

4）牵引工具系结。

5）封车正确。

6）运输安全。

（2）时间定额　由1名学员负责指挥，4名辅助工人配合，用120min完成全部工作。

（3）安全文明生产

1）正确执行安全操作规程。

2）按企业有关文明生产的规定，做到工作场地整洁，工件、工具摆放整齐。

模拟试卷样例

一、判断题（对画√，错画×；每题1分，共40分）

1. 扑灭电气火灾时应用干粉灭火机、二氧化碳灭火器，严禁使用导电灭火剂进行扑救。（ ）

2. 正弦定理为 $a/\sin B = b/\sin C = c/\sin A$。（ ）

3. 钢结构具有强度高、耐久性、耐火性、抗振性以及取材方便等优点。（ ）

4. 建筑结构图是描述建筑物受力的技术依据。（ ）

5. 物体的重心就是物体上各个部分重力合力的作用点，不论物体怎样放置，物体重心的位置是固定不变的。（ ）

6. 当将白棕绳放到需要的长度时，应将绳切断，切断后，在切断处的两侧用细白棕绳或小铁丝扎紧以免绳股松散。（ ）

7. 如钢丝绳用于捆绑时多点或多圈受力，则不要钢丝绳受力均匀。（ ）

8. 钢丝绳的润滑油，应选用钢丝绳油脂，其他无水、不含酸性、碱性的油脂都不可选用。（ ）

9. 各种桅杆的风绳绑扎，可采用单帆索结。（ ）

10. 平结是最普通的绳扣，它的缺点是：当两端用力过大时，解扣比较困难，为此可在绳扣中插一合适的短角铁。（ ）

11. 起吊作业进行完毕后，要及时卸下卸扣，并将弯环、横销堆放于干燥的地方，并用木板将其垫好。（ ）

12. 定滑轮能改变拉力的方向但不能减少拉力。（ ）

13. 动滑轮能改变拉力的方向也能减少拉力。（ ）

14. 吊环通常用在电动机、减速机的安装、维修时作固定吊具使用。（ ）

15. 滑轮的裂纹可进行焊接。（ ）

16. 0.5~5t电动葫芦起升升动下滑距离超过规定的技术指标，制动刹松，应顺时针转动锁紧螺母，以增加弹簧压力而获得较大的制动力矩，使下滑距离减少。（ ）

17. 电动葫芦上的断火限位器是用以防止重物上升或下降超过极限位置造成事故而设置的。（ ）

18. 齿条千斤顶与固定式螺旋千斤顶相比，齿条千斤顶操作省力、上升速度

快。 （ ）

19. 液压千斤顶按顺时针方向将单向阀开关拧紧方能进行顶升，反时针方向将单向阀开关松开，活塞杆即渐渐下降。 （ ）

20. 电动葫芦吊钩上的滑轮在工作状态时应是转动的。 （ ）

21. 钢丝绳的表面钢丝磨损不超过钢丝直径的 40%，允许降低拉力继续使用。 （ ）

22. 使用多门滑车，若仅用其中几门时，可增加滑车的起重量。 （ ）

23. 滑车的轮轴磨损到轴公称直径的 3% ~5% 时，要更换新轴。 （ ）

24. 钢材较耐高温，所以钢丝绳可直接吊运高温物件。 （ ）

25. 卷扬机跑绳必须从卷筒的下方绕入。 （ ）

26. 钢丝绳的表面钢丝被腐蚀或磨损，达到钢丝绳直径的 40% 以上时应予报废。 （ ）

27. 白棕绳一般可用于动力驱动的卷扬机来起吊和牵引重物。 （ ）

28. 在水平方向使用手拉葫芦时，拉链方向应与链轮方向保持一致以便节省力气。 （ ）

29. 一般情况下，脚手架的扫地杆都应该搭设，但有时根据脚手架搭设现场的具体情况可以省去扫地杆。 （ ）

30. 半径为 R 的滚子，放在水平面上，由于滚子和支承面都不是绝对的刚体，在受力后滚子与平面接触的不是一条直线而是一部分面积，这部分面积所受的地面支撑反力是均匀分布的。 （ ）

31. 对于比较规则形状物件重心的计算，常采用将组合物件的各部分重心找出，利用力矩平衡的原理，计算出整个物件的重心位置。 （ ）

32. 一般来讲，一个有机整体的一部分、具有一定功能的部件均可称为构件。常见的构件包括建筑构件、设备构件、装饰构件等。 （ ）

33. 起吊易翻转、滚动、滑动的设备时，可以采用兜挂的方法。 （ ）

34. GB 5082—1985 标准所规定的指挥信号，可以采纳执行，不是强制执行。 （ ）

35. 搬运中发现滚杠不正时，应用大锤敲正，当需要转弯时，应将滚杠放置成扇形，并根据拐弯角度随时加以调整。 （ ）

36. 滚移法装卸设备是利用滑动摩擦原理，在搭好的斜坡上铺设许多钢轨，再将滚杠放在排子下面，用卷扬机牵引排子，就可进行设备的装卸。 （ ）

37. 一般物件在装车垫稳后，可不需再进行捆绑。 （ ）

38. 在装卸氧气瓶时，为了保证安全，装卸工应穿戴沾有油脂的防护用品。 （ ）

39. 设备装卸时，吊钩中心线不一定需要通过设备重心，设备起吊后会自动

纠正位置。 ( )

40. 运输设备的车辆除司机外不得搭乘任何其他人员。 ( )

二、选择题（将正确答案的序号填入括号内；每题2分，共60分）

（一）单选题

1. 遵纪守法、安全生产是( )。

A. 职业道德基本规范的全部内容　B. 职业道德的首要内容

C. 职业道德基本规范的重要内容　D. 职业道德的核心内容

2. 扑灭电气火灾选用灭火器，下列正确的选项是( )项。

A. 泡沫灭火器　B. 四氯化碳灭火器

C. 二氧化碳灭火器　D. 水

3. 图8的几何面积为( )。

A. $S = ab + de + \pi d^2/8 + af/2 - ec - \pi c^2/4$

B. $S = ab + de + \pi d^2/8 + af/2 + ec - \pi c^2/4$

C. $S = ab + de - \pi d^2/8 + af/2 - ec - \pi c^2/4$

D. $S = ab + de + \pi d^2/8 - af/2 - ec - \pi c^2/4$

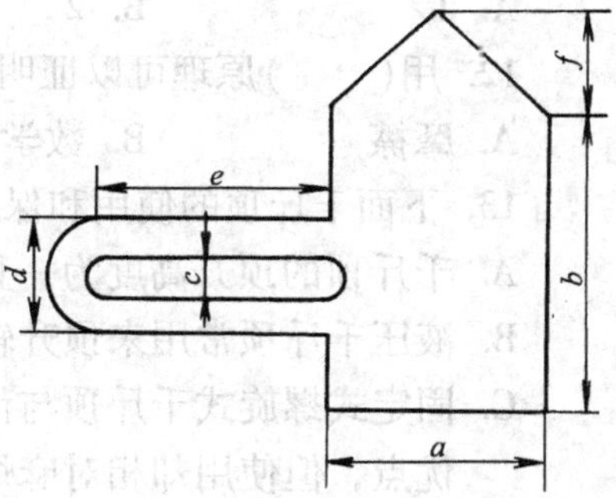

图8　几何图形

4. 图9所示的直角三角形，已知AB、BC边长度，AB与BC边夹角β，求AC边长度L，下面正确的是( )。

A. $L = AB/\cos\beta$

B. $L = AB \cdot \sin\beta$

C. $L = AB \cdot \cos\beta$

D. $L = \sqrt{AB^2 + BC^2}$

5. 图10所示的圆台的体积为( )。

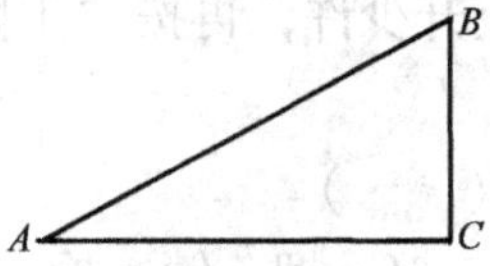

图9　三角形

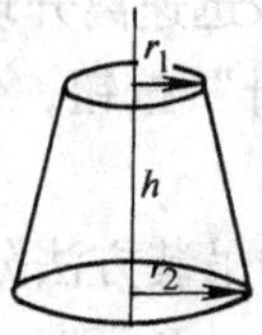

图10　圆台

A. $V = \frac{1}{3}\pi h(r_1^2 + r_2^2 + r_1 r_2)$　B. $V = \frac{1}{3}\pi h(r_1^2 + r_2^2 - r_1 r_2)$

C. $V = \frac{1}{3}\pi h(r_1^2 - r_2^2 + r_1 r_2)$　D. $V = \frac{1}{3}\pi h(r_1^2 - r_2^2 - r_1 r_2)$

6. 卷扬机用钢丝绳安全系数应不小于(　　)。

A. 5　　B. 6　　C. 7　　D. 8

7. 选用滑车时，轮槽宽度应比钢丝绳直径大(　　)mm。

A. 1~2.5　　B. 2.5~3.5　　C. 3.5~4.5　　D. 4.5~5

8. 脚手架上面堆放重物每平方米不超过(　　)N，必要时要采取加固措施。

A. 1800　　B. 2700　　C. 3000　　D. 3600

9. 预期钢丝绳能较长期工作的起重机械，每月至少检验(　　)次。

A. 1.　　B. 2　　C. 3　　D. 4

10. 卷扬机的金属结构和电气设备的金属外壳、管槽、电缆金属外皮等均应接地，接地电阻不得大于(　　)Ω，接地装置的选择和安装应符合有关规定。

A. 4　　B. 5　　C. 6　　D. 8

11. 只有(　　)个卷筒的卷扬机，称为单卷筒卷扬机。

A. 1　　B. 2　　C. 3　　D. 4

12. 用(　　)原理可以证明动滑轮省力的道理。

A. 摩擦　　B. 数学公式　　C. 杠杆　　D. 斜面

13. 下面千斤顶的使用和保养正确的是(　　)

A. 千斤顶的顶升高度为一直顶升重物至不能升高为止

B. 液压千斤顶常用来顶升较重的重物

C. 固定式螺旋式千斤顶与齿条千斤顶相比，具有操作省力和上升速度快等优点，但使用却相对麻烦

D. 顶升重物时，应在重物达到顶升高度确保安全后，才能往重物下面垫枕木

14. 当操作电动葫芦使重物下降发生严重的溜车时，应该(　　)。

A. 迅速按“下降”按钮

B. 按下“急停”按钮

C. 操作人员应该迅速离开现场，以防危险

D. 迅速按“上升”按钮，使重物上升少许，再按“下降”按钮，使重物降到地面上

15. 图11中三种吊装方法分别属于(　　)。

A. 兜、锁、卡　　B. 兜、捆、拴　　C. 捆、锁、拴　　D. 捆、锁、卡

16. 搭设脚手架的连接件（扣件）形式包括(　　)。

A. 直角式、搭接式、对接式　　B. 直角式、旋转式、搭接式

C. 旋转式、搭接式、对接式　　D. 直角式、旋转式、对接式

17. 下面四组中可以用作脚手板的是(　　)

A. 钢脚手板、木脚手板、竹脚手板　　B. 钢脚手板、铁脚手板、竹脚手板

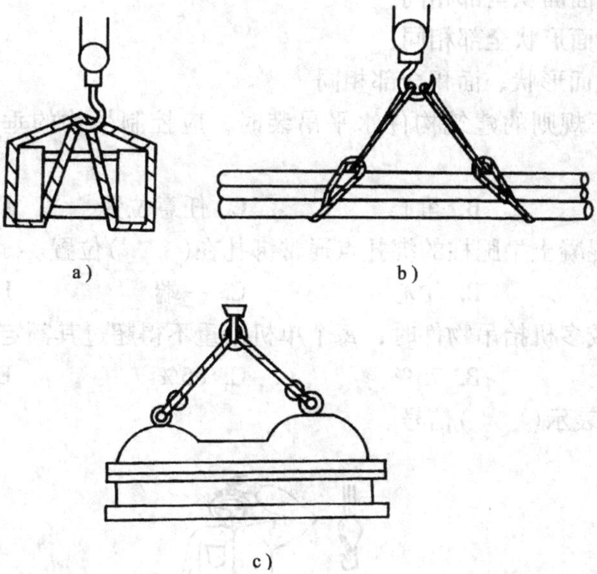

图 11　三种吊装方法

C. 铁脚手板、木脚手板、竹脚手板　　D. 钢脚手板、铁脚手板、木脚手板

18. 图 12 中重物 Q 沿方向 S 所受的静摩擦力大小为(　　)（取静摩擦系数为 μ）

A. $-\mu Q$　　B. 0　　C. μQ　　D. Q

19. 如图 13 所示，一重物在力 S 的作用下沿着倾斜角为 α 的斜坡向上滑行，则牵引力 S 的大小至少需要(　　)。

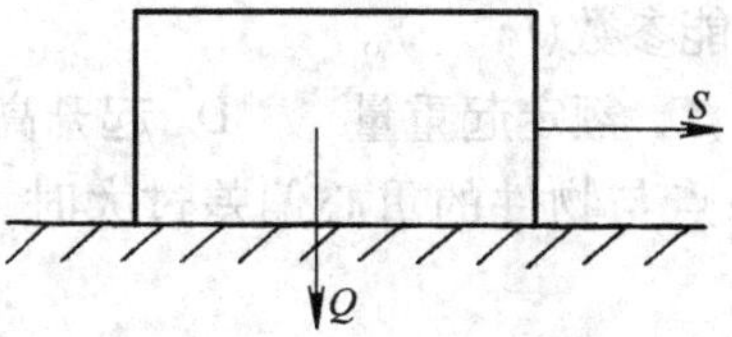

图 12　重物水平移动受力图

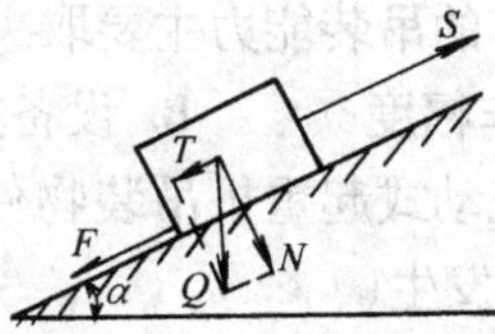

图 13　重物沿斜坡移动受力图

A. $S=\mu mg\cos\alpha-mg\sin\alpha$　　B. $S=\mu mg\cos\alpha+mg\sin\alpha$

C. $S=Q(\mu-\tan\alpha)$　　D. $S=Q(\mu+\tan\alpha)$

20. 起吊设备时使用的绳扣或绑绳应符合(　　)要求，卸扣或其他吊具必须满足吊重的需要。

A. 长度　　B. 高度　　C. 设备　　D. 安全系数

21. 形状规则的建筑构件是指在构件全部长度范围内，(　　)的构件。

A. 垂直于轴心的各个截面形状、面积全部相同

B. 各个截面面积全部相同

C. 各个截面形状全部相同

D. 各个截面形状、面积全部相同

22. 形状不规则的建筑构件水平吊装时，应控制吊钩的垂直延长线通过构件(　　)。

A. 端点　　B. 重心　　C. 任意位置　　D. 形心

23. 预制混凝土牛腿柱的绑扎点通常绑扎在(　　)位置。

A. 重心　　B. 中心　　C. 一端　　D. 牛腿下部

24. 双机或多机抬吊物件时，每个单机吊重不得超过其额定负载的(　　)。

A. 50%　　B. 75%　　C. 85%　　D. 90%

25. 图14表示(　　)信号。

图14

A. 伸臂　　B. 缩臂　　C. 要主钩　　D. 要付钩

（二）多选题

1. 吊车的吊装能力主要取决于三个性能参数(　　)。

A. 工作幅度　　B. 设备重量　　C. 额定起重量　　D. 起升高度

2. 用流动式起重机吊装物件，如果吊点与物件的重心偏差过大时，在起吊过程中容易发生(　　)。

A. 物件倾斜　　B. 吊索滑落　　C. 钢丝绳断裂　　D. 物件坠落

3. 常用的设备绑扎方法有(　　)。

A. 兜挂法　　B. 锁系法　　C. 捆绑法　　D. 挽结法

4. 常见的构件吊装方法包括(　　)。

A. 水平吊装　　B. 垂直吊装　　C. 旋转法　　D. 滑行法

5. 按照材料性质划分，常见建筑构件可分为(　　)。

A. 钢结构　　B. 混凝土　　C. 塑料　　D. 木材

答 案 部 分

知识要求试题答案

一、判断题

1. ✓ 2. ✓ 3. ✓ 4. ✓ 5. ✓ 6. × 7. × 8. ✓ 9. ✓
10. ✓ 11. ✓ 12. ✓ 13. × 14. ✓ 15. × 16. ✓ 17. × 18. ✓
19. ✓ 20. ✓ 21. ✓ 22. × 23. × 24. ✓ 25. ✓ 26. × 27. ✓
28. ✓ 29. × 30. × 31. ✓ 32. ✓ 33. ✓ 34. ✓ 35. × 36. ✓
37. ✓ 38. × 39. × 40. ✓ 41. ✓ 42. × 43. × 44. × 45. ✓
46. × 47. ✓ 48. ✓ 49. ✓ 50. ✓ 51. ✓ 52. × 53. ✓ 54. ✓
55. ✓ 56. × 57. ✓ 58. × 59. ✓ 60. ✓ 61. ✓ 62. × 63. ×
64. ✓ 65. × 66. × 67. ✓ 68. ✓ 69. ✓ 70. ✓ 71. ✓ 72. ✓
73. ✓ 74. × 75. × 76. × 77. × 78. × 79. × 80. ✓ 81. ×
82. ✓ 83. × 84. ✓ 85. ✓ 86. ✓ 87. × 88. ✓ 89. × 90. ×
91. ✓ 92. × 93. ✓ 94. ✓ 95. ✓ 96. ✓ 97. ✓ 98. ✓ 99. ✓
100. ✓ 101. ✓ 102. ✓ 103. × 104. × 105. × 106. ✓ 107. × 108. ✓
109. ✓ 110. × 111. ✓ 112. ✓ 113. ✓ 114. × 115. ✓ 116. ✓ 117. ×
118. ✓ 119. ✓ 120. × 121. ✓ 122. ✓ 123. ✓ 124. × 125. ✓ 126. ×
127. × 128. × 129. × 130. ✓ 131. ✓ 132. ✓ 133. × 134. ✓ 135. ✓
136. ✓ 137. × 138. × 139. × 140. ✓ 141. ✓ 142. ✓ 143. × 144. ✓
145. ✓ 146. × 147. ✓ 148. ✓ 149. × 150. × 151. ✓ 152. ✓ 153. ×
154. ✓ 155. ✓ 156. × 157. ✓ 158. ✓ 159. × 160. ✓ 161. × 162. ×
163. ✓ 164. ✓ 165. × 166. × 167. × 168. ✓ 169. × 170. × 171. ×
172. × 173. × 174. ✓ 175. × 176. × 177. ✓ 178. ✓ 179. × 180. ×
181. × 182. × 183. × 184. × 185. ✓ 186. ✓ 187. ✓ 188. ✓ 189. ×
190. ✓ 191. ✓ 192. ✓ 193. × 194. ✓ 195. × 196. ✓ 197. × 198. ✓

199. ✓ 200. ✓ 201. ✓ 202. ✓ 203. ✓ 204. ✓ 205. ✓ 206. ✓ 207. ✓
208. ✓ 209. ✓ 210. × 211. ✓ 212. ✓ 213. × 214. × 215. ✓ 216. ✓
217. ✓ 218. × 219. ✓ 220. × 221. ✓ 222. × 223. × 224. ✓ 225. ✓
226. ✓ 227. × 228. × 229. × 230. × 231. × 232. × 233. × 234. ×
235. × 236. ✓ 237. ✓

二、选择题

（一）单选题

1. C　2. A　3. A　4. A　5. B　6. A　7. B　8. D　9. B
10. C　11. A　12. B　13. A　14. A　15. C　16. B　17. C　18. A
19. B　20. A　21. B　22. A　23. B　24. D　25. B　26. D　27. D
28. B　29. D　30. B　31. B　32. C　33. B　34. C　35. D　36. B
37. D　38. B　39. B　40. C　41. C　42. D　43. D　44. B　45. A
46. B　47. C　48. D　49. C　50. B　51. C　52. A　53. B　54. D
55. B　56. C　57. A　58. B　59. D　60. D　61. B　62. A　63. B
64. D　65. A　66. C　67. A　68. B　69. D　70. B　71. C　72. B
73. C　74. A　75. D　76. C　77. C　78. B　79. C　80. B　81. B
82. A　83. D　84. C　85. C　86. D　87. C　88. D　89. C　90. D
91. D　92. A　93. B　94. C　95. A　96. B　97. D　98. D　99. C
100. C　101. B　102. B　103. A　104. D　105. D　106. D　107. C　108. A
109. A　110. D　111. B　112. A　113. D　114. C　115. D　116. A　117. B
118. A　119. B　120. B　121. A　122. B　123. B　124. B　125. A　126. B
127. D　128. C　129. A　130. A　131. A　132. A

（二）多选题

1. ABC　2. ABCD　3. AB　4. ABD　5. ABCD　6. BD
7. ABC　8. ACD　9. ABD　10. AD　11. AC　12. ABC
13. AB　14. ABC　15. ABC　16. AB　17. AD　18. ABCD
19. ABC　20. ABC　21. BC　22. BA　23. ABC　24. ABCD

模拟试卷样例答案

一、判断题

1. ✓	2. ×	3. ×	4. ✓	5. ✓	6. ×	7. ×	8. ×	9. ×
10. ×	11. ×	12. ✓	13. ×	14. ✓	15. ×	16. ×	17. ✓	18. ×
19. ✓	20. ✓	21. ×	22. ×	23. ×	24. ×	25. ✓	26. ✓	27. ×
28. ×	29. ×	30. ×	31. ✓	32. ✓	33. ×	34. ×	35. ✓	36. ×
37. ×	38. ×	39. ×	40. ×					

二、选择题

（一）单选题

1. C	2. C	3. A	4. B	5. A	6. A	7. A	8. B	9. A
10. A	11. A	12. C	13. B	14. A	15. A	16. D	17. A	18. C
19. B	20. D	21. A	22. B	23. D	24. B	25. C		

（二）多选题

1. ACD　2. ABCD　3. ABC　4. BCD　5. AB

附　　录

附录A　典型汽车起重机性能表

表 A-1　8t 起重机性能表

QY-8 汽车起重机额定起重能力表　　　　（单位：t）

工作半径/m	臂杆长度/m		
	7.7	10.5	13.45
3.0	8.0	5.7	3.3
3.5	6.8	5.7	3.3
4.0	5.7	5.7	3.3
4.5	4.7	4.7	3.3
5.0	3.9	3.9	3.3
5.5	3.3	3.3	3.0
6.0	2.8	2.8	2.7
6.5	2.4	2.4	2.4
7.0		2.1	2.1
7.5		1.9	1.9
8.0		1.7	1.7
8.5		1.5	1.5
9.0		1.3	1.3
9.5			1.2
10			1.1
11			0.9

QY-8 汽车起重机工作特性曲线

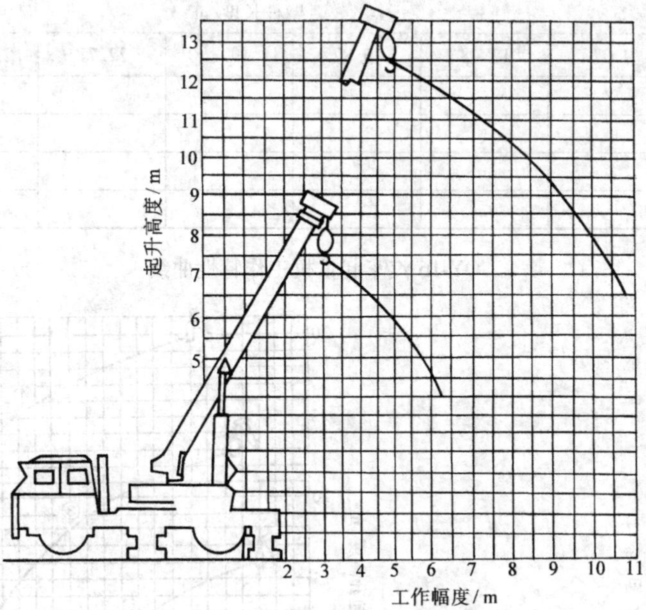

表 A-2　16t 起重机性能表

QY-16 汽车起重机额定起重能力表　　（单位：t）

工作半径/m	臂杆长度/m					
	9.07	12.48	15.87	19.3	22.71	22.71 +7（副臂）
3	16.00	10.00	9.59			
4	14.24	10.00	8.16	6.44		
5	11.43	9.99	7.09	5.57	4.70	
6	7.77	8.07	6.25	4.89	4.12	
7	5.73	6.01	5.57	4.34	3.65	2.00
8	4.42	4.70	4.84	3.88	3.25	1.93
9		3.79	3.93	3.50	2.92	1.85
10		3.12	3.25	3.18	2.64	1.77
11		2.60	2.74	2.82	2.40	1.70
12			2.33	2.41	2.19	1.64
13			2.00	2.08	2.00	1.58
14			1.72	1.81	1.94	1.52
15				1.58	1.83	1.47
16				1.38	1.43	1.42
18					1.12	1.34
20					0.87	1.16

(续)

工作半径/m	臂杆长度/m					
	9.07	12.48	15.87	19.3	22.71	22.71+7(副臂)
22						0.96
24						0.80
26						0.65
28						0.53

QY-16 汽车起重机工作特性曲线

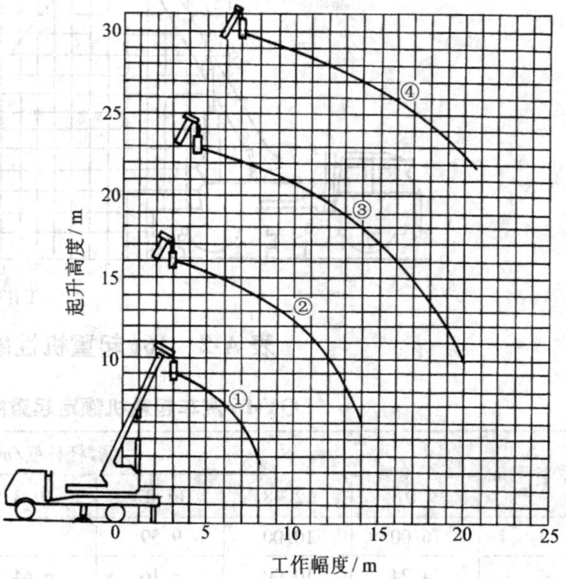

图中:
①——主臂9.07m
②——主臂15.87m
③——主臂22.71m
④——主臂22.71m+副臂7m

表A-3 20t起重机性能表

QY-20 汽车起重机额定起重能力表 (单位:t)

工作半径/m	臂杆长度/m									
	两侧及后方					前方				
	9.8	13.45	17.1	20.75	24.4	9.8	13.45	17.1	20.75	24.4
3.0	20.0	14.0	12.0			20.0	14.0	12.0		
3.2	20.0	14.0	12.0			20.0	14.0	12.0		
3.5	19.5	13.8	11.2	9.45		19.5	13.8	11.2	9.45	
4.0	18.3	12.8	10.5	8.9	7.0	18.3	12.8	10.5	8.9	7.0
4.5	17.2	12.0	9.85	8.45	7.0	14.9	12.0	9.85	8.45	7.0
5.0	16.2	11.3	9.3	8.0	6.9	11.8	11.1	9.3	8.0	6.9
5.5	15.3	10.6	8.8	7.55	6.6	9.6	9.15	8.8	7.55	6.6

（续）

工作半径/m	臂杆长度/m									
	两侧及后方					前方				
	9.8	13.45	17.1	20.75	24.4	9.8	13.45	17.1	20.75	24.4
6.0	13.8	10.0	8.3	7.2	6.3	8.05	7.7	7.5	7.2	6.3
6.5	11.9	9.5	7.85	6.85	6.0	6.9	6.6	6.5	6.85	6.0
7.0	10.5	8.95	7.5	6.5	5.7	5.9	5.8	5.7	5.45	5.0
8.0	8.25	8.1	6.75	5.9	5.2	4.4	4.4	4.5	4.35	4.1
9.0		6.55	6.1	5.35	4.8		3.55	3.6	3.55	3.4
10		6.5	5.55	4.9	4.4		2.9	2.6	2.95	2.85
11		4.65	4.75	4.5	4.05		2.35	2.45	2.45	2.4
12		4.0	4.1	4.15	3.7		1.9	2.05	2.1	2.05
13			3.6	3.65	3.4			1.7	1.75	1.75
14			3.15	3.2	3.15			1.4	1.5	1.5
15			2.75	2.85	2.9			1.15	1.25	1.25
17				2.25	2.3				0.85	0.9
19				1.65	1.85				0.55	0.6
21					1.45					0.39
23					1.15					

QY-20 汽车起重机额定起重能力表（副臂）　　（单位：t）

主臂仰角∠(°)	偏角 5°		偏角 17.5°		偏角 30°	
	后侧方	前方	后侧方	前方	后侧方	前方
80	3.0	3.0	2.4	2.4	1.5	1.5
78	3.0	3.0	2.3	2.3	1.5	1.5
76	2.95	2.95	2.2	2.2	1.45	1.45
74	2.8	2.8	2.1	2.1	1.4	1.4
72	2.7	2.7	2.05	2.05	1.35	1.35
70	2.55	2.55	2.0	2.0	1.3	1.3
68	2.45	2.45	1.9	1.9	1.25	1.25
66	2.35	2.2	1.8	1.8	1.25	1.25
64	2.2	1.85	1.75	1.65	1.2	1.2
62	2.1	1.6	1.65	1.45	1.18	1.18
60	2.0	1.4	1.6	1.3	1.15	1.15
58	1.9	1.2	1.55	1.1	1.13	1.05
56	1.8	1.05	1.45	1.0	1.1	0.9
54	1.7	0.95	1.4	0.85	1.05	0.8
52	1.6	0.8	1.35	0.75	1.05	0.7

工作特性曲线图

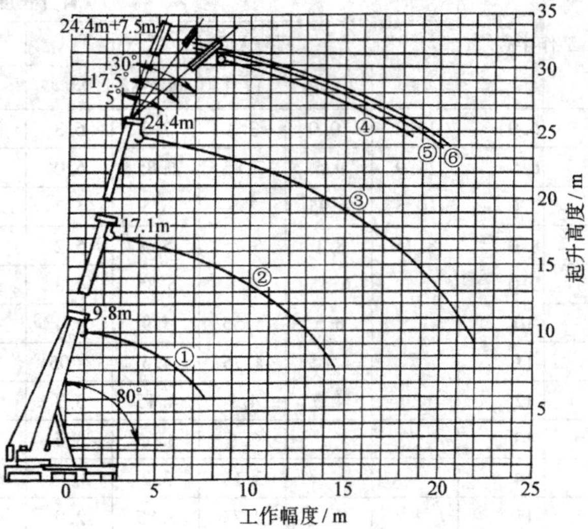

图中：

①——主臂 9.8m

②——主臂 17.1m

③——主臂 24.4m

④——主臂 24.4m + 副臂 7.5m 仰角 30°

⑤——主臂 24.4m + 副臂 7.5m 仰角 17.5°

⑥——主臂 24.4m + 副臂 7.5m 仰角 5°

表 A-4

TG500E 型 50t 汽车起重机额定总载荷 （单位：t）

起重臂在起重机两侧及后方（支腿完全伸出）/m															
工作幅度 R/m	起重臂/m										仰角	吊臂/m			
	10.4		17.6		24.7		31.9		39			9m 副臂		14.5m 副臂	
	∠	[Q]	∠	[Q]	∠	[Q]	∠	[Q]	∠	[Q]	∠	R	[Q]	R	[Q]
3.00	70°	50	79°	27							80°	3.5	2	2.5	1
4.00	64°	38	76°	27							79°	3.5	2	2.5	1
5.00	57°	30	72°	27	78°	18					78°	3.5	1.96	2.5	1
6.00	50°	25	69°	22.9	76°	18	80°	12			77°	3.31	1.91	2.33	1
7.00	42°	20	65°	19.5	73°	16.7	78°	12			75°	2.97	1.82	2.06	0.96
8.00	33°	16	61°	15.6	71°	14.7	76°	12	79°	6.5	72°	2.56	1.68	1.78	0.9
9.00	18°	12.8	57°	12.8	68°	12.8	74°	10.7	78°	6.5	70°	2.33	1.58	1.62	0.87
10.00			53°	10.5	66°	10.4	72°	9.75	77°	6.5	68°	2.14	1.49	1.48	0.84
11.00			49°	8.6	64°	8.55	70°	8.9	75°	6.5	65°	1.9	1.37	1.32	0.8
12.00			44°	7.1	61°	7.11	68°	8	73°	6	62°	1.64	1.25	1.18	0.76
14.00			34°	5	55°	5	64°	5.8	70°	5.15	60°	1.3	1.11	1	0.74
16.00			17°	3.5	49°	3.5	60°	4.35	67°	4.45	58°	1.01	0.87	0.77	0.59
18.00					42°	2.4	56°	3.25	63°	3.7	55°	0.64	0.54	0.5	0.43
20.00					34°	1.5	51°	2.45	60°	2.9					
22.00					24°	0.75	46°	1.7	57°	2.2					
24.00							41°	1.11	53°	1.7					
26.00							35°	0.6	49°	1.2					

在前方区域及360°旋转（支腿完全伸出）

工作幅度R/m	起重臂/m									
	10.4		17.5		24.7		31.9		39	
	∠	[Q]	∠	[Q]	∠	[Q]	∠	[Q]	∠	[Q]
3	70°	28	79°	17.5						
3.5	67°	28	77°	17.5						
4	64°	28	75°	17.5						
4.5	61°	22	74°	17.5	79°	12				
5	57°	17.5	72°	17.5	78°	12				
5.5	54°	14.3	70°	14.3	77°	12				
6	50°	12	68°	12	75°	12	79°	7		
6.5	46°	10.1	67°	10.1	74°	10.1	78°	7		
7	42°	8.5	65°	8.5	73°	8.5	77°	7		
7.5	38°	7.2	63°	7.2	72°	7.2	77°	7	80°	4.5
8	33°	6.1	61°	6.1	71°	6.1	76°	7	79°	4.5
9	18°	4.5	57°	4.5	68°	4.5	74°	5.4	77°	4.5
10			53°	3.3	65°	3.3	72°	4.2	76°	4.5
11			49°	2.4	63°	2.4	70°	3.3	74°	3.6
12			44°	1.7	60°	1.7	68°	2.5	73°	3
14							64°	1.5	69°	1.9
16									66°	1.2

注：1. ∠为起重臂与地面水平夹角。

2. [Q] 为相应工况下的额定起重量，单位为t。

附录B 常用钢丝绳的主要规格及数据

表B-1 6×19+FC钢丝绳的主要规格及数据

钢丝绳公称直径/mm	参考重量/(kg/100m)		钢丝绳公称抗拉强度/MPa			
	天然纤维芯钢丝绳	合成纤维芯钢丝绳	1570	1670	1770	1870
			钢丝绳最小破断拉力/kN			
3	3.16	3.10	4.34	4.61	4.89	5.17
4	5.62	5.50	7.71	8.20	8.69	9.19
5	8.78	8.60	12.00	12.80	13.60	14.40
6	12.60	12.40	17.40	18.50	19.60	20.70
7	17.20	16.90	23.60	25.10	26.60	28.10
8	22.50	22.00	30.80	32.80	34.80	36.70
9	28.40	27.90	39.00	41.60	44.00	46.50
10	35.10	34.40	48.20	51.30	54.40	57.40
11	42.50	41.60	58.30	62.00	65.80	69.50
12	50.50	50.00	69.40	73.80	78.20	82.70
13	59.30	58.10	81.50	86.60	91.80	97.00
14	68.80	67.40	94.50	100.00	107.00	113.00
16	89.90	88.10	123.00	131.00	139.00	147.00
18	114.00	111.00	156.00	166.00	176.00	186.00
20	140.00	138.00	193.00	205.00	217.00	230.00
22	170.00	166.00	233.00	248.00	263.00	278.00
24	202.00	198.00	278.00	295.00	313.00	331.00
26	237.00	233.00	326.00	346.00	367.00	388.00
28	275.00	270.00	378.00	402.00	426.00	450.00
30	316.00	310.00	434.00	461.00	489.00	517.00
32	359.00	352.00	494.00	525.00	557.00	588.00
34	406.00	398.00	557.00	593.00	628.00	664.00
36	455.00	446.00	625.00	664.00	704.00	744.00
38	507.00	497.00	696.00	740.00	785.00	829.00
40	562.00	550.00	771.00	820.00	869.00	918.00
42	619.00	607.00	850.00	904.00	959.00	1010.00
44	680.00	666.00	933.00	993.00	1050.00	1110.00
46	732.00	728.00	1020.00	1080.00	1140.00	1210.00

注：摘自《一般用途钢丝绳》GB/T 20118—2006。

表 B-2　6×37+FC 钢丝绳的主要规格及数据

钢丝绳公称直径/mm	参考重量/（kg/100m）		钢丝绳公称抗拉强度/MPa			
	天然纤维芯钢丝绳	合成纤维芯钢丝绳	1570	1670	1770	1870
			钢丝绳最小破断拉力/kN			
5	8.65	8.43	11.60	12.30	13.10	13.80
6	12.50	12.10	16.70	17.70	18.80	19.90
7	17.00	16.50	22.70	24.10	25.60	27.00
8	22.10	21.60	29.60	31.50	33.40	35.30
9	28.00	27.30	37.60	39.90	42.30	44.70
10	34.60	33.70	46.30	49.30	52.20	55.20
11	41.90	40.80	56.00	59.60	63.20	66.70
12	49.80	48.50	66.70	70.90	75.20	79.40
13	58.50	57.00	78.30	83.30	88.20	93.20
14	67.80	66.10	90.80	96.60	102.00	108.00
16	88.60	86.30	119.00	126.00	134.00	141.00
18	112.00	109.00	150.00	160.00	169.00	179.00
20	138.00	135.00	185.00	197.00	209.00	221.00
22	167.00	163.00	224.00	238.00	253.00	267.00
24	199.00	194.00	267.00	284.00	301.00	318.00
26	234.00	228.00	313.00	333.00	353.00	373.00
28	271.00	264.00	363.00	386.00	409.00	432.00
30	311.00	303.00	417.00	443.00	470.00	496.00
32	354.00	345.00	474.00	504.00	535.00	565.00
34	400.00	390.00	535.00	570.00	604.00	638.00
36	448.00	437.00	600.00	638.00	677.00	715.00
38	500.00	487.00	669.00	711.00	754.00	797.00
40	554.00	539.00	741.00	788.00	835.00	883.00
42	610.00	594.00	817.00	869.00	921.00	973.00
44	670.00	652.00	897.00	954.00	1010.00	1070.00
46	732.00	713.00	980.00	1040.00	1100.00	1170.00
48	797.00	776.00	1070.00	1140.00	1200.00	1270.00
50	865.00	843.00	1160.00	1230.00	1300.00	1380.00
52	936.00	911.00	1250.00	1330.00	1410.00	1490.00
54	1010.00	983.00	1350.00	1440.00	1520.00	1610.00
56	1090.00	1060.00	1450.00	1540.00	1640.00	1730.00
58	1160.00	1130.00	1560.00	1660.00	1760.00	1860.00
60	1250.00	1210.00	1670.00	1770.00	1880.00	1990.00

摘自《一般用途钢丝绳》GB/T 20118—2006。

表B-3 6×61+FC 钢丝绳的主要规格及数据

钢丝绳公称直径/mm	参考重量/(kg/100m)		钢丝绳公称抗拉强度/MPa			
	天然纤维芯钢丝绳	合成纤维芯钢丝绳	1570	1670	1770	1870
			钢丝绳最小破断拉力/kN			
40	578	566	711	756	801	847
42	637	624	784	834	884	934
44	699	685	860	915	970	1020
46	764	749	940	1000	1060	1120
48	832	816	1020	1090	1150	1220
50	903	885	1110	1180	1250	1320
52	976	957	1200	1280	1350	1430
54	1050	1030	1300	1380	1460	1540
56	1130	1110	1390	1480	1570	1660
58	1210	1190	1490	1590	1690	1780
60	1300	1270	1600	1700	1800	1910

注：摘自《一般用途钢丝绳》GB/T 20118—2006。

附录C　起重常用名词对照表

序号	曾 用 名 称	本书采用名称
1	麻绳，麻缆，麻索，白棕绳	白棕绳
2	钢丝绳，钢绳，钢缆，钢索	钢丝绳
3	吊索，绳套，千斤绳，钢丝千斤，拎绑绳，索套，绳圈	吊索，千斤绳
4	绑扎，捆绑，拴系，系结	绑扎，拴系
5	梨形环，桃子圈，鸡心环，三角环，耳环，钢环，套环	套环
6	绳夹，夹头，轧头，绳卡	绳夹
7	U形绳卡，马鞍式绳夹	马鞍式绳卡
8	L形绳卡，抱合式绳夹	抱合式绳卡
9	臼齿式夹头，骑马式绳夹	骑马式绳卡
10	伸缩节，螺旋拉紧器，张紧节，花篮螺栓，螺旋扣	螺旋拉紧器，螺旋扣
11	链索，链条，铁链	链条
12	环链，焊接链	环链
13	片式链，片状链，片状关节链，片状起重链	片状链，片状起重链
14	日字链，撑环链	撑环链
15	吊钩，起重钩	吊钩
16	吊环，吊耳环	吊环
17	起重卡环，卸扣，卸甲，卸克	起重卡环
18	滑轮，滑车，葫芦，滑子	滑车，滑轮
19	滑轮组，滑车组，葫芦组	滑车组，滑轮组
20	导向滑轮，导向轮，转向滑轮，转向轮	导向滑轮，导向轮
21	麻索滑轮组，麻绳葫芦，麻绳滑轮组	麻绳滑轮组
22	钢索滑轮组，钢丝绳葫芦，钢丝绳滑轮组	钢丝绳滑轮组
23	链式滑轮，手拉葫芦，神仙葫芦，链式起重机	手拉葫芦
24	单轨小车，单轨小行车，猫头小吊车，猫头起重机	单轨小车
25	电动滑轮，电动葫芦，电葫芦	电动葫芦
26	千斤顶，举重器，顶重机，顶升机，压勿煞，顶镐	千斤顶
27	绞磨，绞盘，绞点，手动卷扬机绞车	绞磨
28	摇臂卷扬机，携带式摇臂卷扬机，手扳葫芦，手动牵引机，摇臂牵引机	手扳葫芦
29	手摇卷扬机，手动卷扬机，手摇绞车	手摇绞车
30	电动卷扬机，电动绞车	卷扬机
31	锚桩，桩锚，柱式锚碇，地龙桩，锚碇桩	锚桩
32	水平式锚碇，枕木地龙，卧锚，木地龙，地锚	地锚
33	桅杆，扒杆，拔杆，抱杆，把杆，抱子	桅杆

(续)

序号	曾用名称	本书采用名称
34	人字桅杆，人字扒杆，人字抱杆，两木搭	人字桅杆
35	门式桅杆，门形桅杆，门型桅杆	门式桅杆
36	单柱桅杆，独脚扒杆，独木抱杆	单柱桅杆
37	吊机，吊车，流动式起重机	吊车，流动式起重机
38	起重臂，起重杆，臂杆，吊臂，起重臂杆	起重臂，吊臂
39	自行臂式起重机，自行杆式起重机，万能起重机	自行臂式起重机
40	汽车式起重机，汽车起重机，汽吊，汽车吊	汽车起重机
41	轮胎式起重机，轮胎起重机，轮胎吊	轮胎起重机
42	履带式起重机，履带起重机，履带吊车，坦克吊	履带起重机
43	铁路式起重机，铁路起重机，轨道起重机	铁路起重机
44	纤缆式桅杆起重机，纤缆悬臂起重机，德立克吊机	纤缆式桅杆起重机
45	塔式桅杆起重机，塔桅起重机	塔桅起重机
46	缆索起重机，缆式起重机，绳索起重机，走线滑子	缆索起重机
47	鹅头，鹤嘴，突架，鸟嘴，凸角	鸟嘴
48	主起重臂，主吊臂，主臂	主吊臂，主臂
49	副起重臂，副吊臂，副臂	副吊臂，副臂
50	滚筒，滚杠，滚轴，滚棒，走滚	滚筒，滚轴
51	托板，拖板，上走板	托板
52	导板，导木，下走板	导板
53	走排，排子，尾排，走板	排子
54	撬棒，撬杠，撬棍	撬杠，撬棍
55	纤缆，风缆，缆风，缆风绳，拖拉绳	缆风绳
56	吊梁，铁扁担，平衡梁	吊梁，平衡梁
57	起重船，水上起重机，浮吊	浮吊，浮式起重机

参考文献

[1] 机械工业部．初级起重工工艺学 [M]．北京：机械工业出版社，2001.

[2] 机械工业职业教育研究中心．起重工技能实战训练入门 [M]．2 版．北京：机械工业出版社，2004.

[3] 黄璟一．起重工 [M]．北京：化学工业出版社，2001.

[4] 劳动和社会保障部中国就业培训指导中心．起重工（初级、中级）[M]．北京：中国电力出版社，2004.

[5] 何焯．设备起重吊装工程便携手册 [M]．北京：机械工业出版社，2001.

起重工需学习下列课程：

初级：机械识图、金属材料及热处理知识、钳工常识、电工常识、建筑识图、起重工（初级）

中级：建筑识图、起重工（中级）

高级：起重工（高级）

技师：起重工（技师）

国家职业资格培训教材

丛书介绍：深受读者喜爱的经典培训教材，依据最新国家职业标准，按初级、中级、高级、技师（含高级技师）分册编写，以技能培训为主线，理论与技能有机结合，书末有配套的试题库和答案。所有教材均免费提供PPT电子教案，部分教材配有VCD实景操作光盘（注：标注★的图书配有VCD实景操作光盘）。

读者对象：本套教材是各级职业技能鉴定培训机构、企业培训部门、再就业和农民工培训机构的理想教材，也可作为技工学校、职业高中、各种短训班的专业课教材。

- ◆ 机械识图
- ◆ 机械制图
- ◆ 金属材料及热处理知识
- ◆ 公差配合与测量
- ◆ 机械基础（初级、中级、高级）
- ◆ 液气压传动
- ◆ 数控技术与AutoCAD应用
- ◆ 机床夹具设计与制造
- ◆ 测量与机械零件测绘
- ◆ 管理与论文写作
- ◆ 钳工常识
- ◆ 电工常识
- ◆ 电工识图
- ◆ 电工基础
- ◆ 电子技术基础
- ◆ 建筑识图
- ◆ 建筑装饰材料
- ◆ 车工（初级★、中级、高级、技师和高级技师）
- ◆ 铣工（初级★、中级、高级、技师和高级技师）
- ◆ 磨工（初级、中级、高级、技师和高级技师）
- ◆ 钳工（初级★、中级、高级、技师和高级技师）
- ◆ 机修钳工（初级、中级、高级、技师和高级技师）
- ◆ 锻造工（初级、中级、高级、技师和高级技师）
- ◆ 模具工（中级、高级、技师和高级技师）
- ◆ 数控车工（中级★、高级★、技师和高级技师）
- ◆ 数控铣工/加工中心操作工（中级★、高级★、技师和高级技师）
- ◆ 铸造工（初级、中级、高级、技师和

高级技师）
- ◆ 冷作钣金工（初级、中级、高级、技师和高级技师）
- ◆ 焊工（初级★、中级★、高级★、技师和高级技师★）
- ◆ 热处理工（初级、中级、高级、技师和高级技师）
- ◆ 涂装工（初级、中级、高级、技师和高级技师）
- ◆ 电镀工（初级、中级、高级、技师和高级技师）
- ◆ 锅炉操作工（初级、中级、高级、技师和高级技师）
- ◆ 数控机床维修工（中级、高级和技师）
- ◆ 汽车驾驶员（初级、中级、高级、技师）
- ◆ 汽车修理工（初级★、中级、高级、技师和高级技师）
- ◆ 摩托车维修工（初级、中级、高级）
- ◆ 制冷设备维修工（初级、中级、高级、技师和高级技师）
- ◆ 电气设备安装工（初级、中级、高级、技师和高级技师）
- ◆ 值班电工（初级、中级、高级、技师和高级技师）
- ◆ 维修电工（初级★、中级★、高级、技师和高级技师）
- ◆ 家用电器产品维修工（初级、中级、高级）
- ◆ 家用电子产品维修工（初级、中级、高级、技师和高级技师）
- ◆ 可编程序控制系统设计师（一级、二级、三级、四级）
- ◆ 无损检测员（基础知识、超声波探伤、射线探伤、磁粉探伤）
- ◆ 化学检验工（初级、中级、高级、技师和高级技师）
- ◆ 食品检验工（初级、中级、高级、技师和高级技师）
- ◆ 制图员（土建）
- ◆ 起重工（初级、中级、高级、技师）
- ◆ 测量放线工（初级、中级、高级、技师和高级技师）
- ◆ 架子工（初级、中级、高级）
- ◆ 混凝土工（初级、中级、高级）
- ◆ 钢筋工（初级、中级、高级、技师）
- ◆ 管工（初级、中级、高级、技师和高级技师）
- ◆ 木工（初级、中级、高级、技师）
- ◆ 砌筑工（初级、中级、高级、技师）
- ◆ 中央空调系统操作员（初级、中级、高级、技师）
- ◆ 物业管理员（物业管理基础、物业管理员、助理物业管理师、物业管理师）
- ◆ 物流师（助理物流师、物流师、高级物流师）
- ◆ 室内装饰设计员（室内装饰设计员、室内装饰设计师、高级室内装饰 设计师）
- ◆ 电切削工（初级、中级、高级、技师和高级技师）
- ◆ 汽车装配工
- ◆ 电梯安装工
- ◆ 电梯维修工

变压器行业特有工种国家职业资格培训教程

丛书介绍： 由相关国家职业标准的制定者——机械工业职业技能鉴定指导中心组织编写，是配套用于国家职业技能鉴定的指定教材，覆盖变压器行业5个特有工种，共10种。

读者对象： 可作为相关企业培训部门、各级职业技能鉴定培训机构的鉴定培训教材，也可作为变压器行业从业人员学习、考证用书，还可作为技工学校、职业高中、各种短训班的教材。

- ◆ 变压器基础知识
- ◆ 绕组制造工（基础知识）
- ◆ 绕组制造工（初级 中级 高级技能）
- ◆ 绕组制造工（技师 高级技师技能）
- ◆ 干式变压器装配工（初级、中级、高级技能）
- ◆ 变压器装配工（初级、中级、高级、技师、高级技师技能）
- ◆ 变压器试验工（初级、中级、高级、技师、高级技师技能）
- ◆ 互感器装配工（初级、中级、高级、技师、高级技师技能）
- ◆ 绝缘制品件装配工（初级、中级、高级、技师、高级技师技能）
- ◆ 铁心叠装工（初级、中级、高级、技师、高级技师技能）

国家职业资格培训教材——理论鉴定培训系列

丛书介绍： 以国家职业技能标准为依据，按机电行业主要职业（工种）的中级、高级理论鉴定考核要求编写，着眼于理论知识的培训。

读者对象： 可作为各级职业技能鉴定培训机构、企业培训部门的培训教材，也可作为职业技术院校、技工院校、各种短训班的专业课教材，还可作为个人的学习用书。

- ◆ 车工（中级）鉴定培训教材
- ◆ 车工（高级）鉴定培训教材
- ◆ 铣工（中级）鉴定培训教材
- ◆ 铣工（高级）鉴定培训教材
- ◆ 磨工（中级）鉴定培训教材
- ◆ 磨工（高级）鉴定培训教材
- ◆ 钳工（中级）鉴定培训教材
- ◆ 钳工（高级）鉴定培训教材
- ◆ 机修钳工（中级）鉴定培训教材
- ◆ 机修钳工（高级）鉴定培训教材
- ◆ 焊工（中级）鉴定培训教材
- ◆ 焊工（高级）鉴定培训教材
- ◆ 热处理工（中级）鉴定培训教材
- ◆ 热处理工（高级）鉴定培训教材
- ◆ 铸造工（中级）鉴定培训教材
- ◆ 铸造工（高级）鉴定培训教材

- ◆ 电镀工（中级）鉴定培训教材
- ◆ 电镀工（高级）鉴定培训教材
- ◆ 维修电工（中级）鉴定培训教材
- ◆ 维修电工（高级）鉴定培训教材
- ◆ 汽车修理工（中级）鉴定培训教材
- ◆ 汽车修理工（高级）鉴定培训教材
- ◆ 涂装工（中级）鉴定培训教材
- ◆ 涂装工（高级）鉴定培训教材
- ◆ 制冷设备维修工（中级）鉴定培训教材
- ◆ 制冷设备维修工（高级）鉴定培训教材

国家职业资格培训教材——操作技能鉴定实战详解系列

丛书介绍：用于国家职业技能鉴定操作技能考试前的强化训练。特色：

- ● 重点突出，具有针对性——依据技能考核鉴定点设计，目的明确。
- ● 内容全面，具有典型性——图样、评分表、准备清单，完整齐全。
- ● 解析详细，具有实用性——工艺分析、操作步骤和重点解析详细。
- ● 练考结合，具有实战性——单项训练题、综合训练题，步步提升。

读者对象：可作为各级职业技能鉴定培训机构、企业培训部门的考前培训教材，也可供职业技能鉴定部门在鉴定命题时参考，也可作为读者考前复习和自测使用的复习用书，还可作为职业技术院校、技工院校、各种短训班的专业课教材。

- ◆ 车工（中级）操作技能鉴定实战详解
- ◆ 车工（高级）操作技能鉴定实战详解
- ◆ 车工（技师、高级技师）操作技能鉴定实战详解
- ◆ 铣工（中级）操作技能鉴定实战详解
- ◆ 铣工（高级）操作技能鉴定实战详解
- ◆ 钳工（中级）操作技能鉴定实战详解
- ◆ 钳工（高级）操作技能鉴定实战详解
- ◆ 钳工（技师、高级技师）操作技能鉴定实战详解
- ◆ 数控车工（中级）操作技能鉴定实战详解
- ◆ 数控车工（高级）操作技能鉴定实战详解
- ◆ 数控车工（技师、高级技师）操作技能鉴定实战详解
- ◆ 数控铣工/加工中心操作工（中级）操作技能鉴定实战详解
- ◆ 数控铣工/加工中心操作工（高级）操作技能鉴定实战详解
- ◆ 数控铣工/加工中心操作工（技师、高级技师）操作技能鉴定实战详解
- ◆ 焊工（中级）操作技能鉴定实战详解
- ◆ 焊工（高级）操作技能鉴定实战详解
- ◆ 焊工（技师、高级技师）操作技能鉴定实战详解

◆ 维修电工（中级）操作技能鉴定实战详解
◆ 维修电工（高级）操作技能鉴定实战详解
◆ 维修电工（技师、高级技师）操作技能鉴定实战详解
◆ 汽车修理工（中级）操作技能鉴定实战详解
◆ 汽车修理工（高级）操作技能鉴定实战详解

技能鉴定考核试题库

丛书介绍： 根据各职业（工种）鉴定考核要求分级编写，试题针对性、通用性、实用性强。

读者对象： 可作为企业培训部门、各级职业技能鉴定机构、再就业培训机构培训考核用书，也可供技工学校、职业高中、各种短训班培训考核使用，还可作为个人读者学习自测用书。

◆ 机械识图与制图鉴定考核试题库
◆ 机械基础技能鉴定考核试题库
◆ 电工基础技能鉴定考核试题库
◆ 车工职业技能鉴定考核试题库
◆ 铣工职业技能鉴定考核试题库
◆ 磨工职业技能鉴定考核试题库
◆ 数控车工职业技能鉴定考核试题库
◆ 数控铣工/加工中心操作工职业技能鉴定考核试题库
◆ 模具工职业技能鉴定考核试题库
◆ 钳工职业技能鉴定考核试题库
◆ 机修钳工职业技能鉴定考核试题库
◆ 汽车修理工职业技能鉴定考核试题库
◆ 制冷设备维修工职业技能鉴定考核试题库
◆ 维修电工职业技能鉴定考核试题库
◆ 铸造工职业技能鉴定考核试题库
◆ 焊工职业技能鉴定考核试题库
◆ 冷作钣金工职业技能鉴定考核试题库
◆ 热处理工职业技能鉴定考核试题库
◆ 涂装工职业技能鉴定考核试题库

机电类技师培训教材

丛书介绍： 以国家职业标准中对各工种技师的要求为依据，以便于培训为前提，紧扣职业技能鉴定培训要求编写。加强了高难度生产加工，复杂设备的安装、调试和维修，技术质量难题的分析和解决，复杂工艺的编制，故障诊断与排除以及论文写作和答辩的内容。书中均配有培训目标、复习思考题、培训内容、试题库、答案、技能鉴定模拟试卷样例。

读者对象： 可作为职业技能鉴定培训机构、企业培训部门、技师学院培训鉴定教材，也可供读者自学及考前复习和自测使用。

读者信息反馈表

亲爱的读者：

您好！感谢您购买《起重工(初级)　第2版》(马记　吴祥生　主编)一书。为了更好地为您服务，我们希望了解您的需求以及对我社教材的意见和建议，愿这小小的表格在我们之间架起一座沟通的桥梁。另外，如果您在培训中选用了本教材，我们将免费为您提供与本教材配套的电子课件。

姓　名		所在单位名称	
性　别		所从事工作(或专业)	
通信地址		邮　编	
办公电话		移动电话	
E-mail		QQ	

1. 您选择图书时主要考虑的因素(在相应项后面画✓)
   出版社(　　)　内容(　　)　价格(　　)　其他：________
2. 您选择我们图书的途径(在相应项后面画✓)
   书目(　　)　书店(　　)　网站(　　)　朋友推介(　　)　其他：________

希望我们与您经常保持联系的方式：

☐ 电子邮件信息　☐ 定期邮寄书目　☐ 通过编辑联络　☐ 定期电话咨询

您关注(或需要)哪些类图书和教材：

您对本书的意见和建议(欢迎您指出本书的疏漏之处)：

您近期的著书计划：

请联系我们——

地　　址　北京市西城区百万庄大街22号　机械工业出版社技能教育分社

邮　　编　100037

社长电话　(010)88379083　88379080

传　　真　(010)68329397

营销编辑　(010)88379534　88379535

免费电子课件索取方式：

网上下载　www. cmpedu. com

邮箱索取　jnfs@ cmpbook. com